Kontrollierte Experimente in der Softwaretechnik

Springer
Berlin
Heidelberg
New York
Barcelona
Budapest
Hongkong
London
Mailand
Paris
Singapur
Tokio

Lutz Prechelt

Kontrollierte Experimente in der Softwaretechnik

Potenzial und Methodik

Mit 51 Abbildungen

Springer

Dr. Lutz Prechelt

abaXX Technology AG, Stuttgart

und

Institut für Programmstrukturen
und Datenorganisation,
Universität Karlsruhe

lutz@prechelt.de

ACM Computing Classification (1998): D.2, I.2.8, K.6.3, J.4, G.3

Die Deutsche Bibliothek – CIP-Einheitsaufnahme

Prechelt, Lutz:
Kontrollierte Experimente in der Softwaretechnik: Potenzial und Methodik/Lutz Prechelt. – Berlin; Heidelberg; New York; Barcelona; Hongkong; London; Mailand; Paris; Singapur; Tokio: Springer, 2001
ISBN-13: 978-3-642-63985-2

ISBN-13: 978-3-642-63985-2 Springer-Verlag Berlin Heidelberg New York

Springer-Verlag Berlin Heidelberg New York,
ein Unternehmen der BertelsmannSpringer Science+Business Media GmbH
e-ISBN-13: 978-3-642-59463-2
DOI: 10.1007/978-3-642-59463-2

Umschlaggestaltung: KünkelLopka, Heidelberg
Satz: Reproduktionsfertige Vorlagen des Autors
Gedruckt auf säurefreiem Papier SPIN 10786967 45/3142SR – 5 4 3 2 1 0

Vorwort

■ **Zum Inhalt.** Dieses Buch betrachtet zwei Fragen. Teil I: Unter welchen Umständen und zu welchem Zweck sind kontrollierte Experimente eine empfehlenswerte Forschungsmethode? (Rolle von Experimenten)
Teil II: Welche Schwierigkeiten treten bei der Benutzung dieser Forschungsmethode auf und wie kann man sie bewältigen? (Methodik von Experimenten)

Bei der Beantwortung dieser Fragen werden zahlreiche Experimente zu ganz unterschiedlichen Themen der Softwaretechnik als Beispiel herangezogen, die von diversen Forschungsgruppen durchgeführt worden sind und im Buch jeweils in einem Textkasten kurz beschrieben werden.

Die Argumentation orientiert sich eng an diesen praktischen Beispielen und an den dahinter stehenden Erfahrungen, die wir in der *Karlsruhe Empirical Informatics Research Group (EIR)* selber gemacht oder von anderen Forschern in Gesprächen kennen gelernt haben.

■ **Für wen dieses Buch geeignet ist.** Das Buch eignet sich für die folgenden Lesergruppen:

— alle, die verstehen möchten, wofür sich kontrollierte Experimente in der Softwaretechnik eignen (oder nicht eignen) und warum;
— alle, die lernen oder lehren möchten, wie man kontrollierte Experimente in der Softwaretechnik korrekt, sparsam und effektiv durchführt;
— alle, die die Ergebnisse bisheriger kontrollierter Experimente in kompakter Form kennen lernen möchten;
— oder die wissen wollen, was die Entdeckung des Ozonlochs damit zu tun hat;
— alle, die kontrollierte Experimente zu beurteilen haben, beispielsweise als Gutachter im wissenschaftlichen Bereich oder als technische Entscheider im industriellen Umfeld.

■ **Danksagung.** Der dickste Dank geht an meinen akademischen Ziehvater Walter Tichy und meinen Zweitgutachter Wilhelm Schäfer dafür, dass sie mit meinem Ansatz einverstanden waren.

Ferner danke ich Stefan Ferber, Susanne Ludewig, Michael Philippsen, Barbara Unger und dem Springer-Verlag, namentlich Hans Wössner, für das Durchsehen und hilfreiche Kommentare, Gerd Hillebrand für zwei wichtige LaTeX-Ratschläge, sowie Heinz Herrmann, Joachim Blum und Thomas Warschko für Hilfe auf der Hardwareseite.

Stuttgart, im Januar 2001 Lutz Prechelt

Inhaltsverzeichnis

Verzeichnis der Textkästen

Einführung ■1■

The reasonable man adapts himself to the world;
the unreasonable man persists in trying
to adapt the world to himself.
Therefore all progress depends on the unreasonable man.
GEORGE BERNARD SHAW

Dieses Kapitel legt fest, was wir unter Softwaretechnik verstehen wollen und skizziert, worin Fortschritte in dieser Disziplin bestehen können und wie und durch wen sie zustande kommen. Die letzten Abschnitte beschreiben den Zweck und weiteren Aufbau des Buches und diskutieren andere Literatur mit ähnlicher Zielsetzung.

1.1. Was ist Softwaretechnik?

Es gibt zahlreiche verschiedene Definitionen des Begriffs „Softwaretechnik", zum Beispiel in Lehrbüchern [4, 192], Normen [101] und Lexika. Diese Definitionen unterscheiden sich zwar in der Regel inhaltlich nur wenig, benutzen aber unterschiedliche Formulierungen und setzen verschiedene Schwerpunkte. Der Perspektive dieses Buches angemessen ist die folgende Definition aus der Brockhaus-Enzyklopädie (zitiert nach [4, S. 35]), die den englischen Begriff „Software Engineering" benutzt, den wir als synonym betrachten wollen:

> *Software Engineering*: Das ingenieurmäßige Entwerfen, Herstellen und Implementieren von Software sowie die ingenieurwissenschaftliche Disziplin, die sich mit Methoden und Verfahren zur Lösung der damit verbundenen Problemstellungen befaßt.

Softwaretechnik ist ein Ingenieurfach und ein Forschungsgebiet.

Demnach hat Softwaretechnik zwei Aspekte: Sie ist ein Ingenieurfach und ein Forschungsgebiet. Wie wir sehen werden, unterscheidet sie sich dabei von anderen Ingenieurfächern insofern, als dass diese beiden Aspekte bei der Softwaretechnik erheblich enger verflochten sind — oder zumindest sein sollten. Softwaretechnik-Forschung kann und sollte von der Anwendung softwaretechnischer Erkenntnisse nur wenig getrennt werden. Wir nennen im Folgenden alle diejenigen, die Softwaretechnik hauptsächlich in der Anwendung als Ingenieurfach betreiben, *Praktiker* und diejenigen, die sie als Forschungsgebiet bearbeiten, *Forscher*.

Softwaretechniker sind entweder Praktiker oder Forscher.

Halten wir zweitens fest, dass die obige Definition sehr breit ist. Softwaretechnik umfasst also sowohl technische als auch Management-Aspekte. Dieses Buch wird sich vorwiegend mit den technischen befassen.

Softwareentwicklung umfasst, grob gesagt, die Aufgaben Anforderungsbestimmung, Entwurf, Implementierung, Test und Wartung — was nicht heißt, dass sie stets alle oder streng in dieser Reihenfolge vorkommen. Zu jeder dieser Aufgaben gehören Nebenaufgaben wie Dokumentation und Qualitätssicherung, und zu einer ganzen Softwareentwicklung gehören übergreifende Aufgaben wie Planung, Dokumentenverwaltung, Koordination und Risikomanagement.

Definition 1.1: „Praktiker"

Praktiker sind Personen, die die Softwaretechnik hauptsächlich als Anwendungsfach (Ingenieurwesen) betreiben.

Definition 1.2: „Forscher"

Forscher sind Personen, die die Softwaretechnik hauptsächlich als Forschungsfeld (Ingenieurwissenschaft) betreiben.

Ein grobes Verständnis aller dieser Begriffe wird hier vorausgesetzt. Auf Details gehen wir später ein, wo und soweit es angebracht ist. Eine weitergehende Begriffsbestimmung ist für unsere Zwecke nicht nötig.

1.2. Was ist Fortschritt in der Softwaretechnik?

Jeglicher Fortschritt in der Softwaretechnik lässt sich als Beitrag zur Lösung eines oder mehrerer der folgenden vier Grundprobleme einordnen:

- Kosten der Softwareherstellung
- Zykluszeit der Softwareherstellung
- Verlässlichkeit der Software
- Brauchbarkeit der Software

Die Kosten der Softwareentwicklung werden weit stärker als die Kosten in anderen Ingenieurfächern von den Aufwendungen für menschliche Arbeitszeit dominiert. Folglich sind erhebliche Fortschritte auch nur durch die Einsparung von Arbeitskosten zu erzielen. Dies geschieht auf dreierlei Art:
Erstens das echte Einsparen von Arbeit. Es wird also irgendeine Aufgabe schneller erledigt oder ganz eingespart. Der weit überwiegende Teil aller Forschung in der Softwaretechnik zielt hierauf. Beispiele hierfür sind bessere Entwurfsmethoden, die schneller zu einem funktionierenden Entwurf führen sollen, oder bessere Testtechniken, die mit weniger Testfällen die gleiche Zahl an Defekten finden.

Softwaretechnischer Fortschritt entsteht überwiegend durch Einsparen oder Vereinfachen von Arbeit.

Zweitens die Verringerung der Anforderungen. Es wird also eine Arbeit so vereinfacht, dass sie von einer Arbeitskraft mit geringerer Qualifikation (also geringeren Arbeitskosten und höherer Verfügbarkeit) erledigt werden kann. Beispiele für diesen Ansatz sind problemspezifische Spezifikations- und Programmiersprachen oder Werkzeuge, die die Konsistenzerhaltung in verbundenen Dokumenten unterstützen.
Drittens das Verlagern von Arbeit zu qualifizierten, aber billigeren Arbeitskräften, beispielsweise in Ländern wie Rußland oder Indien. Dies zu ermöglichen scheint auf den ersten Blick keine softwaretechnische Leistung zu sein, wird aber bei näherem Hinsehen in den meisten Fällen erst möglich, nachdem einige softwaretechnische Probleme hinreichend gut gelöst sind, zum Beispiel eine interkulturell verständliche Aufgabenbeschreibung und eine verteilte Konfigurationsverwaltung.

Unter *Zykluszeit* versteht man die Gesamtdauer (in Kalendertagen) einer Softwareentwicklung. In gewissen Grenzen ist es meist wichtiger, eine Entwicklung schnell abzuschließen, als Kosten einzusparen — andernfalls wäre es meist am sinnvollsten, ein Softwareprojekt allein von einer einzigen kompetenten Person abwickeln zu lassen, weil das viel Kommunikationsaufwand einsparen würde. Gerade im modernen, sehr schnelllebigen Softwaremarkt wird es aber zunehmend wichtig, vor allem früh mit einer Entwicklung auf dem Markt zu

Die Zykluszeit ist heute oft die wichtigste Eigenschaft eines Softwareprozesses.

sein, denn die Verringerung des Marktanteils durch einen späten Markteintritt überwiegt selbst erhebliche Kosteneinsparungen bei der Entwicklung. Zur Verringerung der Zykluszeit gibt es grundsätzlich zwei Ansätze: erstens wiederum die Einsparung von Arbeit und zweitens die Parallelisierung der Arbeit, also die Verteilung auf mehr Personen. Zur Parallelisierung müssen vielfältige Kommunikations- und Koordinierungsprobleme gelöst werden, mit denen sich zahlreiche Arbeiten in der Softwaretechnik-Forschung befassen, beispielsweise im Bereich von Spezifikationssprachen, Softwareprozess-Beschreibung oder Konfigurationsverwaltung. Die Verlagerung von Arbeiten ins Ausland stellt einen besonders schwierigen Spezialfall von Parallelisierung dar.

Die *Verlässlichkeit* von Software sei hier durch die Zuverlässigkeit beschrieben, also die Häufigkeit und Schwere von Versagen unter normalen Betriebsbedingungen (siehe Definition 1.3). Aspekte von Schutz und Sicherheit wollen wir hier zur Vereinfachung außer acht lassen, ebenso wie Aspekte des Zusammenwirkens von Software mit anderen Teilen eines Systems. Dann hängt die Zuverlässigkeit also ab von der Zahl und Art von Defekten in der Software, und die entsprechenden Forschungsbeiträge betreffen Methoden zum Vermeiden oder zum Entdecken und Entfernen von Defekten in Software. Beispiele sind Beiträge zu Spezifikationssprachen und Entwurfsmethoden, die eine Konsistenzprüfung unterstützen, ferner Testmethoden und viele andere.

Die *Brauchbarkeit* von Software betrifft alle übrigen äußeren Qualitätsmerkmale von Software außer der Verlässlichkeit, also die Effizienz, Erlernbarkeit, Bedienbarkeit, Erfüllung der tatsächlichen Anforderungen etc. Die meisten Aspekte der Brauchbarkeit liegen technisch gesehen eher am Rand des von der Softwaretechnik abgesteckten Forschungsbereichs und fallen in Arbeitsgebiete, die man als eigene Felder betrachten kann, wie z.B. Mensch/Maschine-Interaktion, Usability Engineering und ähnliche. Wir werden diese Fragen daher allenfalls am Rande berühren.

Definition 1.3: „Fehler, Defekt, Versagen (*error, defect, bug, fault, failure*)“

Der Begriff *Fehler* (*error*) bezeichnet einen menschlichen Irrtum, z.B. beim Kodieren, der in einem Falschtun oder einem Versäumen bestehen kann.

Ein *Defekt* (*defect, bug, fault*) ist ein struktureller Mangel in einem Produkt. Ein Fehler kann zu einem Defekt führen (muss aber nicht).

Ein *Versagen* (*failure*) ist ein Ereignis bei der Ausführung von Software, nämlich eine Abweichung des tatsächlichen vom gewünschten Verhalten. Ein Defekt kann zu Versagen führen (muss aber nicht).

Fehler und Versagen sind also Ereignisse, Defekte sind Zustände. Im Englischen ist der Begriff „fault“ zwar verbreitet, kann aber leicht mit „failure“ verwechselt werden; man sollte deshalb „defect“ vorziehen. Oft wird das Wort „Fehler“ unscharf für alle drei Begrifflichkeiten benutzt.

Man beachte, dass Kosten und Zykluszeit Eigenschaften des Softwareprozesses sind, also des Vorgangs der Softwareentwicklung, während Verlässlichkeit und Brauchbarkeit Eigenschaften der resultierenden Software, also des Produkts, sind.. Forschungsbeiträge in der Softwaretechnik beziehen sich aber auch im Falle Verlässlichkeit und Brauchbarkeit meist auf den Prozess, also darauf, wie man zu verlässlicher und brauchbarer Software gelangt.

Prozess versus Produkt

1.3. Wodurch entsteht ein Fortschritt?

Die Erkenntnisse, die zur Verbesserung der softwaretechnischen Praxis genutzt werden können, ergeben sich auf zweierlei Wegen:

Fortschritt entsteht sowohl allmählich durch Erfahrung als auch gezielt durch Forschung. Beide Methoden befruchten sich gegenseitig.

- durch das automatische (und oft implizite) Lernen aus Erfahrung und
- durch gezielte Forschung.

Das Lernen aus Erfahrung funktioniert sowohl für den einzelnen Softwareingenieur als auch für die Gemeinde der Praktiker als Ganzes. Im Laufe der Zeit schälten sich auf diese Weise beispielsweise die Einsichten heraus, dass das Wasserfallmodell als Vorgehensvorschrift nur in manchen Fällen taugt [15], dass die Wartbarkeit ein wesentliches Kriterium für die Güte eines Entwurfs ist [17] und dass das Testen eines großen Programms sinnvollerweise zunächst mit Einzelteilen beginnt [10].

Dem gegenüber steht die gezielte Forschung, die idealerweise aus solchen Erfahrungseinsichten ihre Themen bezieht. Zum Beispiel entwickelt sie dann ein universelleres Vorgehensmodell wie das Spiralmodell [15] und validiert es mit Fallstudien [16], vergleicht die Wartbarkeit, die sich mit unterschiedlichen Entwurfsmethoden einstellt [18, 119], oder untersucht die Effektivität verschiedener Vorgehensweisen beim Modultest [7].

Es ist klar, dass ein zügiger Fortschritt nur erreicht wird, wenn sich beide Verfahren gegenseitig befruchten. Das Erfahrungslernen wäre auf sich allein gestellt zu langsam, und die gezielte Forschung neigt bei Fehlen von „Aufträgen" aus der Praxis dazu, nur unwichtige Probleme zu lösen, weil die relevanten Probleme oft am schwierigsten zu lösen sind und man sich deshalb lieber einfacheren, aber weniger relevanten zuwendet.

Zusätzlicher Fortschritt ergibt sich — gewissermaßen nebenbei — durch die rasante Verbesserung der Infrastruktur. Schnellere Rechner, mehr Speicher, zunehmende Vernetzung und verbesserte Basissoftware erleichtern oder ermöglichen die Umsetzung vorhandenen Wissens in die Praxis. Ein schönes Beispiel für solche Fortschritte sind die graphischen Bedienungsoberflächen, die heute die Benutzung eines sehr funktionsreichen Programms enorm viel einfacher machen, deren routinemäßige Realisierung aber erst möglich wurde, lange nachdem die prinzipielle Erfindung gemacht war. Anfangs waren die Kosten zu hoch, denn es mangelte an preiswerten hochauflösenden graphischen Bildschirmen, billigem Hauptspeicher und schnellen Prozessoren. Ähnliche Fortschritte für die Softwaretechnik ergeben sich in jüngerer Zeit durch die massive Nutzung des WWW und verwandter Techniken, die erst durch die breite Verfügbarkeit von Internetzugängen mit ausreichender Bandbreite allgemein möglich wurden.

1.4. Wer produziert den Fortschritt?

Für gezielte Forschung sollten Praktiker und Forscher zusammenarbeiten.

Offensichtlich erfolgt das Erfahrungslernen überwiegend durch die Praktiker. Aber wie steht es mit dem Fortschritt durch gezielte Forschung? Hier scheinen dem Namen nach die Forscher allein zuständig zu sein, und tatsächlich liegt die Verantwortung für das Vorantreiben der Forschung in ihrer Hand. Das heißt aber nicht, dass nicht die Praktiker auch an gezielter Forschung mitwirken könnten und sollten.

Aus Sicht der Forschung gibt es dafür zwei gute Gründe: Zum einen können Praktiker wichtige Beiträge dafür liefern, dass die Forschungsfrage sowohl ihrer groben Ausrichtung nach als auch im Detail für praktische Situationen relevant ist. Dies ist losgelöst von der industriellen Praxis für Forscher allein weitaus schwieriger sicherzustellen. Zweitens können, zumindest im Prinzip, Praktiker eventuell eine Forschungsumgebung bereitstellen, die eine bessere Verallgemeinerung der Forschungsergebnisse erlaubt — und die in vielen Fällen die Forschung sogar überhaupt erst möglich macht. Es lohnt sich also häufig für Forscher, Praktiker mit in ihre Arbeiten einzubinden.

Aber auch aus Sicht der Praktiker spricht einiges dafür: Erstens können sie durch Mitwirkung bei der Formulierung der Forschungsfrage sicherstellen, dass die Ergebnisse für sie später auch tatsächlich von Nutzen sind.

Zweitens können sie eben diesen Nutzen um ein Vielfaches steigern, indem die Forschung im Kontext ihrer eigenen Organisation und ihres eigenen Anwendungsfelds durchgeführt wird, denn dann entfallen der Aufwand und vor allem die Unsicherheiten der Übertragung der Ergebnisse aus einem fremden Kontext — die Resultate sind bequem und vollständig zur Verbesserung des eigenen Softwareprozesses nutzbar. Gezielte Forschung selbst mit durchzuführen lohnt sich also oft auch für Praktiker, vorausgesetzt, dass diese Forschung einem wohlbestimmten, selbst gesetzten Zweck dient. Dies ist auch

Definition 1.4: „Software-Organisation"

Als Software-Organisation bezeichnen wir jeden in sich halbwegs abgeschlossenen Teil einer Institution (Firma, Hochschulinstitut, Behörde etc.), dessen Mitglieder sich vorwiegend mit der Herstellung von Software befassen. Der Begriff ist also etwas vage.

ein Grund, weshalb sich einige (wenige) große Firmen den „Luxus" einer echten Forschungsabteilung leisten, die tatsächlich softwaretechnische Grundlagenforschung betreibt.

1.5. Zweck, Aufbau und Benutzung dieses Buches

■ **Ziele.** Das vorliegende Buch verfolgt drei Hauptziele:

1. Zu zeigen, dass die Forschungsmethode „kontrolliertes Experiment" in der Softwaretechnik künftig stärker als bisher eingesetzt werden sollte, weil sie ganz gezielte und zügige Wissensfortschritte ermöglicht.
2. Einige wichtige praktische Ratschläge für die erfolgreiche Planung und Durchführung kontrollierter Experimente unter Beteiligung menschlicher Versuchspersonen[1] zu geben, die in den bisherigen Veröffentlichungen zu diesem Thema fehlen.
3. Praktiker dazu anzuregen, vermehrt an der Planung und Durchführung kontrollierter Experimente und anderer Forschung teilzunehmen — und zwar aus wohlverstandenem Eigennutz.

Kontrollierte Experimente sind nützlich, und zwar auch für Praktiker!

Die Perspektive ist dabei kurz- oder langfristig anwendungsorientierte Grundlagenforschung.

■ **Schwerpunktsetzung.** Das Buch ist in diesem Rahmen so knapp wie möglich gehalten. Es beschränkt sich auf knappe Aussagen zu den beim heutigen Stand experimenteller Softwaretechnik wichtigsten praktischen Problemen und illustriert oder untermauert diese Aussagen anhand von Beispielen. Weggelassen werden dabei erstens viele technische Details, die sich wie jeweils angegeben anderswo nachlesen lassen, und zweitens solche Aspekte von Experimententwurf und Datenanalyse, die angesichts des jugendlichen Entwicklungsstands der Experimentation in der Softwaretechnik noch auf einige Zeit nicht praktisch relevant sind — auch hier ist weiterführende Spezialliteratur angegeben. Es fehlt ferner eine Diskussion von qualitativer (im Gegensatz zu quantitativer) Analyse und die Behandlung vieler psychologischer Aspekte des Experimentierens, weil dies den Rahmen dieses Buches gesprengt hätte.

Ziel meiner Darstellung ist es, Unwichtiges und Offensichtliches wegzulassen, um Kritisches und für den Erfolg Entscheidendes um so deutlicher zu machen.

■ **Voraussetzungen.** Vorausgesetzt wird ein allgemeines Verständnis der Softwaretechnik sowie streckenweise Grundkenntnisse in Statistik (Begriffe wie Variable, Grundgesamtheit, Stichprobe, Wahrscheinlichkeit, Unabhängigkeit, (Wahrscheinlichkeits-)Verteilung, Normalverteilung, Mittelwert, Standardabweichung, Varianz, Quantil, Median, lineare Regression), die man sich aber überwiegend notfalls auch aus dem Zusammenhang zusammenreimen kann.

Voraussetzungen: Kenntnisse in Softwaretechnik, Grundkenntnisse in Statistik.

[1] Im Gegensatz zum Benchmarking von Hard- und Software, das auch die Form kontrollierter Experimente haben kann.

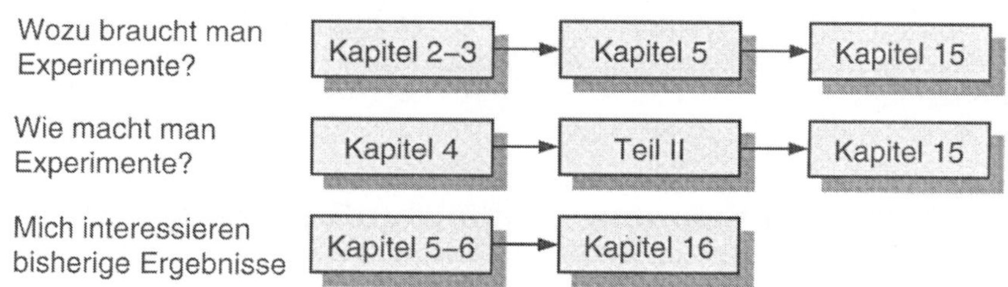

Abbildung 1.5. Drei verkürzte Lesepläne: Welche Kapitel zusammen ein abgerundetes Bild für diejenigen ergeben, die sich nur für Teile des Buches interessieren.

■ **Aufbau.** Das Buch ist in drei Teile gegliedert. Im ersten Teil („Die Rolle kontrollierter Experimente") ist beschrieben, welche Forschungsmethoden für die Softwaretechnik hauptsächlich in Frage kommen und welche Stellung darunter kontrollierte Experimente einnehmen. Dies liefert das Handwerkszeug, um in einer gegebenen Situation zu entscheiden, ob oder an welcher Stelle ein kontrolliertes Experiment zum Wissensgewinn beitragen kann.

Der zweite Teil („Die Methodik kontrollierter Experimente") gibt eine Anleitung, wie kontrollierte Experimente durchzuführen sind. Er geht auf die fachunabhängigen Grundlagen, die sich in Dutzenden guter Lehrbücher ausführlich nachlesen lassen, nur sehr kurz ein, konzentriert sich stattdessen auf die spezifischen Eigenarten des Forschungsfeldes Softwaretechnik und enthält insbesondere die oben erwähnten Ratschläge, die Fehlschläge vermeiden helfen.

Der dritte Teil („Fazit") fasst die wichtigsten Erkenntnisse aus den ersten beiden Teilen zusammen und nennt eine Reihe von offenen Forschungsfragen, deren Beantwortung die Planung und Auswertung kontrollierter Experimente verbessern und damit den Fortschritt in der Softwaretechnik beschleunigen würde.

Der Anhang enthält eine Studie über die Arbeitszeiten von Versuchspersonen aus zahlreichen, recht unterschiedlichen kontrollierten Experimenten. Auf die Ergebnisse bezüglich Größe individueller Unterschiede innerhalb von Versuchsgruppen, Form von Zeitverteilungen und Wirksamkeit diverser statistischer Tests wird an verschiedener Stelle im Buch Bezug genommen.

Wen nicht alle diese Aspekte interessieren, für den sind verkürzte Lesepläne in Abbildung 1.5 angegeben.

■ **Benutzung.** Ein wichtiger Zusatznutzen des Buches ergibt sich aus den zahlreichen Kurzbeschreibungen bisheriger kontrollierter Experimente. Um den Haupttext möglichst kurz zu halten und die Orientierung beim unvollständigen Lesen zu erleichtern, sind diese Kurzbeschreibungen ebenso wie wichtige Definitionen und einiges mehr in separaten Textkästen angeordnet. Verweise auf die Textkästen mit Experimentbeschreibungen geben einen mnemonischen Kurznamen und die Seitenzahl an, z.B. [Perspektiven/36] für den Textkasten über ein Experiment zum Thema "Perspektivenbasierte Inspektion", der auf

[Perspektiven/36] etc.

Seite 36 steht. Man beachte, dass die meisten Experimentbeschreibungen keine Wertungen vornehmen, viele Experimente aber durchaus einige Mängel aufweisen.

Erweiterter Index

Der Index verweist nicht nur auf Stichwörter, sondern außerdem auf zahlreiche Querverweise innerhalb des Hauptteils: auf alle Bezüge zu einem Eintrag aus dem Literaturverzeichnis (unter „Literaturstelle"), auf alle Bezüge zu anderen Kapiteln (unter „Kapitel") und Unterabschnitten (unter „Abschnitt"), sowie auf Bezüge zu Textkästen (unter „Experiment" und „Notiz").

Gemeinsame Nummerierung von Textkästen, Tabellen und Abbildungen

Alle vom Textfluss separaten Objekte (also Textkästen, Tabellen und Abbildungen) haben eine einzige durchgehende Nummerierung, so dass beispielsweise die Abbildung 1.5 von Seite 22 diese Nummer bekommt (obwohl sie die erste Abbildung des Kapitels ist), weil sie das nächste separate Objekt nach der Definition 1.4 von Seite 20 ist. Auf diese Weise lässt sich ein solches Objekt schneller durch Blättern finden.

1.6. Verwandte Literatur

Wir diskutieren die Literatur, die zum Wissensschatz des vorliegenden Buches beiträgt, in drei Abschnitten: zuerst die Beiträge anderer Disziplinen, die schon eine sehr viel besser etablierte und entwickelte Experimentmethodik haben; zweitens die (vorwiegend älteren) Arbeiten aus der Informatik, deren Perspektive sich eher auf das Programmieren-im-Kleinen richtet; drittens schließlich die Arbeiten, deren Sichtweise eher die Erforschung von Softwareentwicklung im größeren Maßstab ist, den aus praktischer Sicht wichtigeren Teil der Softwaretechnik.

1.6.1. Aus fremden Fächern

Über die Rolle und Methodik kontrollierter Experimente gibt es aus diversen anderen wissenschaftlichen Disziplinen eine reichhaltige Literatur. Namentlich die Psychologie und die Medizin machen zahlreich von kontrollierten Experimenten Gebrauch, und dementsprechend viele Lehrbücher gibt es dort auch.

Die Literatur über Experimentmethodik aus z.B. Medizin und Psychologie ist nur begrenzt nützlich.

Sie sind auch für Experimente in der Softwaretechnik durchaus als Anleitung zu gebrauchen, haben aber meist einige Nachteile. Erstens sind Teile der Terminologie und der Beispiele für Fachfremde naturgemäß schwer greifbar oder wenig hilfreich. Zweitens ist einiges von den dort diskutierten praktischen Problemen für die Softwaretechnik wenig relevant. Und drittens fehlt vor allem natürlich eine Diskussion derjenigen praktischen Probleme, die für die Softwaretechnik typisch und entscheidend sind, völlig.

Einen guten Einstieg in diese Literatur ermöglicht der knapp gehaltene „Methodenatlas" von Rogge [174]. Ein gutes Lehrbuch aus der Psychologie ist beispielsweise das von Christensen [34]. Das ausführliche Werk von Bortz und Döring zielt auf alle Human- und Sozialwissenschaften, legt aber einen Schwerpunkt auf Evaluationsforschung, also die Bewertung künstlicher Eingriffe, und ist deshalb für Softwaretechnik-Forschung vergleichsweise besonders relevant [20].

Selbstverständlich gibt es auch für die Physik oder die Ingenieurfächer Lehrbücher über Experimentation [39]. Da aber die dort auftretenden Probleme recht verschieden von denen sind, die man üblicherweise bei Experimenten in der Softwaretechnik zu lösen hat, ist diese Literatur eher weniger hilfreich: Der Schwerpunkt liegt hier oft beim Vermeiden und Behandeln von Messfehlern in physischen Versuchsaufbauten, ein Problem, das bei softwaretechnischen Experimenten von untergeordneter Bedeutung ist.

1.6.2. Programmieren

Aus der Frühzeit der Informatik gibt es eine Tradition der Erforschung der Programmierpsychologie, deren Auslöser wohl die Debatte um das strukturierte Programmieren, insbesondere der berühmte Brief(!) „Go To statement considered harmful" von Dijkstra aus dem Jahr 1968 ist [58]. Den entscheidenden Anstoß, für diese Forschung kontrollierte Experimente zu benutzen, gab vermutlich Weinberg 1971 mit seinem Buch „The Psychology of Computer Programming" [211, 213].

Bekannte Kernstücke dieser Forschung sind beispielsweise die Arbeiten von Shneiderman und anderen [189], die 1980 in ein Buch mündeten [188]. Neuere Ergebnisse dieser Forschung werden beispielsweise seit 1986 auf der Konferenz „Empirical Studies of Programmers" (ESP) [41, 84, 112, 145, 191, 198]

Notiz 1.6: *Eine lange Modewelle: „X considered harmful"*

Dijkstras Brief „Go To statement considered harmful" [58] war nicht nur der Startschuss zur empirischen Erforschung zahlreicher Aspekte des Programmierens, sondern trat auch eine enorme Welle gleichartig betitelter Veröffentlichungen zu verschiedensten Themen los, die bis heute anhält. Diese Artikel behandeln die verschiedensten Gebiete der Informatik. Im Bereich der Softwaretechnik wurden mit der Aussage „X considered harmful" unter anderem die folgenden X verknüpft: structured programming, *„structured programming"*, If-Then-Else, correctness proofs, comment, pointers, arithmetic shifting, global variable, primitive types, polymorphism. Die Reihe liesse sich fortsetzen.

Es ist interessant zu beobachten, dass mit nur wenigen Ausnahmen alle diese Artikel keinerlei quantitative empirische Belege anführen, sondern auf reiner Meinung und mehr oder weniger plausibler Spekulation beruhen — genau wie es Dijkstra vorgemacht hat.

oder dem Workshop [142] der „Psychology of Programming Interest Group" (PPIG) vorgestellt. Im Rahmen dieser Forschung hat es auch ein paar Beiträge gegeben, die sich ausdrücklich mit Aspekten der Methodik befassen.

Der Übersichtsartikel von Sheil von 1981 stellt zuerst zahlreiche frühe experimentelle Arbeiten vor, deren Themen heute zum großen Teil angestaubt wirken (z.B. GOTO, Einrückung, Flussdiagramme), und die sich überwiegend nur auf das Programmieren-im-Kleinen beziehen; anschließend folgt eine scharfe Kritik an der methodischen Qualität dieser Forschung aus Sicht der etablierten Standards der Verhaltensforschung [186]. Der Artikel ist auch heute noch lesenswert.

Moher und Schneider publizierten 1982 einen Artikel, dessen annotierte Bibliographie Kurzbeschreibungen zahlreicher Experimente bis 1978 enthält [137]. Der Artikel spekuliert über die Wichtigkeit diverser Umstände eines Experiments, wie Auswahl und Gruppierung von Versuchspersonen, Aufgaben, Infrastruktur, und arbeitet heraus, welche Fragen von der Methodikforschung geklärt werden müssen, damit man effizient aussagekräftige Experimente zur Softwaretechnik und dem Programmiersprachenentwurf machen kann. Ähnlich gelagert ist der kürzere Artikel von Ruven Brooks von 1980, der einige sinnvolle konstruktive Hinweise enthält und mit der Feststellung schließt, man brauche für weitere Fortschritte vermutlich ein „Modell der [kognitiven] Prozesse, die ein Programmierer bei der Auseinandersetzung mit einem Programm benutzt" [32]. Recht allgemein gehalten und in den Beispielen ebenfalls weitgehend überholt ist der Artikel von Curtis [44], ebenfalls von 1980.

Für alle genannten Arbeiten gilt, dass einerseits die Beantwortung der aufgeworfenen Fragen mit wenigen Ausnahmen seither nur wenig vorangekommen ist. Andererseits werden aber durch die technische Weiterentwicklung einige Probleme zunehmend weniger bedeutsam. Beispielsweise gibt die Informatikausbildung durch schnellere und billigere Rechner heute so viel Gelegenheit zum praktischen Programmieren, dass man Studierende viel weniger lange als „Anfänger" betrachten muss und die Fortgeschrittenen wesentlich größere Programme handhaben können, als das vor 20 Jahren der Fall war. Zugleich ist die Erfahrungslücke zu professionellen Software-Ingenieuren (*Profis*) geschrumpft. Studierende gehen mit viel mehr Erfahrung in den Beruf als früher und zugleich haben die Profis durch das massive Wachstum der Branche im Schnitt deutlich weniger Erfahrung — zumindest nach Jahren gemessen. Auf der anderen Seite haben sich einige Probleme verschärft, zum Beispiel die Vielfalt von Anwendungsgebieten (samt damit verbundenen Softwarestrukturen und Entwicklungsprozessen) und damit der Wunsch, ein Anwendungsgebiet treffend zu charakterisieren und die Übertragbarkeit von Ergebnissen aus einem Gebiet auf ein anderes zu verstehen.

1.6.3. Softwaretechnik

Die bisherige Literatur ist sehr allgemein oder wenig an praktischen Problemen orientiert.

Aus der Softwaretechnik im engeren Sinne (Programmieren im Großen) gibt es ebenfalls Literatur über Experimentation, allerdings bislang nicht viel. Basilis Artikel von 1996 ordnet empirische Forschung in den Gesamtzusammenhang der Softwaretechnik-Forschung ein, zieht Parallelen zu anderen Disziplinen und gibt Klassifikationskriterien für empirische Studien an [5]. Diese basieren zum Teil auf Basili, Selby und Hutchens' Artikel von 1986, der eine Taxonomie für experimentelle Arbeiten vorstellt und zahlreiche publizierte Arbeiten dort einordnet [8]; ferner enthält das Papier einige knappe Ratschläge, was beim Experimentieren und bei der strategischen Planung einer Reihe von Forschungsarbeiten besonders zu beachten ist.

Die Artikelreihe von Pfleeger von 1994/95 ist eine Art Kurzlehrbuch über Experimentmethodik für Softwaretechniker, geht aber leider wenig auf die spezifischen Eigenarten der Softwaretechnik ein [151]. Spezifischer und konkreter sind hingegen Lott und Rombach in ihrem Artikel zur Methodik von Experimenten über Defektentdeckungstechniken, also Begutachtung und Test [121].

[218] kommt dem vorliegenden Buch noch am nächsten.

Das einzige Werk, das dem vorliegenden ähnelt, ist zeitgleich entstanden: das Buch von Wohlin, Runeson, Höst, Ohlsson, Regnell und Wesslén [218]. Es ist eher formaler, dabei jedoch noch knapper angelegt; daher fehlen ihm die zahlreichen realen Beispiele und die ausführliche Einordnung der Rolle von Experimenten. Auch der praktische Bezug ist weniger stark ausgeprägt.

Das Buch von Cohen von 1995 liegt am Rande der Softwaretechnik; es behandelt nicht das Experimentieren mit Menschen, sondern die empirische Untersuchung von Programmen in der Künstlichen Intelligenz [38]. Dennoch hat es auch aus Sicht der Softwaretechnik einen sehr guten Einführungsteil über Experimentieren, ausreichenden Praxisbezug und eine sehr verständliche Beschreibung statistischer Techniken.

Harrison schlug Anfang 1998 vor, eine WWW-basierte Sammlung praktischer Ratschläge und Erfahrungsberichte für empirisches Arbeiten in der Softwaretechnik anzulegen [90], da solches Wissen für wissenschaftliche Artikel ungeeignet sei und folglich sonst nicht veröffentlicht werde. Bislang hat aber meines Wissens noch niemand den Vorschlag aufgegriffen.

Andere Arbeiten stellen das Experimentieren in einen allgemeineren Zusammenhang empirischer Arbeiten, zum Beispiel des Messens und Modellierens [40, 67, 69] oder der Validation neuer Techniken in der Forschung [68]. Auch mehrere der Beiträge in [175] berühren Experimentation. Die Dissertation von Daly [49] von 1996 betont zwei Hauptaspekte: Erstens sollen Experimente gezielt von Forschung mit anderen Methoden flankiert, insbesondere vorbereitet, werden („Multimethoden-Forschung"), damit man eine relevante Experimentfrage und einen erfolgversprechenden Versuchsaufbau auswählen kann. Zweitens dürfen Experimente nicht nur einmalig durchgeführt, sondern sollen repliziert werden.

Teil I

Die Rolle kontrollierter Experimente

It is only natural to take a method
and try it out.
If it fails, admit it openly
and try something else.
FRANKLIN D. ROOSEVELT

Das Ziel dieses Teils besteht darin, herauszuarbeiten, für welche wissenschaftlichen Zwecke (d.h. Arten von Fragestellungen) sich kontrollierte Experimente eignen (Kapitel 5).

Dazu betrachten wir zuvor, wie sich empirische Forschung in die Softwaretechnik eingliedert (Kapitel 2), welche empirischen Methoden es grundsätzlich gibt und welche spezifischen Vor- und Nachteile sie im gegenseitigen Vergleich haben (Kapitel 3).

Kapitel 4 führt die Terminologie zur Beschreibung und Beurteilung kontrollierter Experimente genauer ein und beschreibt allgemein die Vorgehensweise. Abschliessend zeigt Kapitel 6 anhand zweier Beispiele, in welchen Teilgebieten der Softwaretechnik bislang eine nennenswerte Menge an Forschung mittels kontrollierter Experimente durchgeführt worden ist und in welchen nicht.

Forschungsansätze und die Rolle der Empirie

Most researchers had a mental model of software practice
as an enterprise "in crisis",
one that did a bad job of whatever it undertook,
and there seemed to be an underlying assumption
that any change was better than the status quo.
ROBERT GLASS

Dieses Kapitel führt die beiden grundlegenden Forschungsansätze der Informatik ein (ingenieurmäßiger Systembau einerseits und wissenschaftliche Modellbildung andererseits) und beschreibt die Rolle, die die empirische Forschung in diesem Zusammenhang spielt.

2.1. Das Missverständnis der Softwaretechnik

Die Wurzeln der Informatik (und damit auch der Softwaretechnik) liegen in der Mathematik: bei der Manipulation abstrakter Konstrukte. Dieses Fach wird deshalb oftmals (und meist unausgesprochen) als Idealbild für die Informatik angenommen.

Die Softwaretechnik ist keine deduktive Wissenschaft wie die Mathematik, sondern ein Ingenieurfach. Beiträge sind an ihrer Nützlichkeit zu messen, die meist nur empirisch nachgewiesen werden kann.

Dem steht gegenüber, dass man die meisten Teile der Informatik und erst recht die gesamte Softwaretechnik offensichtlich als Ingenieurwissenschaften ansehen muss. Ein Beitrag in einer Ingenieurwissenschaft wird jedoch an seiner Nützlichkeit gemessen und die lässt sich in den meisten Fällen ausschließlich empirisch nachweisen.

Dieser Unterschied ist eine der möglichen Erklärungen für die Tatsache, dass viele Forscher in der Informatik und selbst in der Softwaretechnik die Qualität ihrer Beiträge stark dadurch beschädigen, dass sie die empirische Bewertung sehr vernachlässigen (siehe auch Abschnitt 2.5). Andere Erklärungen sind Faulheit oder Angst vor den Resultaten einer empirischen Bewertung neuerfundener Methoden.

Grundsätzlich muss Forschung in der Softwaretechnik also erfahrungsgeleitet sein, sie kann dabei jedoch auf zwei grundsätzlich verschiedene Weisen vorgehen: ingenieurmäßig oder wissenschaftlich.

Definition 2.1: „Empirie"

Empirie heißt eigentlich nichts weiter als (Sinnes)erfahrung.
In unserem Zusammenhang steht der Begriff erstens für die Gesamtheit aller Forschungsmethoden zur Beobachtung des Verhaltens oder der Wirkung softwaretechnischer Artefakte wie Programme oder Entwicklungsmethoden. Zweitens steht er für die Gesamtheit aller Anwendungen dieser Forschungsmethoden. Drittens ist Empirie das wissenschaftliche Prinzip, sich, wo nötig, zum Wissensgewinn auf tatsächliche Ereignisse und Beobachtungen zu stützen, anstatt auf Basis unsicherer Annahmen zu versuchen, nur durch logisches Schließen zu seinen Erkenntnissen zu gelangen.

Definition 2.2: „Empirische Bewertung"

Empirische Bewertung steht in unserem Zusammenhang für die praktische Verwendung und Erprobung eines Werkzeugs, einer Methode oder eines Modells, um die tatsächlichen Eigenschaften dieser Artefakte zu verstehen und beschreiben zu können. Im Gegensatz dazu steht die *spekulative Bewertung*, die auf Basis mehr oder weniger plausibler und größtenteils unausgesprochener Annahmen durch mehr oder weniger stringentes logisches Schließen die *erwarteten* Eigenschaften ohne Empirie herleitet.

2.2. Ingenieurmäßiger Ansatz: Systembau

Der ingenieurmäßige Ansatz in der Softwaretechnik-Forschung zielt unmittelbar auf die Erschaffung der Artefakte, die für einen Praktiker nützlich sind, also softwaretechnische Methoden und Softwarewerkzeuge.

Im Mittelpunkt der Arbeit steht der Entwurf und die Realisierung solcher Systeme, ausgehend von Annahmen darüber, welche Eigenschaften nützlich wären und wie diese zu erreichen sind. Die Validierung der Ergebnisse erfolgt durch den Markt: Ein System wird von den Forschern als nützlich angesehen, wenn es von anderen Forschern oder von Praktikern aufgegriffen und weiterentwickelt oder benutzt wird.

Im Erfolgsfalle führt dieser Forschungsansatz zu raschen Fortschritten. Allerdings wird er von zwei Problemen geplagt. Erstens ist es bisher in der Softwaretechnik in vielen Bereichen recht unklar, wie ein nützliches Werkzeug oder eine nützliche Methode konkret aussehen muss. Zweitens kann es bei der Flut von Forschungsbeiträgen leicht passieren, dass ein nützlicher Beitrag vom Markt quasi „übersehen" wird und damit eine Chance auf einen Fortschritt verspielt ist.

Der ingenieurmäßige Forschungsansatz ist in der Softwaretechnik und auch insgesamt in der Informatik bislang vorherrschend [201, 221].

2.3. Wissenschaftlicher Ansatz: Modellbildung

Der wissenschaftliche Ansatz in der Softwaretechnik-Forschung zielt auf den Aufbau von Wissen, das für Praktiker bei der Anwendung der Softwaretechnik nützlich ist. Dieses Wissen hat die Form von Modellen, die beschreiben, welche Wirkungen bestimmte Methoden oder Werkzeuge unter gewissen Umständen haben und wie diese Wirkungen zusammenspielen.

Die Arbeitsmethoden des wissenschaftlichen Ansatzes gehen auf den Zyklus zurück, der aus den Naturwissenschaften bekannt ist: Ausgehend von einer Vermutung (Hypothese) über das Verhalten des Systems (hier: Softwareentwicklung) werden durch Beobachtung oder durch ein gezieltes Experiment neue Daten beschafft, aufgrund derer dann eine Ablehnung oder Verfeinerung der Hypothese vorgenommen wird.

Eine Aufgabe des wissenschaftlichen Ansatzes besteht in der Validierung der Arbeitsergebnisse des ingenieurmäßigen Ansatzes. In dieser Funktion bezieht der wissenschaftliche Ansatz seine Fragestellungen also direkt aus dem Systembau. Die offensichtlichsten Beispiele hierfür sind Untersuchungen von Werkzeugen (wie z.B. bei [Erkundungswerkzeug/37]); aber auch Sprachen (wie bei [Aspekt/75] oder [Typcheck/85]) oder Methoden (wie bei [Cleanroom/115] oder [PSP/78]) müssen geprüft werden. Die zweite Aufgabe besteht in der Ermittlung und Verbindung von Erkenntnissen, die über das Bewerten einzelner

Methoden oder Werkzeuge hinausgehen, also in der eigentlichen Modellbildung. In dieser Funktion liefert der Systembau zwar Anregungen, der wissenschaftliche Ansatz erarbeitet die Forschungsfragen daraus aber unabhängig selbst und gibt durch ihre Beantwortung dem Systembau neue Anregungen zurück, beispielsweise bei den Forschungen über Inspektionen, die die Nützlichkeit des Inspektionstreffens prüfen, in Frage stellen und dadurch Impulse für die Entwicklung von Werkzeugen für zeitlich und räumlich verteilte Inspektionen geben (siehe z.B. [Treffen1/63], [Treffen2/94], [Inspektionsteam/128]).

Dieser Forschungsansatz ist seinem Wesen nach erheblich langfristiger angelegt als der ingenieurmäßige; kurzfristiger Nutzen ist zwar möglich, fällt aber meist vergleichsweise klein aus. Wegen der oben beschriebenen Schwierigkeiten des ingenieurmäßigen Ansatzes sollte jedoch die Softwaretechnik auf die langfristig richtungsweisende Funktion von Modellbildung nicht verzichten.

2.4. Abgrenzung der Ansätze

In der Softwaretechnik, wie bei jeder Ingenieurwissenschaft, verschwimmen sogar die Grenzen zwischen Forschung und Anwendung, weil auch Praktiker durch implizites Lernen wichtige Beiträge zum Wissen leisten. Wir sollten also nicht erwarten, innerhalb der Forschung klare Trennlinien zwischen verschiedenen Ansätzen zu finden.

In der Tat kann man die beiden oben beschriebenen Bereiche nicht klar voneinander trennen: Auch im Systembau wird ein gewisses Maß an Modellbildung betrieben und die modellbildende Forschung kommt nicht ganz ohne die Erschaffung neuer Methoden und Werkzeuge aus. Fred Brooks schlägt zur Auflösung dieses Gemenges folgende Unterscheidung vor [30]: Ingenieur sei, wer die Modellbildung allenfalls als Mittel zum Zweck des Systembaus betreibe, bei Wissenschaftlern ist es genau umgekehrt („The scientist builds in order to study, the engineer studies in order to build.“). Brooks benutzt dieses Kriterium, um die gesamte Informatik (*Computer Science*) als Ingenieurwesen zu klassifizieren, weil sie immer den Systembau zum eigentlichen Ziel habe. Diese Betrachtung basiert auf dem engen angelsächsischen Verständnis, dass nur die Naturwissenschaften richtige Wissenschaften seien („Everything that calls itself a science, isn't.“). Legt man den europäischen, mehr an der Methodik orientierten Begriff von Wissenschaft zugrunde, ist klar, dass Brooks' Unterscheidung allenfalls für einzelne Forschungsarbeiten anwendbar ist, aber nicht generell auf Personen, geschweige denn auf die ganze Disziplin.

Die sinnvollste Folgerung aus diesen Abgrenzungsschwierigkeiten ist wohl, für eine intensive gegenseitige Befruchtung der Ansätze einzutreten und eine künstliche Trennung oder gar Verfeindung tunlichst zu vermeiden.

2.5. Die Rolle der Empirie

In der Softwaretechnik erfolgt der Wissenszuwachs überwiegend durch Empirie, da die betrachteten Prozesse zu komplex für eine mathematische Analyse sind und sich ohnehin nur unvollständig abstrakt erfassen lassen. Dies steht im Gegensatz zu beispielsweise der Physik, bei der ein erheblicher Teil des Fortschritts „am Schreibtisch", ganz abseits von Beobachtungen erfolgt (Theoretische Physik). Insbesondere ist die Entwicklung von Modellvorstellungen in der Softwaretechnik nur durch Empirie möglich, während in der Physik die Empirie zumindest heute überwiegend zum *Prüfen* der Modelle benötigt wird.

Bislang gehen die Fortschritte in der Softwaretechnik überwiegend vom Systembau aus und erfolgen durch gute Ideen gepaart mit Intuition. Diese Beiträge erweitern allerdings meist nur die verfügbare Palette von Werkzeugen und Methoden, selten jedoch das Verständniswissen über den Vorgang der Softwarekonstruktion. Dieses Verständniswissen ist in der Softwaretechnik fast immer nur durch Empirie zu erhalten: Systembau liefert zwar eine (möglicherweise große) Zahl von Antworten auf Fragen der Form „Wie löse ich das Problem X?", gibt aber keine Auskunft darüber, welche der vorgeschlagenen Methoden welche Vor- und Nachteile haben, geschweige denn, wie diese zustande kommen.

Bislang werden Beiträge oftmals kaum oder gar nicht auf ihre Nützlichkeit untersucht.

Leider wird bislang die Empirie noch vernachlässigt. Eine Untersuchung von Tichy, Lukowicz, Prechelt und Heinz [201] stellte 1994 bei der Durchsicht von 256 wissenschaftlichen Artikeln aus der praktischen Informatik fest, dass 40 Prozent von denen, die eine empirische Auswertung aufweisen müssten (weil sie ein Werkzeug, eine Methode oder ein Modell vorschlugen), keinerlei solche Auswertung hatten — im Bereich Softwaretechnik waren es sogar über 50 Prozent. Der entsprechende Prozentsatz in zwei Zeitschriften aus anderen Disziplinen, die zum Vergleich herangezogen wurden (Neural Computation und Optical Engineering), war mit 12 Prozent und 15 Prozent dramatisch günstiger. Snelting bezichtigt angesichts dieser Daten die entsprechenden Forscher gar des Konstruktivismus, also des willkürlichen Aufstellens von Behauptungen in der Annahme, dass Wahrheit ohnehin subjektiv sei [190]. Eine spätere Untersuchung von Zelkowitz und Wallace [221] mit anderer Vorgehensweise ergabe auf der Grundlage von 600 Artikeln, dass der Prozentsatz von Beiträgen ohne empirische Untersuchung von 36 Prozent im Jahr 1985 auf 19 Prozent im Jahr 1995 gesunken war. Beide Untersuchungen basierten wohlgemerkt auf hochangesehenen Zeitschriften und Konferenzen, repräsentieren also eher die besten Teile des Fachs. Andere Autoren kritisieren diesen Mangel aus anderen Blickwinkeln, z.B. Basili aus einer Betrachtung von Forschungsparadigmen heraus [5] oder Jones durch Betrachtung des Wissensstandes [105]. Wie wir sehen, fasst zwar die Einsicht, dass empirische Bewertung wichtig ist, offenbar in der Informatik allmählich Fuß, aber es besteht noch immer ein erheblicher Nachholbedarf im Vergleich zu anderen etablierten Disziplinen.

Zusätzlicher Verbesserungsbedarf ergibt sich aus der zum Teil mageren Qualität mancher empirischer Forschungsbeiträge.

The fundamental principle of science, the definition almost, is this:
the sole test of the validity of any idea is experiment.
RICHARD P. FEYNMAN

Empirische Forschungsmethoden in der Softwaretechnik

Beware of bugs in the above code;
I have only proved it correct, not tried it.
DONALD KNUTH

Dieses Kapitel erörtert, welche wesentlichen Eigenschaften die verschiedenen empirischen Forschungsmethoden voneinander unterscheiden und welche Erfindungen empirisch untersucht werden können. Es stellt dann die einzelnen Forschungsmethoden kurz vor und diskutiert ihre Vor- und Nachteile.

3.1. Forschungsgegenstände

Forschungsgegenstände sind die Softwareprozesse oder Eigenschaften von Softwareprodukten.

Bei den Gegenständen, die von der Forschung untersucht werden, kann man in der Softwaretechnik die folgenden fundamentalen Klassen unterscheiden:

1. Prozesse, Eigenschaften von Methoden
   — generische Methoden (also allgemeine technische Vorgehensansätze bei der Entwicklung von Software wie Strukturierter Entwurf [220] oder Objektorientierter Entwurf [19, 35, 178]; ebenso Managementansätze wie das Spiralmodell [15]),
   — spezifische Methoden (beispielsweise die Vorgehensvorschrift, die jede „Inspektionsperspektive" bei [Perspektiven/36] enthält),
   — Teile komplexer Softwareprozesse (bei Beobachtungs-Feldstudien),

***Experiment 3.1:** [Perspektiven] Perspektivenbasierte Inspektion von Anforderungsbeschreibungen (Basili, Green, Laitenberger, Lanubile, Shull, Sørumgård und Zelkowitz [6])*

Experimentfrage: Um die Abdeckung von Fehlermöglichkeiten in einer Inspektion zu verbessern, kann man jedem Gutachter eine andere, klar definierte, eingeschränkte Aufgabe geben, eine sogenannte *Perspektive*. Jede Perspektive beschreibt eine zusammengehörige Menge von Aspekten, die geprüft werden sollen. Wird Inspektion wirksamer, wenn jeder Gutachter eine (andere) Perspektive benutzt?

Vorgehen: 14 Profis der NASA begutachteten je zwei Anforderungsdokumente mit ihrer gewohnten Methode (wie auch immer die im Detail aussah) und zwei andere mit perspektivenbasierter Inspektion. Je ein Drittel der Versuchspersonen benutzte die Perspektiven „Entwerfer", „Tester" beziehungsweise „Benutzer". Je drei Gutachter wurden rechnerisch (d.h. ohne wirkliches Inspektionstreffen) zu einem Inspektionsteam vereinigt, um die entdeckte Defektanzahl zu bestimmen.

Ergebnis: Für die Anforderungsdokumente aus einem NASA-spezifischen Anwendungsbereich (Flugdynamik) ergab das Experiment keinen signifikanten Unterschied zwischen den Methoden. Für die Dokumente allgemeiner Natur (Tiefgaragensteuerung, Geldautomat) fanden sogar schon die einzelnen Gutachter der perspektivenbasierten Gruppe (trotz der Beschränkung ihres Auftrags) im Mittel um 30% mehr Defekte als die Vergleichsgruppe, so dass die virtuellen Teams dieser Gruppe der Vergleichsgruppe hoch signifikant überlegen waren ($p = 0{,}0019$).

Wiederholung: Drei ähnliche Experimente mit anderen Anforderungsdokumenten und insgesamt 60 Profis von Bosch Telecom bestätigen eine höhere Effektivität und zeigen außerdem einen geringeren Zeitaufwand pro gefundenem Defekt [116].

- Softwarewerkzeuge (also in Software gefasste Methoden, wie zum Beispiel bei [Erkundungswerkzeug/37]).

2. Produkte, Eigenschaften von Dokumenten
   - allgemeine Strukturprinzipien (wie beispielsweise die Modularität [Modularisierung/91]),
   - konkretere Strukturvorschriften (wie die Objektorientierung [OO-Entwurfswartung/101]),
   - ganz konkrete einzelne Softwaredokumente.

Eine konkrete Forschung berührt natürlich zumeist Prozesse und Produkte zugleich. Die Erforschung von Prozess oder Produkt erfolgt immer an einem konkreten Fall, und die Verallgemeinerbarkeit der Ergebnisse ist in den meisten Fällen reichlich unklar. Aus diesem Grund ist die Erforschung von Strukturprinzipien oder generischen Methoden schwierig.

***Experiment 3.2:** [Erkundungswerkzeug] Validierung eines Werkzeugs zum Erkunden großer Java-Programme (Krämer und Prechelt [114])*

Experimentfrage: Bislang werden nur die allereinfachsten der Werkzeuge, die einem Programmierer beim Verstehen eines Programmes helfen sollen, häufig eingesetzt, obwohl eine bessere Unterstützung sehr nützlich sein könnte — das Werkzeug JAMES will eine solche bieten. JAMES hat verschiedene Funktionen, genannt „Assistenten", die jeweils auf die Beantwortung einer bestimmten typischen Klasse von Fragestellungen beim Programmverstehen spezialisiert sind. Sind Programmierer mit JAMES nach nur 20 Minuten Einarbeitung besser im Programmverstehen als mit ihren sonstigen Hilfsmitteln?

Vorgehen: 2 Gruppen von insgesamt 15 Informatikstudierenden mit Vordiplom bearbeiteten an zwei verschiedenen Programmen je 6 Verständnisaufgaben; zuerst ein Programm mit JAMES, dann das andere ohne. Die Aufgaben betrafen Funktionalität finden, erweitern, vergleichen, wiederverwenden, entfernen etc. für das Zeichenprogramm JavaFig (61 Klassen) und die Behälterbibliothek JGL (160 Klassen).

Ergebnis: Bei der schwierigeren Aufgabe (JavaFig) war JAMES überlegen: Die Arbeitszeit wurde zwar nicht verkürzt, aber das erzielte Verständnis war viel häufiger korrekt. Bei der einfacheren Aufgabe JGL hingegen überwogen die durch Schwächen des Werkzeugs auftretenden Schwierigkeiten den Nutzen und die Bearbeitungszeit war erheblich länger als ohne Werkzeug. Allerdings war auch in diesem Fall das Verständnis meist besser.

Folgerung: Das Experiment zeigt, dass und warum eine hohe Reife eines Werkzeugs nicht nur wünschenswert, sondern eine unbedingte Voraussetzung für seinen Einsatz ist.

3.2. Forschungsfragen

Alle einzelnen Forschungsfragen in der Softwaretechnik lassen sich in eine der folgenden beiden Klassen einordnen:

- Wie gut funktioniert etwas?
- Wie funktioniert etwas und warum?

Die erste Frage hat einen vorwiegend ingenieurmäßigen Blickwinkel und ist direkt auf Nützlichkeitserwägungen gerichtet. Sie verlangt zu ihrer Beantwortung eine quantitative Angabe oder einen direkten Vergleich verschiedener Alternativen. Bei der zweiten Frage spielen Nützlichkeitserwägungen erst langfristig eine Rolle; sie hat einen wissenschaftlichen Blickwinkel, ist auf Verständnis gerichtet und verlangt zu ihrer Beantwortung eine qualitative Beschreibung von Zusammenhängen, also eine Modellbildung.

Eine einzelne Forschungsarbeit kann natürlich Fragen aus beiden Klassen zugleich stellen, aber es ist sinnvoll, sich für jede einzelne Frage (oder Antwort) vor Augen zu führen, zu welcher Klasse sie gehört. Wenn ein kontrolliertes Experiment zur Beantwortung einer Forschungsfrage benutzt wird, gibt die obige Unterscheidung Hinweise, welche Rolle das Experiment konkret spielen sollte; die verschiedenen Rollen werden in Kapitel 5 besprochen.

Mit obigem Fragenpaar lassen sich insbesondere Arbeiten entlarven, die überhaupt keinen Beitrag liefern, und zwar typischerweise jene, die zwar ausdrücklich oder stillschweigend Behauptungen über Nützlichkeit aufstellen, aber anschließend keine Untersuchungen darüber präsentieren (siehe Abschnitt 2.5).

3.3. Relevante Eigenschaften von Methoden

Eine Reihe von Eigenschaften bestimmt, welches im Einzelfall die geeignetste Forschungsmethode ist.

Für eine vergleichende Diskussion der Vor- und Nachteile der verschiedenen Forschungsmethoden ist zunächst festzuhalten, aufgrund welcher Eigenschaften eine Forschungsmethode im Einzelfall günstiger als eine andere sein kann (Qualitätsaspekte, Eignungsaspekte). Zur Vereinfachung der Diskussion betrachten wir außerdem, welche Eigenschaften die unterschiedliche Durchführung empirischer Studien charakterisieren (Strukturaspekte).

■ **Qualitäts- und Eignungsaspekte.** Es gibt folgende Hauptaspekte jeder Methode:

- Aufwand und Kosten
- Stärke des Eingriffs
- Eher für qualitative oder eher für quantitative Forschung geeignet?
- Verlässlichkeit der Resultate
- Beschreibbarkeit und Verstehbarkeit der Forschung
- Reproduzierbarkeit der Forschung und der Resultate

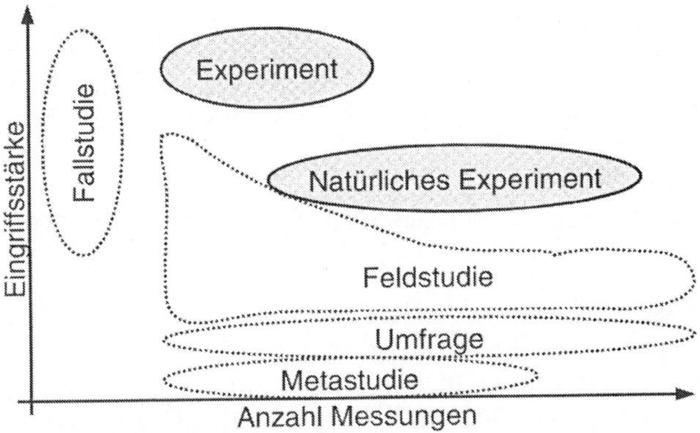

Abbildung 3.3. Typische Bereiche für benötigte Eingriffsstärke und erzielte Datenmenge bei den verschiedenen Forschungsmethoden. Die Datenmenge ist ein Unteraspekt der Verlässlichkeit der Resultate. Die Forschungsmethode „natürliches Experiment" ist eine besondere Ausprägung von „(kontrolliertes) Experiment" und wird in Abschnitt 9.4 vorgestellt.

- Verallgemeinerbarkeit der Resultate

Dabei ist zu beachten, dass sich einzelne Studien mit derselben Forschungsmethode in jedem dieser Aspekte natürlich erheblich unterscheiden können. Als Beispiel sind die *ungefähren* Bereiche, in denen die zwei Aspekte „Stärke des Eingriffs" und „Anzahl von Messungen" relativ für die verschiedenen Methodenarten typischerweise liegen können, in Abbildung 3.3 dargestellt. Wir diskutieren nun jeden Aspekt einzeln.

Kosten. Eine zentrale Frage und oftmals beherrschend für die Auswahl einer Forschungsmethode sind die damit verbundenen Kosten. Diese werden in der Softwaretechnik fast immer völlig von den Personalkosten dominiert. Zwei Unterscheidungen sind von Bedeutung. Zum einen ist der Zeitaufwand der Forscher von dem zu trennen, der von den im Rahmen der Studie beobachteten Softwareingenieuren aufgebracht werden muss; oftmals stellt der Aufwand der Forscher die weitaus weniger kritische Ressource da. Zum zweiten sind bei ähnlichem Gesamtaufwand viele kurze Beteiligungen oft leichter zu realisieren als wenige lange. In beiden Dimensionen erlaubt die Auswahl der Forschungsmethode es manchmal, Aufwand in die leichter zu bewältigende Richtung zu verlagern.

Eingriffsstärke. Mit dem Aufwand eng verbunden ist die Frage, wie stark die Eingriffe in die normale Arbeitsweise der Softwareingenieure ausfallen, die zur Durchführung der Forschung nötig sind. Bei manchen Forschungsmethoden (Metastudien, manche Fälle von Feldstudien) bleibt die tägliche Arbeit vollkommen unbehelligt, bei anderen (fast immer bei kontrollierten Experimenten, oft bei Fallstudien) werden die Softwareingenieure total aus ihrer normalen Arbeit herausgenommen und in eine „künstliche" Situation — eventuell auch eine künstliche Arbeitsumgebung — verfrachtet. Schwächere Eingriffe werfen meist weniger Probleme auf und sind deshalb vorzuziehen.

Verlässlichkeit. Die Verlässlichkeit beschreibt, wie unwahrscheinlich es ist, dass die Resultate der Forschung ganz oder teilweise falsch sind in dem Sinne, dass sie nur durch Fehler in der Planung oder Durchführung, durch Irrtümer bei der Interpretation von Beobachtungen oder durch andere Verfälschungen zustande gekommen sind. Mangelnde Verlässlichkeit droht vor allem bei Forschungsmethoden, die prinzipiell weniger Kontrolle über den Beobachtungsvorgang bieten.

Beschreibbarkeit. Beschreibbarkeit gemäß Definition 3.4 bezieht sich nicht nur auf die eigentliche Forschungsaktivität selbst, sondern auch auf den Zusammenhang, in dem diese stattfand, also beispielsweise die Organisation und das Projekt, in dem eine Feldstudie abgewickelt wurde. Die Beschreibbarkeit wird also beeinträchtigt, wenn entweder die Forschung selbst oder die Umgebung, in der sie ausgeführt wird, sehr komplex ist.

Reproduzierbarkeit. Reproduzierbarkeit gemäß Definition 3.5 geht sowohl über Beschreibbarkeit als auch über Verlässlichkeit hinaus, denn es kann fast unmöglich sein, eine bestimmte Situation noch einmal herbeizuführen, selbst wenn diese präzise beschrieben und richtig untersucht wurde. Auch dies ist vor allem ein Manko von Forschungsmethoden, die in einer komplexen Umgebung durchgeführt werden.

Verallgemeinerbarkeit. Die Verallgemeinerbarkeit bestimmt maßgeblich die Relevanz der Forschung: Auf wie viele andere Fälle und Situationen als die untersuchten lassen sich die Ergebnisse direkt oder mit wohlverstandenen Modifikationen übertragen? Die Verallgemeinerbarkeit von Ergebnissen empirischer Softwaretechnik-Forschung wird bislang erst sehr wenig verstanden. Tendenziell gilt auch hier wieder, dass Verallgemeinerungen um so schwieriger werden, je komplexer die untersuchte Situation war.

■ **Strukturaspekte.** Die folgende Aufzählung beschreibt die Dimensionen, in denen sich die Struktur von empirischen Studien unterscheiden kann; sie liefert eine Terminologie, die das Vergleichen von Methoden oder einzelnen Studien erleichtert. Ich gebe zu jeder Dimension nur zwei Pole an, dazwischenliegende Ausprägungen sind aber meist ebenfalls möglich:

> **Definition 3.4:** „Beschreibbarkeit"
>
> Beschreibbarkeit kennzeichnet wie schwierig es ist, eine Forschung so zu dokumentieren, dass andere Forscher und Praktiker sie vollständig begreifen können.

> **Definition 3.5:** „Reproduzierbarkeit"
>
> Reproduzierbarkeit kennzeichnet, wie schwierig oder aufwändig es für andere Forscher ist, eine fremde Forschung noch einmal auszuführen und die dafür notwendigen Bedingungen herzustellen.

- Kontrolle: von „kein Einfluss auf die Bedingungen, aus denen das Beobachtete entsteht" bis „beliebige Manipulation".
  Hohe Kontrolle erlaubt, tatsächlich das zu beobachten, an dem man interessiert ist (anstatt nur etwas Ähnliches).
- Eingriffsstärke: von „keine merkliche Veränderung der Arbeitsbedingungen der Versuchspersonen" bis „totales Diktat".
  Hohe Eingriffsstärke erhöht die Gefahr, Artefakte zu beobachten.
- Genauigkeit: von „direkte, objektive, vollständige und genaue Beobachtung und Messung" bis „die Beobachtungen sind subjektive, unvollständige Eindrücke aus zweiter Hand in qualitativer Form".
  Hohe Genauigkeit erhöht die Schärfe und Verlässlichkeit gewonnener Aussagen.
- Relativität: von „Beobachtung nur einer Sorte von Bedingungen" bis „Vergleich verschiedener Bedingungen".
  Ein Vergleich erleichtert die Interpretation der Daten.
- Replikation: von „einmalige" bis „häufige Durchführung einer beobachteten Tätigkeit".
  Hohe Replikation sorgt dafür, dass die Studie auf viele Daten zurückgreifen kann und zufällige oder einmalige Effekte sich als solche erkennen lassen.

Kontrolle, Eingriffsstärke und Genauigkeit haben zahlreiche Unteraspekte, aber die gegebene Aufteilung ist eine gute Basis, um grundsätzlich verschiedene Forschungsmethoden miteinander zu vergleichen (siehe Tabelle 3.14).

Die folgenden Abschnitte beschreiben die verschiedenen empirischen Forschungsmethoden in der Softwaretechnik knapp anhand der obigen Qualitäts-, Eignungs- und Strukturaspekte. Abschliessend zeigt Abschnitt 3.9 einen direkten Vergleich in einer Kurzübersicht. Das Zusammenspiel verschiedener Forschungsmethoden wird kurz in Abschnitt 5.8 angesprochen.

3.4. Fallstudie und Benchmarking

Fallstudien (siehe Definition 3.6) sind gewissermaßen die grundlegende Methode zur Bewertung von softwaretechnischen Werkzeugen und Methoden. Sie

Fallstudien untersuchen eine kleine Zahl konkreter Einzelfälle.

> **Definition 3.6:** „Fallstudie (*case study*)"
>
> Eine Fallstudie ist die Beschreibung und Bewertung eines Werkzeugs oder einer Methode anhand eines konkreten Anwendungsbeispiels, das eigens zu diesem Zweck unter künstlichen oder unter typischen Bedingungen ausgeführt wird. Fallstudien können auch mehrere Werkzeuge oder Methoden im Vergleich betrachten, sorgen dabei jedoch im Gegensatz zu kontrollierten Experimenten nicht dafür, dass alle übrigen Faktoren konstant gehalten werden.

untersuchen ihren Gegenstand anhand eines konkreten Anwendungsbeispiels, das sehr einfach, aber auch recht komplex sein kann. Sie lösen die Betrachtung jedoch mehr oder weniger aus dem restlichen Zusammenhang des Softwareprozesses heraus, um die Durchführung, die Beschreibung und das Verständnis zu erleichtern.

Fallstudien dienen zur Illustration eines Werkzeugs oder einer Methode, zur Illustration einzelner Eigenschaften, zum grundsätzlichen Nachweis der Durchführbarkeit und Effektivität oder zur groben Abschätzung der Effizienz. In allen diesen Funktionen kann in einer Fallstudie auch ein Vergleich mehrerer verwandter Werkzeuge oder Methoden vorgenommen werden, wenn für alle dasselbe Beispiel herangezogen wird. Dabei wird jedoch die Konstanz anderer Faktoren, insbesondere der Qualifikation der ausführenden Personen (allgemein und im Hinblick auf das Anwendungsbeispiel), nicht sichergestellt.

Beispiele sind einerseits rückblickende, eingriffsfreie Fallstudien mit originalen Arbeitsbedingungen (also quasi Miniatur-Feldstudien), z.B. die von Ferguson, Humphrey, Khajenoori, Macke und Matvya über den Persönlichen Softwareprozess (PSP) [70], andererseits Studien mit erheblichen Eingriffen in den Softwareprozess, die eher unter laborartigen Bedingungen ablaufen, wie die Teststudie von Kirani, Zualkerman und Tsai [108] oder der Vergleich mehrerer Programmiersprachen von Hudak und Jones [95]. Drittens gibt es Untersuchungen, die zwar starke Eingriffe aufweisen, aber dennoch im Ablauf einem realistischen Entwicklungsprozess ähneln, wie die Studie von Trammell, Binder und Snyder über die Cleanroom-Methode [203].

Fallstudien sind einfach und universell, aber die Resultate sind schwierig zu verallgemeinern.

Die großen Vorteile der Fallstudie als Forschungsmethode sind ihre Einfachheit und universelle Anwendbarkeit. Der Aufwand kann in weitem Rahmen an die verfügbaren Ressourcen und die gewünschte Genauigkeit des Ergebnisses angepasst werden. Der Hauptnachteil liegt in der schwierigen Interpretation: Durch den Einzelfallcharakter der Umgebungsbedingungen ist es unklar, worauf die beobachteten Effekte denn nun tatsächlich zurückzuführen sind. Dies bleibt selbst bei vergleichenden Fallstudien in der Regel unsicher. Beispielsweise fragt man sich bei der oben erwähnten PSP-Studie, ob die betrachteten Entwickler weit überdurchschnittlich begabt waren und inwieweit die guten Ergebnisse auf diese Begabung und nicht nur auf die Benutzung von PSP zurückzuführen sind [70].

Standardisierte Fallstudien heissen Benchmarks.

Wenn Fallstudien standardisiert sind und ein quantitatives Ergebnis haben, nennt man sie Benchmarks; siehe Definition 3.7. Die Hauptidee von Benchmarks besteht darin, direkt vergleichbare Ergebnisse zu erhalten, ohne dass die Untersuchungen alle von denselben Forschern ausgeführt werden müssten. Das Vorgehen ist in bestimmten Bereichen der Informatik recht verbreitet und hat dort den Fortschritt stark unterstützt, z.B. in der Leistungsbewertung von Rechnerhardware [43], im Information Retrieval [143] oder in der Spracherkennung [144]. Wann immer jedoch die Entscheidungen von Menschen erheblich auf das Ergebnis der Messung Einfluss nehmen, ist die Reproduzierbarkeit nicht mehr gewährleistet und man nennt den Versuch in der Regel nicht mehr Benchmark. Aus diesem Grund werden Benchmarks in der Softwaretechnik bisher kaum eingesetzt. Am ehesten könnte man die Bewertungsverfahren zur Feststellung von Prozessreifestufen (z.B. gemäß CMM [97] oder Bootstrap [87]) als Benchmarks betrachten.

3.5. Feldstudie

Feldstudien betrachten wenige oder viele Fälle unter natürlichen Arbeitsbedingungen.

Feldstudien (siehe Definition 3.8) machen ihre Beobachtungen „im Felde", also anhand realer Softwareprojekte. Dies ist vor allem in zwei Fällen sinnvoll: wenn die zu betrachtende Tätigkeit in vereinfachten Situationen kaum mehr vergleichbar vorkommt (z.B. Konfigurationsverwaltung mit Änderungsanträgen [83]) oder wenn die gleichen Beobachtungen billiger oder überhaupt nur direkt im Felde zu erhalten sind. Ein interessanter Spezialfall ist die Software-Archäologie (siehe Definition 3.9), für die [83] ein Beispiel darstellt. Im übrigen dienen Feldstudien vor allem dazu, die Verallgemeinerung von Ergebnissen zu untersuchen, die unter künstlichen Bedingungen erzielt wurden, wie es bei Fallstudien oder kontrollierten Experimenten oft der Fall ist.

Definition 3.7: „Benchmarking"

Ein *Benchmark* ist ein genau definierter Anwendungfall für ein Programm oder eine Methode, der eine Vorschrift einschließt, wie das Ergebnis der Anwendung quantifiziert werden kann. Die resultierende, beliebig reproduzierbare Größe heißt Benchmarkergebnis. *Benchmarking* ist das Vorgehen, ein oder mehrere Benchmarkergebnisse zu ermitteln und damit die Leistungsfähigkeit eines Programms oder einer Methode zu charakterisieren.

Definition 3.8: „Feldstudie"

Eine Feldstudie ist in der Softwaretechnik jede empirische Studie, die ihre Beobachtungen direkt einem realen Softwareprojekt entnimmt und nicht die Form eines kontrollierten Experiments hat. Mit der Studie können Eingriffe in das Projekt verbunden sein oder auch nicht. Die Eingriffe können nur zu Anfang des Projekts (Instrumentierung) oder mehrfach unterwegs vorgenommen werden.

Definition 3.9: „Software-Archäologie"

Die Software-Archäologie stellt einen Spezialfall von eingriffsfreien Feldstudien dar, bei dem alle Beobachtungen erst im Nachhinein erfolgen und aus Daten entnommen werden, die im Verlauf des Projekts ohnehin aufgezeichnet wurden (insbesondere: aus dem Softwareprodukt selbst).

Ergebnisse von Feldstudien sind realistisch, aber sehr speziell. Der Kontext ist meist schwierig zu verstehen.

Der Hauptvorteil von Feldstudien ist die im Vergleich zu anderen Methoden hohe Komplexität der Situationen, die sich beobachten lassen, sowie die Tatsache, dass die gewonnenen Aussagen zumindest auf *ein* reales Projekt auch wirklich zutreffen, nämlich auf das untersuchte. Als Nachteil steht dem gegenüber, dass die Verallgemeinerung auf andere Fälle oft sehr schwer fällt und wegen der Komplexität schon die bloße Beschreibung, was in der Forschung genau getan wurde, schwierig ist — dies wird zusätzlich dadurch erschwert, dass die betreffenden Firmen einer Veröffentlichung oft nur mit Einschränkungen zustimmen.

Beispielsweise kann man in der Feldstudie von Klepper und Bock über Produktivitätsunterschiede zwischen Sprachen der dritten und der vierten Generation nur schwer beurteilen, was von den Resultaten zu halten ist, weil die Informationen über den konkreten Inhalt der einzelnen Projekte und die Kenntnisse der Programmierer zu spärlich sind [109].

In der Medizin nimmt das gründliche Ausprobieren einer Therapie in Feldstudien, also einer realen Anwendungsumgebung („klinische Prüfung"), oft die Form eines umfangreichen kontrollierten Experiments an. Insbesondere bei Medikamenten kann dieses Experiment oftmals sogar in Form einer sogenannten Doppel-Blind-Studie (siehe Definition 9.6) ausgeführt werden, bei der weder Arzt noch Patient wissen, ob sie das neue oder das zum Vergleich herangezogene alte Mittel verwenden. Etwas Vergleichbares ist für Feldstudien in der Softwaretechnik nur selten möglich, Blind-Studien sogar fast nie, weil die Versuchspersonen in der Softwaretechnik meist nicht Patienten („Erdulder"), sondern Agenten (kompetent handelnde Personen) sind, die gar nicht anders können als über die Eigenschaften der von ihnen eingesetzten Methoden informiert zu sein (siehe Abschnitt 9.8). Allerdings gibt es das aus den Sozialwissenschaften stammende Konzept des „natürlichen Experiments", auf das wir in Abschnitt 9.4 noch zurückkommen und das manchmal die Durchführung kontrollierter Experimente im echten Projektrahmen gestattet.

3.6. Kontrolliertes Experiment

Kontrollierte Experimente vergleichen zwei oder mehr Fälle, die sich nur durch ein Merkmal unterscheiden.

Kontrollierte Experimente (siehe Definition 3.10) bieten durch den hohen Grad an Kontrolle über die Beobachtungsbedingungen unter allen empirischen Methoden den höchsten Grad von Vertrauen in die Beobachtungen. Sie eignen sich deshalb vor allem für grundsätzliche Fragen, deren Spektrum wir in Kapitel 5 untersuchen werden. Beispiele für kontrollierte Experimente werden über das gesamte Buch hinweg immer wieder zur Illustration von Aussagen herangezogen.

Die wesentlichen Vor- und Nachteile von kontrollierten Experimenten ergeben sich beide direkt aus der Kontrolle. Da die zumeist wichtigste zu kontrollierende Variable in der Softwaretechnik die inviduelle Variation in der Arbeitsweise und der Leistung der einzelnen handelnden Personen ist, muss ein Experiment in der Regel vorsehen, dass dieselbe Aufgabe von mehreren Personen oder gar Teams unabhängig voneinander gelöst wird (Versuchsgruppen, Experimentgruppen). Auf diese Weise können die individuellen Unterschiede durch statistische Mittelwertbildung ausgeglichen und somit kontrolliert werden. Da das vielfache Lösen derselben Aufgabe sich in einem Softwareprozess selten produktiv ausnutzen lässt, sind kontrollierte Experimente recht teuer. Diesem Nachteil steht der Vorteil gegenüber, dass bei keiner anderen empirischen Methode so genau verstanden werden kann, was die einzelnen Beobachtungen bedeuten, denn selbst abgesehen von der Wiederholung in den Versuchsgruppen sind die Arbeitsbedingungen genauer definiert und werden genauer überwacht, als das bei anderen Methoden der Fall ist. Diese Genauigkeit kommt daher, dass zahlreiche Aspekte konstant gehalten werden müssen, um neben der individuellen Variation auch die übrigen Variablen zu kontrollieren. Als Folge ergibt sich für kontrollierte Experimente eine besonders hohe Reproduzierbarkeit der Ergebnisse und auch eine leichtere Verstehbarkeit, so dass eventuelle Schwächen eines Experiments leichter verstanden werden können, als dies für andere Forschungsmethoden der Fall ist; auch das Aufstellen von Theorien über die Gründe beobachteter Effekte wird sehr erleichtert.

Kontrollierte Experimente sind recht aufwändig.

Kontrollierte Experimente lassen sich sehr genau verstehen.

Kontrollierte Experimente sind vergleichsweise gut reproduzierbar.

Kurzbeschreibungen zahlreicher kontrollierter Experimente sind über dieses Buch verteilt; sie finden sich vor allem in den Kapiteln 5 und 6. Die Liste der Textkästen am Anfang des Buches gibt eine Übersicht.

3.7. Umfrage

Umfragen (siehe Definition 3.11) eignen sich durch den geringen Aufwand der Teilnehmer und die besonders einfache Infrastruktur vor allem gut für Querschnittsuntersuchungen vielerlei Art: Wie verbreitet sind gewisse Vorgehensweisen? Welche Vor- und Nachteile haben sie (zumindest subjektiv) und welche Effekte treten bei ihrer Anwendung auf? Wie erfolgreich sind sie? Was für Änderungsvorhaben gibt es? Wie häufig sind bestimmte Randbedingungen und Anforderungen?

Umfragen erheben subjektive Informationen von vielen Personen. Sie sind einfach und relativ billig, aber die Verlässlichkeit der Ergebnisse ist unklar.

Definition 3.10: „Kontrolliertes Experiment“

Ein kontrolliertes Experiment ist eine Studie, bei der alle voraussichtlich für das Ergebnis relevanten Umstände (*Variablen*) konstant gehalten werden (*Kontrolle*), mit Ausnahme von einem oder wenigen, die den Gegenstand der Untersuchung bilden (*Experimentvariablen*). Die Beobachtungen (*abhängige Variablen*) für verschiedene gezielt ausgesuchte Werte der Experimentvariablen (*unabhängige Variablen*) werden miteinander verglichen, um so zu reproduzierbaren Aussagen zu kommen, die eine vor dem Experiment definierte *Experimentfrage* beantworten. Die Experimentfrage ist ein genügend enger Aspekt einer relevanten Forschungsfrage.

Der breiten Einsatzfähigkeit steht der Nachteil gegenüber, dass die Antworten nur sehr vorsichtig interpretiert werden dürfen, da sie meist ungenau, immer subjektiv und manchmal sogar absichtlich verfälscht sind. Beispielsweise ist es schwierig sicherzustellen, dass die in den Fragen benutzen Begriffe von allen Teilnehmern sowie von den Forschern auf die gleiche Weise ausgelegt werden. Außerdem stellt sich in vielen Fällen die Frage der Repräsentativität, weil der Rücklauf zu weit unter 100 Prozent liegt.

Ein Beispiel für eine Umfrage zur Bewertung einer Methode ist die Befragung von Benutzern des Prozessreifemodells CMM [97] durch Herbsleb und Goldenson [92]. Sie fragten nach Erfahrungen und erzielten Ergebnissen, um eine Bestandsaufnahme zu machen, wie erfolgreich CMM in der Praxis ist. Ein anderes Beispiel ist die Befragung von Daly über die Benutzung von Vererbung in objektorientierten Sprachen. Sie hatte ergeben, dass Vererbung grundsätzlich hilfreich ist, bei zu tiefen Vererbungshierarchien (ab ca. 5 Stufen) jedoch zu Problemen führt. Daly und Kollegen führten dann ein kontrolliertes Experiment durch, um diese Aussage zu prüfen [Vererbung1/76].

3.8. Metastudie

Metastudien analysieren die Ergebnisse früherer Studien.

Metastudien (siehe Definitionen 3.12 und 3.13) dienen zur Konsolidierung des

Definition 3.11: „Umfrage"

Bei einer Umfrage beantworten mehrere Mitglieder (Umfrageteilnehmer) einer geeignet ausgewählten Personengruppe (Zielgruppe) mehrere von den Forschern sorgfältig formulierte Fragen. Die Antworten können sich auf subjektive oder objektive Sachverhalte beziehen, sind selbst aber immer subjektiv und nur begrenzt überprüfbar. Die Beantwortung kann schriftlich (Fragebogen) oder mündlich (strukturiertes Interview) erfolgen. Die Antworten können zur quantitativen Ausrichtung der Umfrage schematisch erfolgen (z.B. Multiple-Choice-Verfahren oder Zahlenangaben) oder aber in der Form frei sein, was zu qualitativer Forschung führt. Die Auswertung einer Umfrage erlaubt vorsichtige Rückschlüsse auf die subjektive Wirklichkeit der Teilnehmer in Bezug auf die Forschungsfrage.

Definition 3.12: „Metastudie"

Eine Metastudie („Studie über Studien") ist die vergleichende und zusammenfassende Auswertung mehrerer früherer Studien zu einem Thema, die sich aber in Methodik, Anwendungsfall, Art der Beschreibung und anderen Eigenschaften unterscheiden können. Die Beobachtungen für eine Metastudie werden nicht im Rahmen der Studie gemacht, sondern der Forschungsliteratur entnommen.

Wissens durch das Zusammenfassen der Ergebnisse mehrerer separater und zuvor veröffentlichter Studien zu einem bestimmten Thema. Eine Metastudie beschreibt, inwiefern sich erstens die Ergebnisse der früheren Studien gegenseitig bestätigen und ergänzen (was also als einigermaßen gesichertes Wissen gelten kann), zu welchen Aspekten zweitens noch keine Aussagen vorliegen (also zusätzliche Forschung nötig ist) und wo drittens sogar widersprüchliche Ergebnisse gefunden wurden (also Forschung wiederholt oder Hypothesen und Modelle verfeinert werden müssen).

Metastudien sind im Prinzip billig und nützlich, setzen zunächst aber genügend viele andere Studien voraus.

Die zwei wesentlichen Vorteile von Metastudien sind erstens der vergleichsweise geringe Aufwand und zweitens die erhebliche Verbesserung der Orientierung, die sie Forschern wie Praktikern zu einem bestimmten Thema bieten können. Der Hauptnachteil ist das Fehlen der Möglichkeit, Lücken oder Mängel in den vorhandenen Beobachtungen auszugleichen, denn die Beobachtungen sind ja bei Beginn der Metastudie bereits abgeschlossen und wurden zudem meist von anderen Forschern gemacht — allenfalls durch persönliches Nachfragen lässt sich manchmal noch etwas herausfinden, das in einer Veröffentlichung übersehen wurde.

In der Medizin und den Sozialwissenschaften sind Metastudien z.B. über die Wirksamkeit einer bestimmten Therapie weit verbreitet und ihre Methodik ist relativ gut verstanden [78]. In der Softwaretechnik liegen nur über wenige Fragestellungen überhaupt genügend viele empirische Studien vor, damit sich eine Metastudie lohnen würde, und selbst in diesen Fällen ist meist noch keine geschrieben worden. Gelegentlich gibt es Übersichtsartikel, die zwar mehrere Studien beschreiben, sie aber kaum vergleichend analysieren. Dass so selten genügend viele empirische Studien zum gleichen Thema vorliegen, hat in der Softwaretechnik damit zu tun, dass die Vielfalt von Fragestellungen wegen der hohen Anzahl beteiligter Faktoren sehr groß ist. Aus dem gleichen Grund ist die Genauigkeit der Beschreibung dieser Faktoren oft unzureichend, um für eine Metastudie ausreichend gute Dienste zu leisten [28, 91, 134].

Beispiele für Metastudien in der Softwaretechnik sind die detaillierte nachträgliche gemeinsame Untersuchung von zwei Experimenten über Inspektionen von Porter und Johnson [153] oder auch die Metaanalyse in Kapitel 16 dieses Buches.

Definition 3.13: „Metaanalyse"

Eine Metaanalyse ist eine Metastudie, die versucht, neue *quantitative* Aussagen zu gewinnen, indem quantitative Ergebnisse verschiedener Studien (in der Regel kontrollierte Experimente) gemeinsam statistisch analysiert werden.

Tabelle 3.14. Typische Eigenschaften der verschiedenen Forschungsmethoden

Aspekt	Fallstudie	Feldstudie	kontr. Exp.	Umfrage	Metastudie
Aufwand für Forscher	▪■█	▪■█	■█	▪■	▪■
Aufwand für Teilnehmer	▪■█	▪	▪■█	▪	—
Eingriffsstärke	■█	▪■	■█	—	—
Verlässlichkeit der Resultate	■	▪■	█	▪	▪
Beschreibbarkeit	■█	▪■	■█	█	█
Wiederholbarkeit der Forschung	▪■█	▪	█	█	█
Reproduzierbarkeit der Resultate	▪■	▪■	■█	▪■	█
Verallgemeinerbarkeit der Resultate	▪■█	▪■	▪■█	▪■█	▪■█
Eingriffsstärke	▪■█	▪■	■█	▪	▪
Genauigkeit	■█	▪■	█	▪	▪■█
Vergleich	▪■	▪■█	█	■█	■█
Replikation	▪	▪■█	█	█	■█

Legende: ▪ gering, ■ mittel, █ hoch, — entfällt.

3.9. Vergleich der Methoden

Offensichtlich hat also jede Forschungsmethode ihre spezifischen Stärken und Schwächen. Diese lassen sich natürlich nur im Einzelfall genau beurteilen, aber Tabelle 3.14 gibt zumindest einen groben Überblick über die typischen Eigenschaften. Obwohl die benutzte Skala nur dreistufig ist, können die Methoden selten eindeutig einer Stufe zugeordnet werden, weil die Unterschiede zwischen den Einzelfällen zu groß sind.

You may also want to add the following line
to the 386-Enhanced section of your `system.ini` *file*
in your Windows directory: „`MaxBPs=768`*“.*
No one's sure what this does,
but according to Brian Livingston at InfoWorld,
it seems to take care of a lot of odd Windows errors.
DAVID HECK

Was ist ein kontrolliertes Experiment? 4

Jedes Kleinkind ist ein Wissenschaftler
und geht betriebsam der ernsten Mission nach,
eine logische Struktur für die seltsamen Objekte
und Ereignisse zu entwickeln, die es umgeben.
SELMA FRAIBERG

Dieses Kapitel führt die Terminologie ein, mit der ein kontrolliertes Experiment beschrieben und diskutiert werden kann, und beschreibt die grundsätzliche Vorgehensweise. Wer es genauer wissen will, kann das ausführlicher in der Literatur zur Experimentation aus anderen Fächern wie Psychologie [34], Medizin [177] und Sozialwissenschaften [20, 174] nachlesen. Wer sich damit bereits auskennt, kann gleich bei Abschnitt 4.7 weiterlesen.

Die Abschnitte 4.6 und 4.7 beschreiben, nach welchen Kriterien ein kontrolliertes Experiment in der Softwaretechnik als gut, weniger gut oder gar als ungültig beurteilt werden kann. Der letzte Abschnitt gibt nach Art einer Checkliste eine grobe Anleitung, welche Arbeitsschritte für ein Experiment nötig sind und welche Prüfungen man zwischendurch vornehmen sollte, um den Erfolg zu gewährleisten.

4.1. Zweck

Ausgehend von der sehr knappen und abstrakten Definition 3.10 (S. 45) soll dieses Kapitel die Grundkonzepte kontrollierter Experimente klar machen. Als erstes also der Zweck: Wozu dienen überhaupt kontrollierte Experimente?

Kontrollierte Experimente sollen Kausalität beobachten: Effekte mit eindeutigem Grund.

Der Zweck eines kontrollierten Experiments besteht darin, Beobachtungen zu machen, deren Ursachen eindeutig festliegen: Wenn ich etwas zweimal mache und dabei alle Umstände bis auf einen gleich sind, dann müssen eventuelle Unterschiede in den Ergebnissen E von der Änderung dieses einen Umstands U herrühren. Mit einem kontrollierten Experiment kann man also die Kausalität zwischen Ereignissen (von U zu E) untersuchen.

Dies steht im Gegensatz zu Fallstudien und noch stärker zu Feldstudien, bei denen die Zahl möglicher Ursachen für einen beobachteten Effekt E groß ist und auch mit Hilfsüberlegungen nur mäßig eingegrenzt werden kann, so dass immer eine hohe Unsicherheit über die Kausalität verbleibt.

4.2. Abhängige und unabhängige Variablen

Die im Experiment beobachteten (gemessenen) Umstände heissen abhängige Variablen.

Die im Experiment manipulierten Umstände heissen unabhängige Variablen.

Die oben mit E bezeichneten Ergebnisse sind Werte der Größe, die im Verlauf des Experiments beobachtet und gemessen wird; man nennt sie die *abhängige*

Notiz 4.1: *Das erste kontrollierte Experiment*

Die ersten kontrollierten Experimente fanden in der Physik statt: Galileo Galilei untersuchte ab ca. 1589 (zuerst veröffentlicht 1604) seine Hypothese, dass schwere Körper *nicht* schneller fallen als leichtere, wie es von Aristoteles behauptet worden war und seither allgemein angenommen wurde. Er benutzte dazu Messingkugeln auf einer schiefen Ebene. Er variierte systematisch die Neigung und die Fallobjekte und wiederholte seine Messungen mehrfach, um auszuschließen, dass mögliche andere Faktoren eine Rolle spielen. Die Experimente waren technisch recht schwierig, denn brauchbare Stoppuhren waren noch nicht erfunden; Galilei benutzte eine Wasseruhr. Seine angeblichen Fallversuche am schiefen Turm in Pisa haben deshalb vermutlich nie stattgefunden: Die Zeitmessung wäre zu schwierig gewesen. Galilei fand heraus, dass die Fallbewegung eine linear beschleunigte Bewegung ist und dass die Beschleunigung nicht vom Gewicht der Fallobjekte abhängt [56, 205].

Wie oft in der Wissenschaft haben auch in diesem Fall weniger berühmte Forscher ähnliche Erkenntnisse bereits früher erzielt, zumindest als Gedankenexperimente (mit denen auch Galilei begann): Giambattista Benedetti im Jahre 1553 und Simon Stevin im Jahre 1586 [56, 205].

Variable. Abhängig heißt sie deshalb, weil ihre Werte von dem gewähltem Umstand U abhängt. Dieser Umstand heißt die *unabhängige Variable*.

Ein Experiment kann durchaus mehrere unabhängige Variablen zugleich aufweisen, wenn nämlich die kombinierte Wirkung verschiedener Umstände untersucht werden soll. Das Experiment muss dann Beobachtungen für unterschiedliche Kombinationen von Werten dieser Variablen umfassen. Beispielsweise untersucht [Flussdiagramm2/65] den Unterschied der Verständlichkeit zwischen Flussdiagrammen und Programmcode für drei unterschiedliche Programmgrößen, betrachtet also zwei unabhängige Variablen in insgesamt 6 verschiedenen Versuchsbedingungen.

Die unabhängigen Variablen stecken zusammen mit der konkret von den Versuchspersonen bearbeiteten Aufgabenstellung die *Experimentfrage* ab, beschreiben also, was genau der Gegenstand der Untersuchung ist. Die Experimentfrage muss eine konkretisierte und eingeengte Ausprägung der Forschungsfrage sein, die das Experiment begründet.

Je nach Fragestellung muss ein Experiment eventuell mehrere abhängige Variable zugleich beobachten, um alle relevanten Aspekte der Zielgröße zu erfassen. Will man beispielsweise herausfinden, welches von zwei Entwurfsverfahren für ein gegebenes Entwurfsproblem das „bessere" ist, so muss zum einen der Entwurfsaufwand (Zeit) und zum anderen die Qualität der entstehenden Entwürfe verglichen werden. Für die Qualität wird im einfachsten Fall vielleicht die

Experiment 4.2: *[Flussdiagramm1] Eine Experimentreihe über Flussdiagramme (Shneiderman, Mayer, McKay und Heller [189])*

Experimentfrage: Detaillierte Flussdiagramme (*flowcharts*) waren seit den Anfängen des Programmierens als erster Schritt der Kodierphase üblich und bis in die 1970er Jahre weit verbreitet, obwohl es auch viele Stimmen dagegen gab. Sind Flussdiagramme nützlich oder nicht?

Vorgehen: Die Experimentreihe untersuchte Studierende aus Fortran-Kursen im ersten oder zweiten Studienjahr. Je ein oder zwei Experimente untersuchten Programmierung, Programmverstehen, Debugging und Programmänderung. Die Versuchsgruppen hatten zwischen 9 und 30 Personen, die Programme zwischen 23 und 147 Zeilen, die Arbeitszeit war teilweise auf zwischen 20 und 50 Minuten begrenzt.

Ergebnis: Keines der sieben Experimente fand signifikante Unterschiede in der Korrektheit der Lösung oder (falls gemessen) dem Zeitbedarf zwischen der Gruppe mit Flussdiagramm als Hilfe und der ohne; bei vier Experimenten gab es zusätzlich eine Gruppe mit einem gröberen Flussdiagramm, das ebenfalls wenig Wirkung zeigte. Zwar gab es bei manchen Experimenten erhebliche Mittelwertunterschiede, aber die Variabilität war enorm, so dass keine Signifikanz vorkam.

Anzahl von Fehlern des fertigen Entwurfs herangezogen, so dass sich zwei abhängige Variablen ergeben. (Das Problem, auf welche Weise eine Größe wie die Fehlerzahl gemessen werden kann, wird in Kapitel 10 diskutiert.)

Jede Variable hat eine bestimmte Skalenart.

Variablen können unterschiedlicher Natur sein und deshalb unterschiedliche Manipulationen zulassen oder verbieten (Skalenarten). Im einfachsten Fall stehen die möglichen Werte der Variablen lose nebeneinander (*Nominalskala*). Unabhängige Variablen haben meist diese Eigenschaft, oft mit nur zwei möglichen oder jedenfalls nur zwei im Experiment benutzten Werten (binäre Variable, z.B. das Zufügen oder Nichtzufügen einer Methode X zu einem bestehenden Softwareprozess). Als nächstes gibt es die sogenannte *Ordinalskala*, auf der die Werte geordnet sind, so dass sich der Median berechnen läßt. Ordinalskalen benutzt man vor allem für Variablen, zu deren Messung eine subjektive Einschätzung gemacht werden muss, beispielsweise die Angemessenheit eines Programmkommentars auf der dreistufigen Ordinalskala „gering", „mittel", „hoch". Die *Differenzskala* (*Intervallskala*) kommt recht selten vor. Sie ist quantitativ, hat aber keinen normierten Nullpunkt. Die Celsius- und Fahrenheit-Temperaturskalen sind beide von dieser Art: Die Null bedeutet durchaus nicht „keine Temperatur", sondern ist willkürlich angeordnet. Dies ist die schwächste Skala, auf der Mittelwerte gebildet werden dürfen. Oft werden auch bei einer Ordinalskala zur Kodierung der Stufen Zahlen benutzt, so dass man rein technisch betrachtet einen Mittelwert ausrechnen kann. Man muss sich jedoch darüber im klaren sein, dass bei ungünstiger Auswahl der Stufenwerte die Ergebnisse irreführend sind — und klare Kriterien, wann eine Auswahl „günstig" ist, gibt es nicht. Die höchste Skala ist die ebenfalls quantitative *Verhältnisskala* (*Ratioskala*), bei der die Null tatsächlich die Bedeutung von „Nichts" hat, so dass es sinnvoll ist, Quotienten und prozentuale Unterschiede solcher Werte auszurechnen. Beispiele für solche Variablen sind die Zeit, die Produktgröße und viele andere. Manchmal unterscheidet man darüber auch noch die *Zählskala* (*Kardinalskala*), bei der auch die Eins eine natürliche Bedeutung hat, die gewählte Maßeinheit also nicht wie bei der Verhältnisskala willkürlich ist. Die Fehleranzahl ist ein Beispiel. Genaueres über die Skalenarten und die darauf zulässigen Operationen kann man z.B. bei Fenton und Pfleeger nachlesen [67].

Gelegentlich kommen außerdem vektorwertige Variablen vor, bei denen die einzelnen Komponenten wiederum jede der obigen Skalen einnehmen können, sowie mengenwertige Variablen aus nominalskalierten Werten, die einen Verband bilden und über die Teilmengenbeziehung eine Halbordnung definieren (A kann „kleiner" (Teilmenge), „größer" (Obermenge) bzw. gleich B sein oder unvergleichbar mit B).

4.3. Zu kontrollierende Variablen (Störvariablen)

Wir haben also erstens unabhängige Variablen, die gezielt variiert werden, um die Forschungsfrage zu untersuchen, und zweitens abhängige Variablen, die beobachtet werden, um die Antworten zu ermitteln. Nun fehlen uns noch drittens die oben erwähnten gleichgelassenen Umstände. Diese heissen die zu kontrollierenden Variablen oder Störvariablen. Was bedeutet das konkret?

Die im Experiment konstant gehaltenen Umstände heissen Störvariablen.

Im Prinzip sollen ja bei einem kontrollierten Experiment alle Umstände gleich sein, ausgenommen nur die gezielten und erwünschten Änderungen der unabhängigen Variablen. Dieser Anspruch ist aber natürlich unrealistisch: Man kann niemals den genau gleichen Zustand der ganzen Welt wieder herstellen. Glücklicherweise ist das aber auch nicht nötig, denn es ist für den Ausgang unseres softwaretechnischen Experiments in der Regel völlig egal, ob in China der berühmte Sack Reis umgefallen ist, gerade wieder eine Tierart ausstirbt oder sich auf einer amerikanischen Autobahn ein Stau bildet. Die Irrelevanz dieser Umstände ist offensichtlich, aber leider ist das nicht bei allen so. Die Problematik wird klar, wenn man die direkte Frage stellt: Welches sind denn nun die Störvariablen, die tatsächlich in einem Experiment kontrolliert werden müssen?

Die meisten Störvariablen sind irrelevant. Die genaue Liste der relevanten ist aber nicht immer bekannt.

Ist es relevant, ob eine Versuchsperson zum Frühstück Frischkäse gegessen hat oder nicht? Ob sie 1,60 m groß ist oder 1,95 m? Ist es relevant, ob sie auf dem Weg zum Experimentort in einen Verkehrsstau geraten ist? Ob am Vortag ihre Katze gestorben ist? Ob die Versuchsperson eine Tüte Kartoffelchips umgestossen und auf dem Küchenboden verteilt hat? In manchen Fällen ist es gar nicht so klar, ob man den Einfluss solcher Variablen ignorieren darf oder nicht.

Das gleiche gilt für das Experiment selbst. Ist es egal, ob eine Versuchsperson am Fenster sitzt oder woanders im Raum? Ist es egal, mit welchem Gesichtsausdruck der Experimentator eine Versuchsperson begrüßt? Auch diese Liste ließe sich beliebig fortsetzen.

Alle Störvariablen lassen sich zugleich kontrollieren: Durch randomisierte Messwiederholung.

■ **Replikation und Randomisierung.** Glücklicherweise ist es gar nicht notwendig, die genaue Liste der relevanten Störvariablen zu kennen, weil sich fast alle Störvariablen, ob bekannt oder nicht, mit derselben Technik kontrollieren lassen und diese Technik in einem softwaretechnischen Experiment ohnehin angewendet werden muss. Die Technik besteht aus zwei Teilen. Erstens: Wir vergleichen nicht das Verhalten einer einzelnen Versuchsperson für jeden Wert der unabhängigen Variablen, sondern immer gleich eine ganze Gruppe (Replikation) und betrachten deren mittleres Verhalten. Zweitens: Die Mitglieder jeder Gruppe wählen wir aus den verfügbaren Versuchspersonen zufällig aus (Randomisierung). Wenn die Gruppen nicht allzu klein sind, dürfen wir dann annehmen, dass sich im Mittel die Einflüsse aller relevanten Störvariablen innerhalb jeder Gruppe ausgleichen. Wir haben so einen möglichen systematischen Fehler (die Störvariable X verändert unerkannterweise das beobachtete Ergebnis) in einen statistischen Fehler verwandelt (zufällig war die Störvariable X für die verglichenen Gruppen nicht genau gleich), der mit statistischen Techniken quantifiziert und beherrscht werden kann.

Der Vergleich von Zufallsgruppen kontrolliert insbesondere die wichtigste Störvariable in softwaretechnischen Experimenten: die unterschiedlich hohe Kompetenz der Versuchspersonen zur Lösung der jeweiligen Aufgabe. Diese sogenannte *individuelle Variation* hat meistens einen größeren Einfluss auf die abhängigen Variablen als die im Experiment manipulierten Umstände. Deshalb ist die erfolgreiche Kontrolle der individuellen Variation die wichtigste Voraussetzung für ein gelungenes Experiment (siehe dazu auch die Daten in Kapitel 16).

Jede solche Gruppe heißt *Versuchsgruppe* oder auch *Experimentgruppe*. Falls eine der Gruppen auf „normale" und die andere(n) auf „besondere" Weise arbeitet, so heißt erstere Gruppe auch *Kontrollgruppe* oder *Vergleichsgruppe*.

Aber auch mit Verwendung von Zufallsgruppen gibt es noch mehrere Effekte, die die Kontrolle der Störvariablen zunichte machen können und deshalb beim Entwurf eines Experiments beachtet werden müssen. Diese besprechen wir im folgenden Abschnitt.

4.4. Innere Gültigkeit

Ein Experiment hat volle innere Gültigkeit, wenn alle relevanten Störvariablen kontrolliert wurden.

Die vielen verschiedenen Bedrohungen der inneren Gültigkeit fallen in nur wenige Klassen.

Die innere Gültigkeit beschreibt, wie gut die Kontrolle der Störvariablen in einem Experiment war (siehe Definition 4.3).

In diesem Abschnitt diskutieren wir kurz die wichtigsten Bedrohungen der inneren Gültigkeit, also Umstände, die die Kontrolle in einem Experiment beeinträchtigen. Dies sind: Reifung, Instrumentation, Historie, Auswahl, Regression, Sterblichkeit, Anforderungscharakteristik und Verarbeitungsfehler (siehe

Definition 4.3: „Innere Gültigkeit"

Die innere Gültigkeit (interne Gültigkeit, *internal validity*) eines kontrollierten Experiments ist der Grad, in dem die Änderungen in den Werten der abhängigen Variablen tatsächlich wie gewünscht nur auf Änderungen in den unabhängigen Variablen zurückzuführen sind, d.h. wie gut letztlich alle relevanten Störvariablen kontrolliert wurden.

Definition 4.4: „Äußere Gültigkeit"

Die äußere Gültigkeit (externe Gültigkeit, *external validity*) eines kontrollierten Experiments ist der Grad, in dem sich seine Resultate korrekt auf andere Anwendungsfälle übertragen lassen — insbesondere auf solche, die in der Praxis häufig vorkommen. Dies betrifft zum Beispiel die Motivation und Qualifikation der Versuchspersonen, die Art und Größe der Software, die Art und Form der Arbeitsaufgabe, sowie Randbedingungen wie sonstige softwaretechnische Methoden, technisches und räumliches Arbeitsumfeld, Nervenzustand, Arbeitszeiten, Zeitdruck, Qualitätsanforderungen und Ähnliches.

z.B. [34, Kapitel 7], [38, Abschnitt 3.2] oder [20, Verweise von Seite 471], praktische Übungen finden sich in [152]). Die konkrete Liste von Bedrohungen unterscheidet sich in verschiedenen Büchern ein wenig, je nachdem, wie man die Bedrohungen abgrenzt.

Manche Autoren unterscheiden zusätzlich zu innerer und äußerer Gültigkeit auch noch

- Konstruktgültigkeit (Frage: Spiegelt der Experimentaufbau überhaupt das Gewünschte wider? Siehe auch das Ende von Abschnitt 4.5) und
- Schlussfolgerungsgültigkeit (Frage: War die statistische Verarbeitung korrekt?).

Siehe [42] oder dessen Diskussion in [218, Abschnitt 6.8].

Reifung und Instrumentation sind Veränderungen im Laufe der Zeit.

■ **Reifung (*maturation*).** Die Reifung betrifft Veränderungen im Verhalten einer Versuchsperson, die über die Zeit hinweg auftreten. Die für softwaretechnische Experimente wichtigsten Arten von Reifungseffekten sind zum einen die Ermüdung und zum anderen Lern- und Reihenfolgeeffekte. Beide treten vor allem dann kritisch in Erscheinung, wenn eine Versuchsperson mehrere Aufgaben hintereinander löst. Bei späteren Aufgaben wird sie zum einen weniger konzentriert sein als bei früheren, zum anderen kann aber auch eine Verbesserung der Leistung oder eine Änderung der Arbeitsweise eintreten, weil die Versuchsperson lernt, mit einer Sorte von Aufgaben besser zurechtzukommen (*Lerneffekt*) oder weil sich inhaltliche Erkenntnisse aus der Bearbeitung einer Aufgabe profitabel zur Bearbeitung einer späteren einsetzen lassen (*Reihenfolgeeffekt, Sequenzeffekt*). Auch negative Reihenfolgeeffekte sind möglich, also die Verwirrung durch den Inhalt einer früheren Aufgabe. Der Experimententwurf muss dafür sorgen, dass Ermüdung (ggf. einfach durch Unterschiede in der Tageszeit für verschiedene Versuchspersonen), Lern- oder Reihenfolgeeffekte nicht auf verschiedene Messungen der abhängigen Variablen unterschiedlich einwirken.

■ **Instrumentation (*instrumentation*).** Veränderungen im Verhalten über die Zeit können aber nicht nur bei den Versuchspersonen auftreten, sondern auch beim Experimentator oder dem Experimentaufbau selbst, so dass die Messung der abhängigen Variablen verfälscht wird oder jedenfalls nicht über alle Versuchspersonen gleichförmig ist. Dies wird Instrumentationseffekt genannt. Beispielsweise werden sich subjektive Urteile, die ein Experimentator abgibt, im Verlauf mehrerer Beurteilungen allmählich ändern. Selbst ein automatisierter Messaufbau ist nicht vor Veränderungen gefeit. So könnte zum Beispiel ein Programmierwerkzeug bei späteren Versuchsdurchführungen langsamere Antwortzeiten haben, weil die Festplatte des Versuchsrechners allmählich zunehmende Dateifragmentierung aufweist.

Historie: ungleichmäßige äußere Einflüsse

■ **Historie (*history*).** Das Vergehen von Zeit kann auch Wirkungen haben, die außerhalb des eigentlichen Experiments liegen, aber dennoch das Verhalten der Teilnehmer beinflussen. Beispielsweise könnte ein Experiment, das über viele Wochen läuft, dadurch beeinträchtigt werden, dass während der

Laufzeit eine Nachricht durch die Fachpresse geht, ein großes Projekt, das die Technik X benutzt hat, sei eingestellt worden. Wenn X mehr Ähnlichkeit mit den Versuchsbedingungen einer Gruppe als mit denen anderer Gruppen hat, werden die Ergebnisse verzerrt, weil die Motivation der späteren Teilnehmer dieser Gruppe durch die Nachricht absinkt. Selbst wenn die Motivation in allen Gruppen gleichermaßen beeinflusst wird, entsteht eine Verzerrung, wenn aus einer Gruppe ein größerer Teil der Personen das Experiment erst nach Bekanntwerden der Nachricht absolviert als in anderen Gruppen. Ein ganz anderer, viel häufigerer Effekt ist, dass vormalige Teilnehmer des Experiments künftigen Teilnehmern etwas über die Aufgaben und ihre Lösungen verraten könnten.

Auswahleffekte sind Fehler bei der Randomisierung.

■ **Auswahl (*selection*).** Oft kann die Einteilung der Versuchspersonen in die Gruppen nicht wirklich zufällig erfolgen. Beispielsweise könnten für verschiedene Gruppen unterschiedliche Vorkenntnisse oder unterschiedliche Interessen nötig sein, weil die entsprechende Ausbildung aus Aufwandsgründen nicht im Experiment selbst erfolgen kann oder weil man die Versuchspersonen nicht dazu zwingen kann, sich einer bestimmten Ausbildung (und nicht einer anderen) zu unterziehen. In solchen Fällen bedrohen Auswahleffekte die Gültigkeit des Experiments, denn es muss dann sichergestellt werden, dass sich nicht die *Kriterien* für die Gruppeneinteilung auf die Ergebnisse auswirken. Beispielsweise hätte ein Experiment zum Vergleich einer objektorientierten Programmiersprache mit einer funktionalen Programmiersprache große Schwierigkeiten, zwei Gruppen von Versuchspersonen aufzutreiben, die beispielsweise in „ihrer" Sprache gleich viel, in der anderen gleich wenig Erfahrung haben und ansonsten hinsichtlich Intelligenz und Erfahrungshintergrund genügend ähnlich sind.

Regressionseffekte sind eine spezielle Sorte von Auswahleffekten.

■ **Regression (*regression*).** Wenn eine Versuchsperson eine für ihre Verhältnisse besonders gute (oder besonders schlechte) Leistung erbracht hat, ist damit zu rechnen, dass bei einer späteren Messung die Leistung derselben Versuchsperson schlechter (bzw. besser) sein wird. Dieser Effekt heißt *Regression zum Mittelwert*. Er zerstört die Gültigkeit eines Experiments, wenn die Einteilung von Versuchsgruppen nicht zufällig, sondern aufgrund von Ergebnissen eines Vortests in eine „gute" und eine „schlechte" Gruppe erfolgt und der Erfolg einer anschliessenden Behandlung, z.B. eines bestimmten Trainings, gemessen werden soll.

„Sterblichkeit" ist das Ausscheiden von Versuchspersonen und ermöglicht Auswahleffekte.

■ **Sterblichkeit (*mortality*).** Wenn Versuchspersonen während des Experiments auf eigenen Wunsch ausscheiden, ist die Gültigkeit ebenfalls gefährdet. Solches Ausscheiden wird in Anlehnung an die Terminologie medizinischer Experimente *Sterblichkeit* genannt. Wenn das Ausscheiden in verschiedenen Gruppen unterschiedliche (und nichtzufällige) Gründe hat, ist die Gültigkeit in jedem Falle bedroht, weil die Wechselwirkung des Ausscheidens mit den Experimentvariablen unbekannt ist. Aber selbst wenn das Ausscheiden in allen Gruppen nur aufgrund von (beispielsweise) Frustration erfolgt, wird das Experiment eventuell ungültig, falls aus einer Gruppe eine größere Quote von

Personen ausscheidet als aus anderen. Dann bleiben nämlich in dieser Gruppe tendenziell leistungsfähigere Personen übrig, was die Ergebnisse dieser Gruppe positiv beeinflusst.

■ **Anforderungscharakteristik (*demand characteristics*).** Durch die Art, wie eine Aufgabe den Teilnehmern eines Experiments präsentiert wird, kann es zu einer unabsichtlichen Bevorzugung einer Gruppe gegenüber einer anderen kommen. Zum Beispiel sind die Experimentatoren in Bezug auf die Versuchsvariablen ja häufig nicht neutral eingestellt, sondern *erhoffen* sich von einer Gruppe eine bessere Leistung als von einer anderen. In dem Fall könnte unbewußt bereits die Begrüßung der Teilnehmer dieser „Lieblingsgruppe" freundlicher und begeisterter ausfallen, so dass die Motivation dieser Versuchspersonen besser ist und somit eine zu einer relevanten und nichtkontrollierten Störvariablen wird. Aber selbst wenn überhaupt keine persönliche Interaktion stattfindet und alle Instruktionen schriftlich vorliegen, kann es zu einer verzerrenden Anforderungscharakteristik kommen: Die Formulierung einer Aufgabenstellung könnte Begriffe oder Ausdrucksweisen enthalten, die es den Teilnehmern mit Versuchsbedingung A leichter macht, die Lösung zu finden als den Teilnehmern mit Versuchsbedingung B, für die eine andere Formulierung die Lösung naheliegender gemacht hätte.

Anforderungscharakteristik bezeichnet Variablen, die sich ungewollt zusammen mit einer unabhängigen Variablen ändern.

■ **Verarbeitungsfehler.** Schließlich kann es natürlich passieren, dass die abhängige Variable nicht korrekt gemessen oder anschließend falsch weiterverarbeitet wird. Diese Klasse von Bedrohungen reicht von unzuverlässigen automatischen Messvorrichtungen und schwankenden Urteilen bei subjektiven Bewertungen, über Tippfehler beim Eingeben von Datenwerten, die Verwechslung von Datenwerten oder ganzen Gruppen, bis hin zu unsinnigen oder falsch angewandten statistischen Methoden bei der Datenauswertung.

Die Gültigkeit wird auch bedroht, wenn Daten falsch gemessen oder weiterverarbeitet werden.

Es gibt hunderte verschiedener konkreter Bedrohungen der inneren Gültigkeit. Alle lassen sich mehr oder weniger treffend in eine dieser Kategorien einordnen. Die Kunst beim Entwurf eines Experiments besteht darin, jede Kategorie gründlich daraufhin zu untersuchen, welche ihrer Effekte für das geplante Experiment tatsächlich relevante Bedrohungen darstellen und dann Maßnahmen zu ihrer Beherrschung zu entwickeln. Dies wird ein wichtiges Thema im zweiten Teil dieses Buches sein.

4.5. Experimententwurf

Der Experimententwurf im engeren Sinne besteht in der Festlegung,

- welche Gruppen
- in welcher Reihenfolge
- welche Aufgaben erledigen bzw. welchen „Behandlungen" unterworfen werden und
- welche abhängigen Variablen dabei beobachtet werden.

Eine gute Literaturstelle für Experimententwurf ist Kapitel 8 von [20]. Das Produkt des Festlegungsvorgangs heißt Experimentplan oder Versuchsplan, wird aber oft auch als Experimententwurf bezeichnet. Zur Beschreibung eines Experimentplans ist es angebracht, zunächst die unabhängigen Variablen und ihre vorgesehenen Werte vorzustellen und dann den Plan in einer halbgraphischen Matrixnotation anzugeben, die horizontal den zeitlichen Ablauf andeutet und vertikal die einzelnen Gruppen unterscheidet.

■ **Ein-Faktor-Pläne.** Hier einige Beispiele: Angenommen, wir wollen die Produktivität zweier Programmiersprachen vergleichen, sagen wir Java und C. Dann nehmen wir also zwei Gruppen von Versuchspersonen G_{Java} und G_C, lassen sie die gleiche Programmieraufgabe P lösen und messen dabei die benötigte Zeit t. Diesen Entwurf notieren wir als

Ein-Faktor-Pläne sind einfach.

$$\begin{array}{rc} G_{Java}: & \text{P/Java} \\ G_C: & \text{P/C} \end{array} \tag{4.5}$$

oder deutlicher als

$$\begin{array}{rcc} G_{Java}: & \text{P/Java} & t \\ G_C: & \text{P/C} & t \end{array} \tag{4.6}$$

Meist kann man auf die Angabe der abhängigen Variablen verzichten. Die Details dieser Notation kann und sollte man flexibel an die Gegebenheiten des jeweiligen Experiments anpassen [34].

Mehr-Faktor-Pläne liefern mehr Daten.

■ **Mehr-Faktor-Pläne.** Falls wir nicht viele Versuchspersonen haben, ist es günstig, wenn jede uns zwei Datenpunkte liefert; wir nehmen also eine zweite Aufgabe Q hinzu und lassen jede Versuchsperson nacheinander mit beiden Sprachen antreten:

$$\begin{array}{rcc} G_1: & \text{P/Java} & \text{Q/C} \\ G_2: & \text{P/C} & \text{Q/Java} \end{array} \tag{4.7}$$

Man beachte, dass dieser Entwurf nun eine dritte unabhängige Variable (neben Sprache und Problem) aufweist, nämlich Reihenfolge-der-Sprachen, die nicht explizit im Experimentplan erwähnt ist, sondern sich aus der zeitlichen Anordnung mehrerer Experimentteile ergibt. Angenommen, wir stellen nun fest, dass bei Aufgabe P Java die Nase vorn hat, bei Q jedoch C und wir sind sicher, dass nicht versehentlich die Gruppe G_1 erheblich leistungsstärker ist. Wie kann das sein? Zwei Gründe sind denkbar:

Bearbeitet eine Versuchsperson mehrere Aufgaben, so drohen Reihenfolgeeffekte.

1. Es könnte sein, dass der Sprachvorteil problemabhängig ist, sich also Java für die eine Aufgabe besser eignet und C für die andere.
2. Es könnte sein, dass wir einen Reihenfolgeeffekt sehen, weil (beispielsweise) das Java-Programmieren in der ersten Aufgabe für die zweite Aufgabe motiviert, das C-Programmieren jedoch frustriert.

Dieser Experimentplan erlaubt nicht, die beiden Effekte zu unterscheiden, weil er Sprache und Problem stets zugleich ändert. Man sagt, der Experimententwurf vermischt (*confounds*) die Effekte. Abhilfe schafft eine Halbierung der Gruppen, bei der jede Hälfte eine andere Reihenfolge der Aufgaben erhält:

$$\begin{array}{lll} G_{1a}: & \text{P/Java} & \text{Q/C} \\ G_{1b}: & \text{Q/C} & \text{P/Java} \\ G_{2a}: & \text{P/C} & \text{Q/Java} \\ G_{2b}: & \text{Q/Java} & \text{P/C} \end{array} \tag{4.8}$$

Geeignete Pläne können Reihenfolgeeffekte messen und neutralisieren.

Nun können wir die Effekte auseinanderhalten: Falls Java für Problem P sowohl beim Vergleich der Gruppe G_{1a} mit G_{2a} und auch beim Vergleich G_{1b} mit G_{2b} besser abschneidet als C und für Problem Q in beiden Vergleichen C besser abschneidet als Java, dann liegt ein problemabhängiger Sprachvorteil vor. Falls andererseits Java immer genau dann Vorteile hat, wenn es die zuerst benutzte Sprache ist, dann handelt es sich um den Reihenfolgeeffekt. In dem Fall müsste beispielsweise der entsprechend dem alten Experimentplan vorgefundene Vorteil von Java beim Problem P (beim Vergleich der Gruppe G_{1a} mit G_{2a}), verschwinden, wenn wir stattdessen die reihenfolgevertauschten Gruppen G_{1b} mit G_{2b} vergleichen etc.

Beim Nachvollziehen und Prüfen dieser Überlegungen merkt man schnell, dass dieser Experimententwurf ungefähr die Grenze markiert, bis zu der man die Eigenschaften eines Experimententwurfs noch vollständig verstehen kann, ohne Knoten im Hirn zu bekommen. (Wer es nicht glaubt, möge versuchen, das bei obigem „etc." Ausgelassene selbst herzuleiten.) Glücklicherweise sind kompliziertere Entwürfe in der Softwaretechnik selten sinnvoll, da für deren erfolgreiche Nutzung mehr Versuchspersonen nötig wären als normalerweise zur Verfügung stehen.

■ **Feste Behandlungen.** Manchmal gibt es im Experimentplan Schritte, in denen alle Gruppen gleich behandelt werden, beispielsweise einen Vortest, in dem die Kompetenz der Versuchspersonen geprüft wird:

$$\begin{array}{lll} G_1: & \text{Vortest} & \text{Aufgabe A} \\ G_2: & \text{Vortest} & \text{Aufgabe B} \end{array} \tag{4.9}$$

oder eine Ausbildung, um ausreichende Kompetenz herbeizuführen:

$$\begin{array}{lll} G_1: & \text{Training} & \text{Aufgabe A} \\ G_2: & \text{Training} & \text{Aufgabe B} \end{array} \tag{4.10}$$

Die Ausbildung kann auch zwischen zwei Messungen im Rahmen des Experiments stattfinden, zum Beispiel:

$$\begin{array}{llll} G_1: & \text{Aufgabe A} & \text{Training} & \text{Aufgabe B} \\ G_2: & \text{Aufgabe B} & \text{Training} & \text{Aufgabe A} \end{array} \tag{4.11}$$

Faktor, Niveau, Effekt, Faktorentwurf

■ **Terminologie.** Jede im Experiment manipulierte unabhängige Variable heißt *Faktor* (*factor*) und jeder ihrer Werte heißt ein *Niveau* (*level*). Ein Faktor mit zwei Niveaus heißt *binär* oder *2-wertig* etc. Die Veränderung in der abhängigen Variablen zwischen zwei Niveaus eines Faktors heißt *Effekt* (*effect*). Weist ein Experimentplan mehr als einen Faktor auf, spricht man von einem *faktoriellen Entwurf* (*factorial design*) oder *Faktorentwurf*. Treten im Plan alle denkbaren Kombinationen von Niveaus tatsächlich auf, nennt man ihn einen *vollständigen faktoriellen Entwurf* (*full factorial design*), andernfalls einen *unvollständigen* (*partial factorial design*).

Interaktionen

Der Sinn von Faktorentwürfen ist es, die sogenannten Interaktionen zu studieren: Angenommen, es gebe zwei binäre Faktoren A und B, für die man bereits getrennt die zugehörigen Effekte E_A und E_B gemessen hat. Dann ist durchaus nicht sicher, dass man diese Effekte einfach addieren kann, wenn man beide Faktoren *zugleich* ändert. Eventuell gilt: $E_{AB} \neq E_A + E_B$. Dieses Phänomen heißt *Interaktion* (*interaction*), die Größe der Abweichung, E_{A*B}, ist der *Interaktionseffekt* (*interaction effect*): $E_{AB} = E_A + E_B + E_{A*B}$. In diesem Fall nennt man E_A und E_B *Haupteffekte* (*main effects*). Der oben im Experimentplan 4.7 diskutierte Fall, dass Java im ersten Teil des Experiments mit Problem P überlegen war, C dann aber im zweiten Teil mit Problem Q die Oberhand gewann, war also entweder auf eine Interaktion zwischen Sprache und Problem zurückzuführen („sprachabhängiger Vorteil") oder auf eine Interaktion zwischen Sprache und Sprachreihenfolge („Reihenfolgeeffekt"). Ein unvollständiger Faktorentwurf lässt einige Faktorkombinationen aus und kann deshalb nicht alle Interaktionen entdecken. Die betroffenen Variablen nennt man *vermischt* (*confounded*). Natürlich gibt es auch Interaktionen zwischen mehr als zwei Variablen zugleich. Bei Plan 4.7 sind zum Beispiel die drei Faktoren Sprache, Problemreihenfolge und Sprachreihenfolge miteinander vermischt und selbst im erweiterten Entwurf 4.8 kann die Interaktion zwischen Problemreihenfolge und Sprachreihenfolge nicht studiert werden.

Randomisierung, Blockung

Wie bereits erwähnt, müssen Versuchspersonen den Gruppen strenggenommen immer rein zufällig zugeordnet werden. Dieser Vorgang heißt *Randomisierung* (*randomization*). Ist das nicht möglich und arbeitet man mit ganz oder teilweise vordefinierten Gruppen, so spricht man von einem *quasi-experimentellen Entwurf* (*quasi-experimental design*), siehe auch Abschnitt 4.6. Um den Einfluss von Variablen zu untersuchen, die erstens kontinuierlich sind und sich zweitens nicht manipulieren lassen (z.B. Berufserfahrung), kann man die Versuchspersonen bezüglich dieser Variablen in wenige, grobe Klassen einteilen (z.B. bis 4 Jahre Erfahrung und über 4 Jahre Erfahrung) und die so entstehenden Teilgruppen separat vergleichen. Dieser Vorgang heißt *Blockung* (*blocking*), ein entsprechender Experimentplan folgt einem *Blockentwurf* (*blocked design*) und die Teilgruppen nennt man *Blöcke*.

■ **Qualitätsmerkmale.** Ein guter Experimententwurf weist stets die folgenden drei Eigenschaften auf:

- Effektivität: Der Entwurf ist prinzipiell geeignet, die zur (teilweisen) Beantwortung der Forschungsfrage nötige Information zu ermitteln.

- Hohe innere Gültigkeit: Alle Faktoren, die das Ergebnis verändern könnten, werden kontrolliert.
- Effizienz: Aller vorgesehener Aufwand ist voraussichtlich wirklich notwendig, um die Experimentfrage zu beantworten.

Die Effektivität wird oftmals auch *Konstruktgültigkeit* genannt. Angenommen, die Forschungsfrage sei von der Art „Bewirkt Maßnahme A eine Verbesserung von X?“. Dann kann die Konstruktgültigkeit entweder daran kranken, dass die Niveaus der unabhängigen Variablen gar nicht wirklich die Maßnahme A repräsentieren (sondern etwas anderes), oder daran, dass die zu messenden abhängigen Variablen gar nicht X charakterisieren (sondern etwas anderes). Ein häufiges Beispiel für nicht effektive Versuchspläne sind Untersuchungen zur Wirkung von Entwicklungsmethoden auf die Programmzuverlässigkeit (Häufigkeit von Versagen), wenn diese Zuverlässigkeit im Experiment durch die Anzahl später im Programmtext entdeckter Defekte „gemessen“ wird: Defekte sind ein statisches Maß und somit grundsätzlich untauglich, ein dynamisches Verhalten der Software wie die Zuverlässigkeit zu erfassen. Siehe dazu auch Abschnitt 9.1 und Kapitel 10.

Effektive Pläne sind geeignet (Konstruktgültigkeit), effiziente Pläne sind sparsam.

Die innere Gültigkeit wird bedroht, wann immer eine wirksame Variable nicht bedacht oder fälschlich als irrelevant eingestuft wird. Umgekehrt wird die Effizienz bedroht, wenn eine Variable oder eine Interaktion vom Experimentplan berücksichtigt wird, von der sehr plausibel ist, dass sie keine Rolle spielt.

4.6. Was ist *kein* kontrolliertes Experiment?

Wenn die innere Gültigkeit hinreichend stark beeinträchtigt ist, kann man irgendwann nicht mehr von einem kontrollierten Experiment sprechen, weil das Wesentliche (nämlich die Kontrolle) fehlt. Wie wir in Abschnitt 4.4 gesehen haben, kann das auf viele verschiedene Arten geschehen. Es ist Ansichtssache, wann der Punkt der kompletten Ungültigkeit erreicht ist.

Aus diesem Grund möchte ich hier nur auf zwei Arten von Experimententwürfen hinweisen, die nicht zu kontrollierten Experimenten führen, sich aber in der Softwaretechnik häufig aufdrängen. Dies sind zum einen der Vor-/Nachtest-Entwurf ohne Vergleichsgruppe und zum anderen das Vergleichen von nichtzufälligen Gruppen.

■ **Vor-/Nachtest ohne Vergleichsgruppe.** Wer mit der Methodik kontrollierter Experimente nicht vertraut ist und insbesondere die Liste von Bedrohungen der inneren Gültigkeit aus Abschnitt 4.4 noch nie gesehen hat, kann leicht auf folgende Idee verfallen, um den Nutzen einer neu vorgeschlagenen softwaretechnischen Methode X zu prüfen: Man nehme eine Gruppe von Versuchspersonen, lasse sie eine Aufgabe A mit der bislang üblichen Methode W lösen, schule sie dann in der Methodik X, lasse sie anschließend die gleichschwierige Aufgabe B mittels X lösen (oder besser die halbe Gruppe zuvor B und danach A) und vergleiche nun die Leistung der Personen vor und nach der Schulung:

Vor-/Nachtest ohne Vergleichsgruppe leidet an nicht kontrollierter Reifung.

G_1:	A/W	Training in X	B/X	(4.12)
G_2:	B/W	Training in X	A/X	

Leider sind bei diesem Experimententwurf die Verbesserungen in der Leistung nicht allein auf die Kenntnis und Benutzung von X zurückzuführen. Der Entwurf sieht nämlich keinerlei Kontrolle für Reifung und Historie vor — aus einem anderen Blickwinkel könnte man stattdessen auch von einem katastrophalen Auswahleffekt sprechen: Bei der Schulung werden allgemein die Problemlösungsfähigkeiten geschult, die Motivation gesteigert, spezifischer Enthusiasmus für X erzeugt etc. Der Nachtest vermischt alle diese Wirkungen mit der Wirkung von X. Ein korrekter Entwurf muss einen direkten Vergleich von zwei Gruppen nach einer Schulung vornehmen, z.B. so:

G_X:	Training in X	A/X	(4.13)
$G_{W'}$:	Training in W'	A/W'	

Dies ist allerdings auch nur korrekt, wenn es keine Interaktion zwischen den Variablen Allgemeiner-Effekt-von-Training und Trainierte-Methode gibt, d.h., wenn die Teilnehmer durch eine Schulung in W' (also einer leichten Abwandlung der bislang benutzen Methode W) genauso stark motiviert werden, ihre Problemlösungsfähigkeit genauso stark verbessern etc. wie durch eine Schulung in X.

Nichtzufällige Versuchsgruppen führen zu Auswahleffekten.

■ **Nichtzufällige Gruppen.** Um die Kontrolle aller möglichen bekannten oder unerkannten Störvariablen herbeizuführen, müssen die Versuchspersonen den Versuchsgruppen zufällig zugeteilt werden. Dummerweise ist das in der Softwaretechnik häufig vollkommen unrealistisch, weil keine (oder zuwenige) Personen zur Verfügung stehen, deren Qualifikation gleichermassen für alle Versuchsgruppen geeignet ist. Der Aufwand, ausreichende Qualifikation im Rahmen des Experiments *herzustellen*, ist oftmals unrealistisch. Der Experimentplan 4.13 ist zum Beispiel nur dann korrekt, wenn man erstens jede Versuchsperson nach Belieben einer Gruppe zuweisen kann und zweitens nicht zu erwarten ist, dass durch diesen Zwang die Mitglieder einer Gruppe (vermutlich $G_{W'}$) stärker erbost oder demotiviert werden als die Mitglieder der anderen. Wenn man umgekehrt freiwillige Meldungen in die Gruppen zulässt, ist zu befürchten, dass sich vielleicht die interessierteren und kompetenteren Versuchspersonen viel öfter für G_X als für $G_{W'}$ melden, während die übrigen die Vertrautheit der gewohnten Methode W dem Neuen und Unbekannten vorziehen. Ungleiche Leistungsfähigkeit der Gruppenmitglieder wäre die Folge und würde das Experimentresultat zugunsten von X verfälschen.

Wenn es gute Argumente gibt, warum solche Gruppenunterschiede unwahrscheinlich sind, muss eine solche Untersuchung einem echten kontrollierten Experiment an Gültigkeit nicht nachstehen (zum Beispiel [PSP/78]). Wird solche Argumentation hingegen nicht oder nicht überzeugend geführt, so kann man das Experiment kaum als kontrolliertes Experiment bezeichnen (zum Beispiel bei [Treffen1/63]).

4.7. Wann ist ein Experiment gut?

Damit man ein Experiment als guten Forschungsbeitrag bezeichnen kann, muss es zwei Eigenschaften aufweisen: Es muss zum einen relevant und zum anderen glaubwürdig sein [209].

Ein gutes Experiment untersucht erstens eine wichtige Frage und trägt zweitens erheblich zu ihrer Beantwortung bei.

■ **Relevanz.** Die Relevanz der vom Experiment bearbeiteten Fragestellung ergibt sich aus zwei Aspekten: erstens, wie bedeutsam die Forschungsfrage ist, zu deren Beantwortung das Experiment durchgeführt wird, und zweitens, wie nützlich die konkret bearbeitete Experimentfrage zur Beantwortung der Forschungsfrage ist. Als Vorbedingung für hohe Relevanz muss also zum einen das softwaretechnische Ingenieurproblem, zu dessen Lösung das Experiment einen Beitrag leistet, genügend hohe Kosten verursachen; zum anderen darf der Beitrag des Experiments zur Reduktion des Problems nicht nur marginal sein (wie z.B. bei den Experimenten über die optimale Tiefe von Einrückungen in Programmcode [131]). Die Relevanz eines Experiments bestimmt, ob

Experiment 4.14: [Treffen1] Braucht eine Codeinspektion ein Treffen? (Perpich, Perry, Porter, Votta und Wade [150])

Experimentfrage: Anders als ursprünglich von Fagan vorgesehen (siehe Notiz 6.3) wird heute der überwiegende Teil der Fehlersuche bei der Vorbereitung absolviert und nicht im Inspektionstreffen. Die Beobachtungen von [Inspektionsteam/128] belegen sogar, dass die im Treffen gefundenen Fehler („*meeting gain*") nicht zahlreicher sind als die zuvor gefundenen, die dann im Treffen aus irgendeinem Grund unter den Tisch fallen („*meeting loss*"). Ist also ein Treffen, was die gefundene Fehlerzahl anbelangt, überflüssig?

Vorgehen: In diesem natürlichen Experiment wurden zahlreiche Inspektionen von neu geschriebenem oder bereits repariertem Code aus einem realen industriellen Softwareprozess miteinander verglichen: 202 Inspektionen ohne Treffen und 441 mit Treffen für neuen Code, außerdem 2152 ohne Treffen und 197 mit Treffen für reparierten Code. Es handelt sich allerdings nur um ein Quasi-Experiment (siehe Abschnitt 9.2), weil die Zuweisung der Produkte an die Gruppe nicht zufällig vorgenommen wurde und das Ergebnis beeinflusst haben könnte.

Ergebnis: Diese nicht zufällige Zuordnung könnte der Grund sein, weshalb für reparierten Code bei den (seltenen) Inspektionen mit Treffen im Mittel größere Reparaturen untersucht (59 statt 26 Zeilen) und 20% mehr Fehler entdeckt wurden (0,0037 Fehler pro Zeile statt 0,0031); denn bei neuem Code war die gefundene Fehlerdichte für beide Methoden praktisch genau gleich groß ($p = 0,92$).

Folgerung: Codeinspektionen kommen also offenbar gut ohne ein Treffen aus.

das Experiment von seinem potentiellen Publikum überhaupt wahrgenommen wird.

Ein Paradebeispiel für Forschung mit geringer Relevanz ist der Streit aus den 1970er Jahren über die Frage, ob in einer Programmiersprache das Semikolon ein Anweisungs*terminierer* sein sollte oder besser ein Anweisungs*trenner* [74,75,147]. Das macht nur jeweils hinter der letzten Anweisung einer Anweisungsliste einen Unterschied und wird durch Einführung der leeren Anweisung sogar völlig unbedeutsam. Sogar beim damaligen Stand der Forschung musste klar sein, dass angesichts der sonstigen Schwierigkeiten beim Produzieren oder Verstehen von Software dieser Unterschied nur eine äußerst geringe Bedeutung haben konnte.

Ein gutes Experiment ist glaubwürdig. Es hat hohe innere und äußere Gültigkeit und angemessene Schlussfolgerungen.

■ **Glaubwürdigkeit.** Die Glaubwürdigkeit eines Experiments kann an drei Stellen beschädigt werden: innere Gültigkeit (siehe Abschnitt 4.4), äußere Gültigkeit (siehe Definition 4.4) und Schlussfolgerungen. Positiv ausgedrückt ist also folgendes zu leisten, um zu hoher Glaubwürdigkeit zu kommen: Das Experiment muss so entworfen sein, dass alle relevanten Bedrohungen seiner inneren Gültigkeit diskutiert und ausgeräumt werden können; die Ergebnisse müssen eine hinreichende[1] Verallgemeinerbarkeit aufweisen und es muss überzeugend vermittelt werden, wohin sie sich erstreckt und wo vermutlich ihre Grenzen sind; die wissenschaftlichen und praktischen Konsequenzen, die man aus den Ergebnissen ziehen sollte, müssen prägnant aufgezeigt werden, dabei aber angemessen bleiben.

Die Glaubwürdigkeit eines Experiments bestimmt, ob das Experiment tatsächlich eine Wirkung auf weitere Forschung oder die industrielle Praxis ausübt.

Eine besondere Stellung an der Schnittstelle zwischen Relevanz und Glaubwürdigkeit nehmen die aus dem Experiment gezogenen Schlussfolgerungen ein, die als Hauptaussagen bei der Publikation des Experiments meist das größte Interesse der Leserinnen und Leser wecken: Sind die Schlussfolgerungen zu vorsichtig und bescheiden, wird dem Publikum die Relevanz des Experiments nicht genügend klar — das Experiment bleibt wirkungslos. Sind andererseits die Schlussfolgerungen zu weitreichend, wird oft die Glaubwürdigkeit des gesamten Experiments zerstört, weil sich nur wenige Leser die Mühe machen, selbst die (korrekten) Resultate von den (überzogenen) Schlussfolgerungen zu trennen und ihre eigenen Schlussfolgerungen zu entwickeln — das Experiment wird abgelehnt und bleibt ebenfalls wirkungslos (siehe z.B. [Flussdiagramm2/65] und Notiz 4.16).

Um diesen Gedanken auf die Spitze zu treiben, könnte man ein Experiment (bzw. seine Publikation) als eine Art wohlfundierten Aktionsaufruf betrachten und sagen: Ein Experiment ist dann gut, wenn es eine große Wirkung hat.

[1] Tja...

4.8. Arbeitsschritte zur Durchführung

Als eine Art Checkliste folgt nun eine sehr knappe Aufstellung der wichtigsten Arbeitsschritte für die Beantwortung einer Forschungsfrage mittels eines kontrollierten Experiments. Für jeden Schritt führe ich kurz an, welches die wichtigsten Fragen sind, die dabei gelöst werden müssen; insbesondere ist zwischendurch immer wieder zu prüfen, ob man sich auf dem richtigen Weg befindet (Begutachtung). Manche der angeführten Schritte werden erst nach dem Lesen von Teil II des Buches verständlich.

Ähnlich wie das Wasserfallmodell der Softwareentwicklung ist auch diese Darstellung in ihrer Linearität irreführend: In der Praxis können die Schritte selten streng hintereinander ausgeführt werden, sondern wechseln einander in einem iterativen Prozess ab, der von Fall zu Fall verschieden aussieht.

Experiment 4.15: *[Flussdiagramm2] Programmverstehen mit Flussdiagrammen (Scanlan [182])*

Experimentfrage: Scanlan kritisiert mehrere Schwächen des Teils über Programmverstehen von [Flussdiagramm1/51]: Die benötigte Zeit wurde nicht gemessen; das Programm sei zu einfach; manche Fragen verlangten zwingend einen Blick in den Quellcode. Sind Flussdiagramme überlegen, wenn man diese Schwächen behebt?

Vorgehen: Das Experiment untersucht das Verstehen dreier unterschiedlich langer Programme (reine If-Then-Else-Ketten), die das Behandeln von Gemüse beschreiben und aus Verben und Adjektiven zufällig gebildet wurden (z.B.: „IF green THEN bake ELSE ...“, zusammengesetzte Bedingungen kommen nicht vor); die Programme haben keinen sinnvollen Zweck. Das längste Programm besteht aus 6 Adjektiven und 8 Verben. 82 unterschiedlich erfahrene Studierende bearbeiten je sechs Programme (einfach, mittel, komplex; als Flussdiagram oder als Programmcode). Jeweils eine Gruppe erhält nur den Programmcode, die andere *nur* das Flussdiagramm. Mit einem raffinierten Versuchsaufbau wird präzise die Anzahl und Dauer aller Blicke auf den Code oder das Flussdiagramm sowie die Gesamtdauer gemessen, während die Versuchspersonen bis zu 60 einfache Verständnisfragen über ihr Programm beantworten.

Ergebnis: Die Flussdiagrammgruppen schneiden in allen Messgrößen besser ab als die Gruppen mit Programmcode: Sie benötigen weniger Blickzeit und weniger Gesamtzeit, eine kleinere Zahl von Blicken, haben weniger Fehler in ihren Antworten und ein höheres Vertrauen in die Korrektheit der Antworten. Alle Unterschiede waren hochgradig statistisch signifikant, und zwar um so stärker, je komplexer das Programm war.

Folgerung: Siehe Notiz 4.16.

■ **Anforderungsbestimmung.** In dieser Phase erfolgt die Auswahl einer Fragestellung, die im Experiment untersucht werden soll.

- Wie lauten die Forschungsfragen, zu deren Beantwortung das Experiment einen Beitrag liefern soll?
  Warum sind sie relevant?
- Welche konkreten Fragen lassen sich realistischerweise im Experiment beantworten?
  Prüfung: Sind sie relevant?
- Unter welchen Randbedingungen wird das Experiment stattfinden müssen?
  Prüfung: Sind diese akzeptabel?

Siehe auch Abschnitt 4.7 und Kapitel 7.

■ **Entwurf.** Hier erfolgt die Festlegung der Grobstruktur des Experiments. Viele Festlegungen (zum Beispiel wegen möglicher Lern- und Reihenfolgeeffekte)

Notiz 4.16: Die Gültigkeit von [Flussdiagramm2/65]

Scanlans Experiment [Flussdiagramm2/65] hat dank extrem sorgfältiger Durchführung hervorragende innere Gültigkeit, aber praktisch überhaupt keine äußere Gültigkeit und ist damit vollkommen irrelevant. Folgende Probleme schränken seine Verallgemeinerbarkeit bis zum völligen Verschwinden ein:

- Die Programme (von Scanlan „Algorithmen" genannt) enthalten weder Schleifen noch Unterprogramme. Das ist unrealistisch.
- Für die meisten Programmierer ist ein wichtiges Zwischenziel beim Programmverstehen, den *Zweck* eines Programmstücks herauszufinden [12]. Die hier benutzten zufälligen Programme haben aber überhaupt keinen verstehbaren Zweck. Sogar die Arbeits*weise* der Programme gestattet praktisch keine Abstraktion von Details [31].
- Die Verständnisfragen betrafen ein sehr niedriges Verständnisniveau. Sie hatten alle folgende Struktur: „Welche Werte (wahr, falsch, unbestimmt) hatten alle Entscheidungen im Programm, wenn X?" (z.B.: „wenn das Gemüse gebacken wird"). Diese Fragen stehen in Blooms Taxomomie kognitiver Erziehungsziele [14] auf Ebene 2 (Verstehen) bis 3 (Anwendung). Realistische Aufgaben im Programmverstehen fordern hingegen vorwiegend die Ebenen 4 (Analyse) und 5 (Synthese).
- Die Fragen waren außerdem so zahlreich, dass die Versuchspersonen das Programm während des Experiments quasi auswendig lernten; 60 Fragen über ein Programm mit nur 14 Anweisungen sind zu viele: die Versuchspersonen benötigten im Mittel nur 0,72 Blicke auf das Flussdiagramm pro Antwort. Das Auswendiglernen geht für Programme ohne Sinngehalt einfacher mit Flussdiagrammen, weil dann das visuelle Ortsgedächtnis [133], [2, Kapitel 8] mitbenutzt werden kann.

sind eventuell von den konkreten Aufgabenstellungen abhängig und können deshalb erst bei der Implementierung getroffen werden.

- Welche unabhängigen Variablen sollen manipuliert werden?
  Wie viele und welche Werte sollen diese annehmen?
- Wie viele Versuchspersonen kann ich erwarten?
- Wie viele Versuchsgruppen können realistischerweise gebildet werden?
- Prüfung: Können Auswahleffekte vermieden werden?
- Welche abhängigen Variablen müssen/sollen/können gemessen werden?
- Kann ihre Messung hinreichend zuverlässig und genau erfolgen?
- Prüfung: Lässt sich damit tatsächlich eine relevante Forschungsfrage beantworten? (Konstruktgültigkeit)

Siehe auch Abschnitt 4.5, Kapitel 9, Kapitel 10.

■ **Implementierung.** Hier wird eine konkrete Ausprägung des Experiments entwickelt und aufgebaut. Viele wichtige Aspekte des Experimententwurfs und oft sogar der behandelten Fragestellung lassen sich erst jetzt klären.

- Welche Qualifikation ist bei den Versuchspersonen zu erwarten?
- Welche Aufgaben werden gestellt?
  Gibt es Lern- oder Reihenfolgeeffekte?
  Wie kann Sterblichkeit vermieden werden?
- Ist ein vorheriges Training nötig?
- Ist ein gemeinsamer Vortest aller Gruppen möglich?
- Wie werden die Aufgaben den Teilnehmern präsentiert? (Versuchsunterlagen)
- Prüfung: Ist eine Beeinflussung durch die Anforderungscharakteristik zu befürchten?
- Welche Infrastruktur benutzen die Teilnehmer bei ihrer Arbeit? (Versuchsumgebung)
- Wie erfolgt das Messen der abhängigen Variablen? (technische Infrastruktur)
- Prüfung: Lässt sich eine genügende innere Gültigkeit sicherstellen?
- Prüfung: Ist eine ausreichende äußere Gültigkeit zu erwarten?

Siehe auch Kapitel 8, Kapitel 9, Kapitel 11, Abschnitt 12.2, Abschnitt 12.3.

■ **Test.** Vor der eigentlichen Experimentdurchführung müssen der Experimentaufbau mit ein paar Voraus-Versuchspersonen überprüft und seine Schwächen korrigiert werden. Folgende Prüfungen sind vorzunehmen:

- Sind die Anweisungen in den Versuchsunterlagen verständlich und eindeutig?
- Funktioniert die Versuchsumgebung (aus Teilnehmersicht)?

- Ist der Schwierigkeitsgrad der Aufgaben angemessen?
  Ist die Versuchsumgebung angemessen?
  Ist eine ausreichende äußere Gültigkeit zu erwarten?
- Funktioniert die Messapparatur?

Siehe auch Kapitel 11 und 12.

■ **Ausführung.** Die eigentliche Experimentdurchführung umfasst erstens das Anwerben und Vorbereiten von Versuchspersonen, zweitens die Ausführung im engeren Sinne und drittens begleitende Maßnahmen, die das Fehlschlagen des Experiments vermeiden sollen.

- Wie motiviere ich Versuchspersonen zur Teilnahme?
  Prüfung: Entstehen dabei Auswahleffekte?
- Wie behalte ich die Übersicht über den Fortgang des Experiments?
- Prüfung: Funktioniert die Messapparatur wirklich in jedem Einzelfall?
- Prüfung: Bedroht unvorhergesehenes Verhalten der Teilnehmer das Experiment?
- Wie vermeide ich Sterblichkeit?
  Prüfung: Entsteht dabei eine Verzerrung?
  Wie verhindere ich Lawineneffekte beim Ausscheiden von Teilnehmern?
- Wie vermeide ich, dass künftige Teilnehmer von früheren Teilnehmern beeinflusst werden (insbesondere Lösungen erfahren)?

Siehe auch Kapitel 8 und 12.

■ **Auswertung.** Die Auswertung umfasst erstens die Validierung der Daten, zweitens ihre Beurteilung im Hinblick auf die Experimentfrage und drittens die Analyse für Zusatznutzen oder Milderung von Problemen.

- Prüfung: Sind die gesammelten Daten vollständig?
- Prüfung: Sind in den Daten Inkonsistenzen zu entdecken?
- Prüfung: Sind die Daten glaubwürdig?
- Welche Methoden zur Datenauswertung eignen sich?
- Welche Ergebnisse im Hinblick auf die Experimentfrage sind den Daten zu entnehmen?
- Welche Bedrohungen der inneren Gültigkeit sind zu erkennen?
  Können diese ausgeräumt werden?
- Können die Beobachtungen erklärt werden?
- Welche sonstigen unerwarteten Beobachtungen gibt es?

Siehe auch Abschnitt 4.4 und Kapitel 13.

■ **Publikation.** Die Dokumentation der Experimentergebnisse sollte in jedem Fall schriftlich erfolgen. Sie kann öffentlich sichtbar sein, z.B. in einer wissenschaftlichen Zeitschrift, oder nur einem kleinen ausgewählten Kreis von Empfängern zugänglich gemacht werden — die Anfordungen sind in beiden Fällen recht ähnlich.

- Welches Publikum sollte ich über meine Ergebnisse informieren?
- Wie überzeuge ich es davon, dass das Experiment relevant ist?
- Wie überzeuge ich es davon, dass das Experiment glaubwürdig ist?
- Wie stelle ich den Experimentaufbau knapp und klar dar?
- Auf welche Bedrohungen der inneren Gültigkeit muss ich hinweisen?
- Wie stelle ich die Ergebnisse genau und unmissverständlich dar?
- Wo und in welcher Form stelle ich für spätere Metastudien die rohen Ergebnisdaten bereit?
- Auf welche Beschränkungen der äußeren Gültigkeit muss ich hinweisen? Welche Spekulationen über äußere Gültigkeit sind angemessen?

Siehe auch Abschnitte 4.4, 4.5, 4.7, 13.4 und Kapitel 14.

Obwohl diese Argumentation heute als zwingend [...] angesehen wird,
dauerte es noch längere Zeit,
bis die Anhänger der Wärmestofftheorie sich überzeugen ließen oder starben.
MARTIN DAUMER

Mögliche Rollen kontrollierter Experimente

1. We cannot assume that the old stuff is known and didn't work.
If it didn't work, we have to find out why.
Often it is because it wasn't tried.
2. We cannot assume that the old stuff will work.
Sometimes widely held beliefs are wrong.
DAVID L. PARNAS

Dieses Kapitel diskutiert, welche unterschiedlichen Arten von Wirkungen man mit kontrollierten Experimenten erreichen kann. Ein solches Ergebnis kann Hauptziel des Experiments sein, eines von mehreren zugleich verfolgten Zielen oder es kann sich post-hoc bei der Analyse der Daten ergeben.

Jede Art von Wirkungen definiert also eine *Rolle*, die ein kontrolliertes Experiment in einem Forschungsprogramm spielen kann. Die ersten Abschnitte beschreiben inhaltliche Rollen, die Experimente für sich allein betrachtet im wissenschaftlichen oder ingenieurmäßigen Erkenntnisprozess haben. Abschnitt 5.7 beschreibt die davon separaten Rollen, die Experimente für das Glauben und Handeln von Menschen spielen. Die letzten beiden Abschnitte beschreiben, wie angesichts dieser Rollen kontrollierte Experimente andere Forschungsmethoden ergänzen und von ihnen ergänzt werden.

Jeder der Abschnitte 5.1 bis 5.6 diskutiert die folgenden Aspekte einer Rolle:

- Unter welchen Umständen wird diese Rolle benutzt?
- Wie passt die Rolle mit anderen zusammen?
- Welche Struktur haben die Resultate?
- Welche Form hat das Experiment?
- Welche Experimente bieten Beispiele für diese Rolle?

Die diskutierten Rollen schließen sich keineswegs gegenseitig aus, sondern überlappen und ergänzen einander in unterschiedlicher Weise; ein Experiment kann durchaus eine ganze Reihe dieser Rollen zugleich haben. Für einen zusätzlichen, anders strukturierten Überblick über Aspekte von Experimenten siehe Notiz 5.1.

5.1. Hypothesentest

Als Hypothesentest beantwortet ein Experiment eine Ja/Nein-Frage.

Die bei weitem häufigste Rolle kontrollierter Experimente in der Softwaretechnik ist bislang die Prüfung einer konkreten Vermutung (Hypothese), in der Regel von der Form „A ist besser als B bezüglich Eigenschaft X“. Dies erfolgt meist mit Hilfe eines statistischen Hypothesentests. Die allermeisten bisherigen Experimente in der Softwaretechnik können als Beispiel für diese Rolle dienen.

Notiz 5.1: *Ein Vorgehensrahmen für Experimentation im Software Engineering*

Basili, Selby und Hutchens haben in [8] versucht, eine hierarchisch organisierte Aufstellung aller Aspekte softwaretechnischer Experimente zu machen. Sie nennen diese Aufstellung *Experimentations-Rahmen* (*framework for experimentation*). Hier die auf Deutsch übersetzten Überschriften der einzelnen Aspektgruppen, die jeweils 1 bis 13 Einträge haben:

1. Definition: Motivation, Gegenstand, Zweck, Perspektive, Domäne, Umfang.
2. Planung: Experimententwurf, Kriterien, Messungen.
3. Durchführung: Vorbereitung, eigentliche Durchführung, Analyse.
4. Interpretation: Kontext, Extrapolation, Wirkung.

Auch wenn viele dieser Unterteilungen ihrer Art nach fragwürdig sind, ist der Rahmen (ähnlich wie die Checkliste in Abschnitt 4.8) eine gute Hilfe bei der Planung und der Dokumentation von Experimenten. Das vorliegende Kapitel 5 kann man als eine detaillierte alternative Sicht auf die Aspektgruppen „Motivation“ und „Zweck“ (aus dem Bereich „Definition“ des Rahmens) betrachten, denen in [8] gerade mal ein Dutzend Zeilen gewidmet werden.

Das starke Vorherrschen des Hypothesentestens ist ein Zeichen für die geringe Reife des Feldes, denn eigentlich ist ein Hypothesentest nicht übermäßig nützlich: Er sagt nur, *ob* zumindest mit einer gewissen Wahrscheinlichkeit ein Unterschied besteht, aber nicht, wie groß dieser ist[1] oder auf welchen Mechanismen er beruht. Insbesondere kann der Unterschied so klein sein, dass er praktisch gar nicht relevant ist. Aber Hypothesentests sind der erste Schritt auf dem Weg zu komplexeren Informationen und glücklicherweise ist es meist so, dass bei einem hypothesentestenden Experiment nützliche Zusatzerkenntnisse „nebenbei abfallen".

5.2. Erkundung

Zur Erkundung liefert ein Experiment unerwartete Beobachtungen, aus denen sich neue Hypothesen bilden lassen.

Erkundung ist das allgemeine Untersuchen kaum verstandener Aspekte ohne vorbestimmte Erwartungen. Zweck ist normalerweise das Bilden von Hypothesen und Modellvorstellungen über Wirkung und Wirkungsweise einer Technik. Dies ist normalerweise nicht das Hauptziel eines kontrollierten Experiments, denn dafür sind Fallstudien viel billiger. Wenn man allerdings in einer Fallstudie einen bestimmten Effekt beobachtet, weiß man nur, dass dieser überhaupt auftreten *kann*. Demgegenüber haben kontrollierte Experimente als Erkundungsmethode zwei Vorteile: Replikation und Kontrolle. Die Replikation macht es möglich, einen Effekt, der nur selten auftritt (also nur bei wenigen Versuchspersonen), als solchen zu erkennen und somit nicht wie bei einer Fallstudie von ihm verwirrt zu werden. Bei häufigen Effekten kann man eventuell die Größe des Effekts und deren Schwankungsbreite eingrenzen. Die Kontrolle ermöglicht zu identifizieren, ob der Effekt mit dem erkundeten Tatbestand zusammenhängt oder nicht, je nachdem, ob er in der Kontrollgruppe gleich stark auftritt. Falls man eine Erklärung hat, die den Effekt plausibel macht, kann er zu einer nachträglich formulierten Hypothese führen und gleich durch einen statistischen Test untersucht werden.

Das ist jedoch alles kein Grund, von vornherein nur für Erkundungszwecke den hohen Aufwand für ein kontrolliertes Experiment zu treiben. Vielmehr tritt die Erkundung neuer Aspekte bei Experimenten meist als Nebenprodukt auf — man „stolpert" über eine interessante Beobachtung und erkundet erst daraufhin die Daten gezielt im Hinblick auf dieses Phänomen. Dies passiert aber häufig genug, um es als einen Nutzen eines kontrollierten Experiments von vornherein zu berücksichtigen.

■ **Beispiele.** So stolperten Grant und Sackman bei [Offline/74] über die unerwartet hohen Unterschiede in der Leistungsfähigkeit ihrer Versuchspersonen — das von ihnen angegebene Verhältnis des Schnellsten zum Langsamsten von 28:1 wird bis heute regelmäßig zitiert, obwohl dieser Zahlenwert irreführend ist (siehe Kapitel 16).

[1] Man kann in vielen Fällen einen Hypothesentest so durchführen, dass eine gewisse Mindestgröße für den Unterschied getestet wird. Diese Möglichkeit wird aber selten genutzt.

Porter und Votta stellten bei ihrem Vergleich unterschiedlicher Teamgrößen für Inspektionen [Inspektionsteam/128] fest, dass die Zahl der beim Inspektionstreffen aufgedeckten Fehler, die zuvor keiner der Inspekteure gefunden hatte (*meeting gains*), im Mittel nicht größer war als die der zuvor zwar entdeckten, jedoch dann im Treffen verschütteten (*meeting losses*). Normalerweise werden *meeting gains* als der Hauptgrund dafür angesehen, überhaupt ein Treffen abzuhalten. Folglich stellte sich die Frage, ob das Treffen wirklich sinnvoll sei [Treffen1/63], [Treffen2/94].

Walker, Baniassad und Murphy führten [Aspekt/75] ausdrücklich zur Erkundung des aspektorientierten Programmierens durch.

Prechelt, Unger, Philippsen und Tichy untersuchten den Einfluss der Vererbungstiefe auf die Verstehbarkeit objektorientierter Programme und fanden bei der anschließenden erkundenden Datenanalyse ein überraschend einfaches und viel besseres Maß zur Vorhersage des mittleren Aufwands, nämlich die Zahl zu betrachtender Methoden [Vererbung2/77]. Der enge Zusammenhang legt nahe, zu versuchen, dieses und ähnliche einfache Maße für die Modellierung des Aufwands beim Softwareverstehen zu benutzen.

Prechelt und Unger stellen bei ihrer Untersuchung des PSP [PSP/78] den Trend fest, dass die Schwankungsbreite in der PSP-Gruppe bei vielen ganz verschie-

Experiment 5.2: *[Offline] Debugging-Produktivität bei interaktivem versus Stapelbetrieb (Grant und Sackman [82, 180])*

Experimentfrage: Nach Aufkommen der ersten interaktiven Computer (mit Mehrbenutzer-Timesharing-Betrieb) entstand ein Streit, ob sich die erhöhten Kosten dieser Hardware tatsächlich in entsprechenden Produktivitätsverbesserungen gegenüber dem üblichen Stapelbetrieb (*batch operation*) niederschlagen. Dieses Experiment untersuchte die Frage für das Debugging eines selbst geschriebenen Programms.

Vorgehen: 12 Programmierer entwickelten und kodierten je 2 Programme unter Batch-Bedingungen (auf Lochkarten) und testeten und korrigierten sie dann (Debugging): ein Programm im interaktiven Betrieb („online") und das andere im simulierten Stapelbetrieb („offline"), bei dem die Ausgaben eines Programmlaufs stets erst nach zwei Stunden verfügbar gemacht wurden.

Ergebnis: Rechnet man die Wartezeit der Offline-Gruppe in die Arbeitszeit ein, ist der interaktive Betrieb bei beiden Aufgaben weit überlegen. Zieht man die Wartezeit jedoch ab, ist die Offline-Gruppe für eine Aufgabe gleich schnell, für die andere sogar erheblich schneller als die Online-Gruppe. Eine andere Beobachtung waren die großen Zeitunterschiede zwischen den einzelnen Versuchspersonen, die Autoren erwähnen das (irreführende) Verhältnis von 28:1 zwischen dem Schnellsten und dem Langsamsten (siehe dazu Kapitel 16).

denen Messgrößen stets geringer war als in der Vergleichsgruppe. Solchermaßen reduzierte Variabilität senkt bei großen Softwareentwicklungen das Risiko, weil dieses meist von den schlechtesten oder spätesten Programmteilen dominiert wird.

5.3. Quantifikation von Effekten

Zur Quantifikation liefert ein Experiment einen Vertrauensbereich, in dem der Effekt einer unabhängigen Variablen liegt.

Sobald ein Hypothesentest nachgewiesen hat, dass zwischen zwei Techniken ein Unterschied besteht, stellt sich — zumal für Praktiker — natürlich sofort die Frage: Wie groß ist er? Ein zu kleiner Effekt kann den Mehrnutzen einer Technik leicht zunichte machen, weil er eventuelle andere Nachteile nicht aufwiegen kann. Im Prinzip kann man die Größe des Unterschieds beispielsweise einfach durch das Verhältnis der Mittelwerte zweier Versuchsgruppen charakterisieren bzw. in Prozent ausdrücken. Leider sind diese Werte durch die zufällige Gruppenaufteilung, die Tagesform der Versuchspersonen und anderes mit erheblicher Unsicherheit behaftet; sie sind deshalb nicht ausreichend, den zu *erwartenden* Unterschied zu charakterisieren. Stattdessen muss dafür ein sogenannter Vertrauensbereich (Konfidenzintervall, *confidence interval*) angegeben werden, in dem der Unterschied mit einer gewissen Wahrscheinlichkeit liegen wird. Beispiel: „A ist mit einer Wahrscheinlichkeit von 80% um 2%

***Experiment 5.3:** [Aspekt] Aspektorientiertes Programmieren (Walker, Baniassad und Murphy [210])*

Experimentfrage: Aspektorientiertes Programmieren (AOP) ist die Idee, nicht nur die Funktionalität eines Programms auf isolierte Module zu verteilen, sondern auch andere Aspekte vom Rest zu isolieren. *AspectJ* ist eine AOP-Sprache, die aus einem eingeschränkten Java (*JCore*) als Kern plus zwei Aspektsprachen für Synchronisation (*Cool*) und Objektverteilung (*Ridle*) besteht. Ist das nützlich?

Vorgehen: Das Experiment verglich die Leistung für drei Debugging-Aufgaben, die Synchronisationsfehler betrafen, zwischen AspectJ (JCore/Cool) und Java. Pro Gruppe nahmen drei verschiedene Paare von kooperierenden Programmierern (Studierende und Professoren) teil. Ein zweites Experiment verglich die Erweiterung und Leistungsoptimierung eines verteilten Programms zwischen AspectJ (JCore/Cool/Ridle) und Emerald.

Ergebnis: Bei den Synchronisations-/Debuggingaufgaben zeigte sich AOP überlegen, bei den Verteilungs-/Erweiterungsaufgaben hingegen nicht, was damit erklärt wird, dass der Synchronisationsaspekt durch Cool gut vom Restprogramm getrennt wird, der Verteilungsaspekt durch Ridle jedoch nur unvollständig.

bis 43% langsamer als B." Zur Berechnung stehen statistische Methoden bereit [21, 179].

Prinzipiell kann man also die Daten aus jedem hypothesentestenden Experiment auch zur Quantifikation des Effekts benutzen, vorausgesetzt, sie sind auf einer Verhältnisskala gemessen. Dummerweise sind die Konfidenzintervalle in den meisten Fällen so breit, dass sie keine sehr nützliche Auskunft geben. In diesem Fall reicht das Experiment zwar vielleicht zum Hypothesentesten, aber zur brauchbaren Quantifikation des Effekts werden größere Gruppen benötigt, denn dann schrumpft der Vertrauensbereich.

Vertrauensbereiche sind auch bei quantitativen Modellen nützlich, um zu charakterisieren, wie „scharf" das Modell ist. Dies kann für die Gesamtvorhersage des Modells geschehen (Vorhersageintervall) oder für die einzelnen Koeffizienten. Leider werden Konfidenzintervalle nur relativ selten angegeben — was auch für andere experimentierende Disziplinen gilt und von Statistik- und Methodikforschern seit vielen Jahren beklagt wird, z.B. [177, S.186–191].

■ **Beispiele.** Prechelt, Unger, Philippsen und Tichy geben in [Musterdoku/80] bei allen wesentlichen Maßen Vertrauensbereiche an, selbst dort, wo keine signifikanten Unterschiede vorliegen. Diese Intervalle sehen vom Standpunkt

Experiment 5.4: [Vererbung1] Einfluss der Vererbungstiefe auf die Wartbarkeit (Daly, Brooks, Miller, Roper, Wood [50])

Experimentfrage: In einer Umfrage hatten die Forscher herausgefunden, dass Praktiker meinten, Vererbung sei zwar nützlich und verbessere auch die Wartbarkeit, aber so etwa ab einer Tiefe der Klassenhierarchie von 5 Stufen würde es dann kompliziert. Sie entwarfen deshalb Experimente über die Fragen „Ist ein Programm mit einer Vererbung über 3 Stufen leichter wartbar als ein äquivalentes Programm ohne Vererbung?" und „Ist eines mit 5 Stufen schwieriger wartbar als eines ohne Vererbung?".

Vorgehen: Sie schrieben deshalb zwei C++ Programme mit dreistufiger Vererbung und erzeugten daraus „flachgeklopfte" Versionen ohne Vererbung, indem sie die vererbten Methoden und Attribute direkt in die Unterklassen einsetzten (Polymorphie trat in dem Programm nicht auf). Eine erweiterte Fassung eines der Programme, mit 5 Vererbungsstufen, wurde ebenso aufbereitet. Mit drei verschiedenen Grundmengen studentischer Versuchspersonen wurden dann insgesamt vier paarweise Vergleiche der Wartung solcher Programmpaare durchgeführt, bei der jeweils eine Klasse dem Programm zugefügt werden musste. Falsche Lösungen wurden zurückgewiesen und die Gesamtarbeitszeit gemessen.

Ergebnis: Die Programme mit 3 Stufen wurden schneller gewartet als die flachen, und das Programm mit 5 Stufen wies keinen signifikanten Unterschied zu seinem flachen Gegenstück auf.

Experiment 5.5: *[Papier] Sind bildschirmbasierte Codeinspektionen ebenso effektiv wie solche auf Papier? (Macdonald und Miller [123, 124])*

Experimentfrage: Es wurden in der Literatur bereits diverse Werkzeuge zur elektronischen anstatt papierbasierten Durchführung von Inspektionen vorgestellt (siehe die Übersicht in [125]), manche auch mit Untersuchungen über irgendeinen Aspekt ihrer Nützlichkeit (siehe [Treffen1/63], [Treffen2/94]). Eine zentrale Frage blieb aber offen: Beeinträchtigt die elektronische Durchführung die Effektivität einer Codeinspektion, also die Zahl entdeckter Fehler?

Vorgehen: 43 erfahrene Studierende inspizierten je zwei Programme (in C++) von etwa 150 Zeilen Länge. Eine Gruppe machte eine papierbasierte Einzelinspektion und traf sich dann (zu dritt) zum Fehlersammeln, die andere benutzte das vielseitige Inspektionswerkzeug ASSIST für Begutachtung und Sammlung (ebenfalls zu dritt).

Ergebnis: Für das einfachere Programm zeigten die Gruppen keine Unterschiede, beim komplizierteren ergab sich eine Tendenz, dass die papierbasierte Inspektion etwas mehr Fehler fand. Die Tendenz bestand sowohl für die einzelnen Inspektionsergebnisse als auch für die Gesamtergebnisse nach den Treffen; die Unterschiede waren jedoch beide nicht signifikant. Für beide Programme gab es keine augenfälligen Unterschiede bei Fehlerzugewinnen oder -verlusten durch das Treffen: Beides war selten und glich sich ungefähr aus.

Experiment 5.6: *[Vererbung2] Vererbungstiefe als Kostenfaktor in der Wartung (Prechelt, Unger, Philippsen und Tichy [168, 206])*

Experimentfrage: Die Autoren trauten den Ergebnissen von [Vererbung1/76] nicht recht und beschlossen, ein ähnliches Experiment mit zwei Verbesserungen durchzuführen: Die Teilnehmer erhielten eine graphische Dokumentation des Entwurfs (OMT-Klassendiagramm) und sowohl das Programm als auch die Aufgaben waren erheblich komplexer und vielfältiger als bei [Vererbung1/76].

Vorgehen: Drei Versionen desselben Programms mit 0, 3 und 5 Stufen von Vererbung wurden direkt verglichen. Das Experiment wurde zweimal mit leichten Variationen durchgeführt: einmal mit 58 Informatik-Studierenden vor dem Vordiplom und einmal mit 57 Informatik-Studierenden aus höheren Semestern.

Ergebnis: Die Ergebnisse zeigen, dass bei Aufgaben, deren Aufwand vor allem beim Programmverstehen liegt (anstatt bei der Realisierung der Änderung), die Programme mit Vererbung mehr Zeit benötigen und tendenziell mehr Fehler verursachen. Das Programm mit 5 Stufen war schlechter als das mit 3 und beide waren schlechter als das mit 0.

der Anwendung her wenig beeindruckend aus, was prompt die Kritik der Gutachter der Veröffentlichung verschärfte („schwache Ergebnisse"). Dennoch zeigen sie die Nützlichkeit von Vertrauensbereichen, denn man erfährt nicht nur einfach „es gibt einen signifikanten Unterschied", sondern sieht, dass der Unterschied mit 90-prozentiger Wahrscheinlichkeit zwischen 0 und 22 Prozent liegen wird. Die untersuchte Technik ist für diesen Fall also zwar kein Wundermittel, aber ein Vorteil, den man gern in Anspruch nehmen möchte.

In ihrem ausführlichen technischen Bericht zu [PSP/78] geben Prechelt und Unger immer dann Vertrauensbereiche an, wenn die beobachteten Unterschiede groß genug sind, damit der Vertrauensbereich eine interessante Aussage macht; ähnlich verhalten sich Basili und Selby in ihrem Artikel über [Testmethoden1/96]. Insgesamt sind Angaben über Vertrauensbereiche in der Experimentliteratur jedoch erschreckend selten.

5.4. Modellbildung

Zur Modellbildung gestatten Experimente die quantitative Untersuchung des Zusammenhangs von mehreren Variablen.

Sobald eine Einflussgröße durch einen Hypothesentest als solche nachgewiesen ist und eventuell die Größe ihrer Wirkung für konkrete Einzelfälle quantifiziert

---

Experiment 5.7: *[PSP] Die Wirkung von Ausbildung in der Methodik „Persönlicher Softwareprozess", PSP (Prechelt und Unger [165, 166])*

Experimentfrage: Der PSP [98, 99] ist eine Arbeitsmethodik (Menge von Prinzipien plus zugehörigen Techniken), mit der ein einzelner Softwareingenieur angeblich die Vorhersagbarkeit und Qualität seiner eigenen Arbeit in fast allen Bereichen der Softwareherstellung erheblich verbessern kann. Treten diese Verbesserungen wirklich ein?

Vorgehen: 48 Informatikstudierende mit Vordiplom realisierten ein kleines, aber schwieriges Programm (Aufwand im Mittel 12 Stunden), 29 hatten zuvor ein Semester lang ein PSP-Praktikum absolviert, 19 ein anderes programmierintensives Praktikum. Gemessen wurden der Zeitbedarf, der geplante Zeitbedarf, die Zuverlässigkeit des Produkts und vieles mehr.

Ergebnis: Beide Gruppen hatten etwa denselben Zeitbedarf, aber die PSP-Gruppe machte realistischere Schätzungen ihrer Produktivität, produzierte zuverlässigere Programme und zeigte bei fast allen gemessenen Eigenschaften eine kleinere Variabilität innerhalb der Gruppe als die Vergleichsgruppe.

Folgerung: Die erhofften Wirkungen von PSP sind also durchaus vorhanden, wenn auch geringer als von vielen Befürwortern behauptet. Die wesentliche neue Erkenntnis ist, dass die Variabilität reduziert wird, was die Termin- und Qualitätsrisiken bei Teamprojekten vermindert.

wurde, stellen sich weiterführende Fragen: Wie kommt die Wirkung zustande (Struktur) und wie würde sie sich unter anderen Umständen verändern (Wechselwirkungen)?

Das nützlichste Ergebnis empirischer Arbeiten in der Softwaretechnik wäre ein quantitatives Modell, das den Einfluss und das Zusammenspiel aller beteiligten Variablen bei der Softwareentwicklung beschreibt, angefangen von den Eigenschaften der beteiligten Menschen, über Entwicklungsmethoden und Projektorganisation bis hin zu Anwendungsbereich und Funktionalität der Software.

Soweit man ein solches Modell überhaupt aufstellen kann, sind kontrollierte Experimente ideale Vehikel dafür, denn nur Experimente messen einzelne Größen isoliert von allen anderen. Leider ist die Zahl beteiligter Einflussgrößen in der Softwaretechnik so groß und ihre Wirkung (und Wechselwirkung) im Einzelnen so wenig bekannt, dass solche Modellbildung mit kontrollierten Experimenten bisher noch kaum betrieben wird. Die meisten quantitativen Modelle in der Softwaretechnik entnehmen ihre Daten Feldstudien (Kostenschätzungsmodelle und Modelle aus Software-Metriken [40, 67, 129]).

Dennoch gibt es Ausnahmen, in denen Modelle aufgrund von kontrollierten Experimenten gebildet wurden.

Experiment 5.8: *[Protokoll] Defektprotokollierung und -analyse (Prechelt und Grütter [86, 161])*

Experimentfrage: Aus der Arbeit mit dem PSP [98–100] ergab sich eine Vermutung: Führt schon allein das Aufschreiben und Klassifizieren aller beim Programmieren entdeckter Fehler (Defekte) und die gelegentliche Analyse dieses Defektprotokolls zu einer Verbesserung, die weitaus schneller ist als das normale Lernen aus Erfahrung?

Vorgehen: Zwei Gruppen von je 5 amerikanischen Informatikstudierenden (zum Teil mit Berufserfahrung) implementierten je zwei Algorithmen (zuerst „Skyline", dann „konvexe Hülle", jeweils ca. 4 Stunden Aufwand). Gruppe 1 benutzte Defektdatenprotokollierung und analysierte ihr Protokoll vor der zweiten Aufgabe. Gruppe 2 protokollierte nur die Arbeitszeit und analysierte nichts.

Ergebnis: Alle Kenngrößen verbesserten sich bei der einfacheren zweiten Aufgabe in beiden Gruppen. Der Prozentsatz der Verbesserung war jedoch in Gruppe 1 für die Arbeitszeit und für die Dichte im Test entdeckter Defekte signifikant besser.

Folgerung: Das Experiment legt trotz seiner Beschränkungen nahe, dass Defektdatenprotokollierung eine effektive Technik ist — zumindest für Programmierer mit mittlerer Erfahrung.

So fanden beispielsweise Porter u.a. in [Inspektionsteam/128], dass die Teamgröße und mit einer Ausnahme auch die Organisationsform (normale Inspektion, Doppelinspektion, Doppelinspektion mit Reparatur vor der zweiten Runde) keinen signifikanten Einfluss auf die Menge entdeckter Fehler oder auf die Gesamtzeitdauer (in Kalendertagen) der Inspektion hatten. In einer separaten Veröffentlichung [154] beschrieben sie dann eine Analyse der Daten, die zahlreiche weitere denkbare Einflussgrößen zur Erklärung von Inspektionserfolg und -dauer mit heranzieht: die Größe und den Autor des Codes; die Projektphase, in der die Inspektion stattfand; die Menge vorheriger Tests für das Modul; die Identität und der Vorbereitungsaufwand der Gutachter; die Dauer des Treffens und andere.

Sie fanden schließlich für die entdeckte Defektanzahl ein Modell mit 10 Parametern, das etwa 50% der beobachteten Unterschiede aus 88 Inspektionen erklären kann. Die interessante Beobachtung daran ist, dass auch im Gesamtzusammenhang dieses Modells die im Experiment analysierten Faktoren (Teamgröße und Organisationsform) keinen signifikanten Einfluss zeigten, also die „Eingaben" in die Inspektion viel wichtiger für den Erfolg sind als die Organisationsform der Inspektion. Leider beschreiben zwei der Parameter speziell die zwei besten Gutachter, so dass das Modell keine Aussagen macht, die sich

Experiment 5.9: *[Musterdoku] Verständlichkeit von Programmen durch Entwurfsmuster (Prechelt, Unger, Philippsen und Tichy [160, 167, 169, 170])*

Experimentfrage: Zu den Vorteilen, die oft für Software-Entwurfsmuster in Anspruch genommen werden gehört die bessere Kommunikation, also leichtere Verständlichkeit von Entwurfsideen. Führt also das ausdrückliche Beschreiben von Entwurfsmusterbenutzungen im Programmtext zu einer besseren Wartbarkeit als ein Programm, das Muster nur stillschweigend benutzt?

Vorgehen: In zwei Experimenten führten 74 fortgeschrittene deutsche und später 22 jüngere amerikanische Informatikstudierende Wartungsaufgaben an einem Programm mit Entwurfsmustern aus. Beide Male bekam eine Gruppe ein auf normale Weise gründlich kommentiertes Programm, die andere dasselbe Programm, jedoch ergänzt um wenige Zeilen zusätzlicher Kommentare, der die Beteiligung von Programmobjekten an Entwurfsmustern beschrieb. Ein zweites Programmpaar gleicher Konstruktion führte zu einem gegenbalancierten Experimententwurf mit zwei Aufgaben pro Person.

Ergebnis: Die Ergebnisse zeigen, dass die Versuchspersonen mit Musterdokumentation signifikant weniger Zeit benötigen (etwa 10% bis 20%) oder dass sie zumindest weniger Fehler machen als die Vergleichsgruppe. Die Autoren begründen, warum diese Verbesserung nicht mit der Zunahme der Menge an Kommentaren (Informationsgehalt) zu erklären ist.

direkt auf andere Projekte übertragen lassen. Außerdem war das Experiment nicht auf diese Analyse hin entworfen, so dass viele der betrachteten Einflussgrößen nicht sauber voneinander getrennt werden können. Weitere Analysen für die Vorbereitungsphasen einzelner Gutachter und für die Gesamtzeitdauer der Inspektion stoßen auf ähnliche Probleme und kommen zu ähnlichen Ergebnissen.

Prechelt, Unger, Philippsen und Tichy erzielten bei einer ebenfalls im Nachhinein durchgeführten Analyse von [Vererbung2/77] einen schönen Erfolg: Sie fanden ein Modell mit nur zwei Parametern, das die Schwankungen in der mittleren Arbeitszeit zwischen 14 Versuchsgruppen zu immerhin 70% mit nur einer einzigen Variablen erklärt. Diese Modellbildung stellt genaugenommen sogar eine Metaanalyse dar, denn von den 14 Versuchsgruppen stammten nur 6 aus den eigenen Experimenten, 8 jedoch aus [Vererbung1/76] und 2 aus [33].

Wie man an diesen Beispielen erkennt, befindet sich die Modellbildung durch kontrollierte Experimente in der Softwaretechnik bislang auf einem sehr bescheidenen Stand. Sie wird allerdings auch sehr von der hohen individuellen Variabilität der Leistung zwischen verschiedenen Versuchspersonen erschwert, so dass hier eine größere Menge von Ergebnissen nötig sein wird, bevor brauchbare Modelle entstehen können. Siehe hierzu beispielsweise die Liste von Einschränkungen, die man bei der Interpretation der Daten aus Kapitel 16 beachten muss (Abschnitt 16.2.2).

5.5. Absicherung von Erkenntnissen

Experimente erlauben die Reproduktion (oder auch nicht) eines früheren Ergebnisses unter ähnlichen (aber nicht identischen) Bedingungen.

Selbst ein sauber durchgeführtes Experiment mit hoher Glaubwürdigkeit sollte in einer Wissenschaft nicht als definitiver Beweis irgendeiner Aussage akzeptiert werden. Zu leicht kann irgendetwas schief gehen, das die Ergebnisse verfälscht — und wenn es der bloße Zufall ist, der uns einen Streich spielt, denn die Ergebnisse sind ja stets nur Wahrscheinlichkeitsaussagen.

Der erste Schritt zur Verbesserung besteht also in einer exakten Wiederholung des Experiments mit anderen Versuchspersonen. Wenn dies dieselben Forscher durchführen, die auch das originale Experiment gemacht haben, spricht man von einer *internen Replikation*, andernfalls von einer *externen Replikation* des Experiments. Liegt ein abgewandeltes Experiment vor, handelt es sich um eine *Replikation der Ergebnisse*. Interne Replikationen tragen zur Absicherung von Erkenntnissen weniger bei als externe, weil viele mögliche Fehlerquellen erst ausgeschaltet werden, wenn andere Experimentatoren in einer anderen Umgebung den Versuch wiederholen.

In der Physik gilt deshalb ein experimentelles Ergebnis erst dann als gesichert, wenn es von mindestens einer anderen Forschungsgruppe reproduziert wurde, also erfolgreich extern repliziert. Auch in der Medizin bringt die Forschungsgemeinde Resultaten erst nach einer Wiederholung richtiges Vertrauen entgegen.

In der Softwaretechnik ist die Wiederholung von Experimenten durch andere Forschungsgruppen (in gleicher oder veränderter Form) bisher ein eher seltenes Vorkommnis; das Selbstverständnis als empirische Wissenschaft ist offensichtlich unterentwickelt.

■ **Beispiele.** Es gibt ein paar Beispiele für externe Wiederholungen aus der Forschung über Inspektionen, z.B. [Testmethoden2/96], [Szenarios/95] und [Perspektiven/36]. Bei [Szenarios/95] gab es eine nach Ansicht der Autoren [72] etwas missglückte Wiederholung mit abweichenden Ergebnissen, aber in allen anderen Fällen bestätigten die Wiederholungen im Großen und Ganzen die ursprünglichen Ergebnisse. Ein interessanteres Beispiel stammt jedoch aus der Objektorientierung: Das Experiment [Vererbung1/76] von Daly, Brooks, Miller, Roper und Wood über den Einfluss der Vererbungstiefe auf die Wartbarkeit wurde unabhängig voneinander von drei verschiedenen Forschungsgruppen wiederholt. Cartwright [33] wiederholte eine der Aufgaben. Harrison, Counsell und Nithi [88] wiederholten zwei der Aufgaben unter modifizierten Bedingungen (auf Papier statt am Rechner, Zeitbeschränkung u.a.). Prechelt, Unger, Philippsen und Tichy entwarfen in [Vererbung2/77] ein größeres Experiment zur gleichen Fragestellung und führten es zweimal durch. Das Interessante daran: Alle drei Forschungsgruppen kamen in ihren Wiederholungen zu Ergebnissen, die gleichartig sind, aber den Resultaten von Daly widersprechen: Während [Vererbung1/76] feststellte, dass das Programm mit 3 Stufen Vererbung am leichtesten zu warten war und zwischen 0 und 5 Stufen keine signifikanten Unterschiede bestehen, ergaben alle anderen Experimente, dass (für die gegebenen Programme und Wartungsaufgaben) die Wartbarkeit mit steigender Vererbungstiefe konsistent abnimmt.

5.6. Verbreiterung von Erkenntnissen

Experimente erlauben die Reproduktion (oder auch nicht) eines früheren Ergebnisses unter veränderten Bedingungen.

Die Wiederholung eines Experiments muss durchaus keine Verschwendung von Ressourcen darstellen, wie viele Leute meinen, sondern kann bei richtiger Anwendung helfen, die vielleicht größte Schwachstelle im bisherigen Fundus von Experimentergebnissen zu verkleinern: den Mangel an äußerer Gültigkeit.

Wird ein Experiment nämlich bei einer Wiederholung variiert, beispielsweise mit deutlich anderen Versuchspersonen oder Programmen durchgeführt, dann trägt es zugleich sowohl etwas zur Absicherung von Erkenntnissen als auch zu deren Verbreiterung bei. Solange die Ergebnisse der Variation alle in die gleiche Richtung weisen, wird also die Erkenntnis zum einen immer sicherer und zum anderen kann man ihren Anwendungsbereich immer genauer verstehen. Ergibt sich andererseits eine Diskrepanz der Ergebnisse, so hat man eine Gültigkeitsbedingung für die früheren Resultate entdeckt — auch das ist eine Verbreiterung der Erkenntnis.

■ **Beispiele.** Eine Verbreiterung bietet beispielsweise die interne Wiederholung des Vergleichs von Inspektion und Test von Basili und Selby [Testmethoden1/96], bei der sowohl die Programmiersprache (Simpl-T/Fortran) als auch die Versuchspersonen (*Bachelor*-Studierende/NASA-Programmierer) stark verändert wurden. Die Ergebnisse fallen dennoch gleich aus.

Ein anderes Beispiel ist das oben bereits genannte größere Experiment zur Vererbungstiefe von Prechelt, Unger, Philippsen und Tichy [Vererbung2/77]. Es hat gegenüber seinem Vorbild die vierfache Programmgröße, einen erheblich schwerer zu verstehenden Anwendungsbereich des Programms und benutzt eine zusätzliche Art von Wartungsauftrag (Änderung statt Erweiterung).

5.7. Soziologische Rollen von Experimenten

Neben den sachlichen Rollen im Erkenntnisprozess haben Experimente natürlich auch psychologische Wirkungen und beeinflussen dadurch das Zusammenleben der „Gesellschaft" der Softwareingenieure. Insoweit diese Einflüsse beabsichtigt sind, haben Experimente also auch soziologische Rollen.

Außer zu Sacherkenntnissen tragen Experimente auch zur Befriedigung psychologischer und sozialer Bedürfnisse bei.

5.7.1. Motivation fördern

Die Ergebnisse kontrollierter Experimente können die Motivation von Einzelnen oder Gruppen fördern oder ihre Energien in günstigere Kanäle lenken:

Experimentergebnisse können die Arbeitsmotivation von Forschern oder Profis verbessern.

- Anstrengungen in der Softwareentwicklung oder der Forschung fördern (weil Ergebnisse zeigen, dass der eingeschlagene Weg verfolgenswert ist);
- Zweifel ausräumen (weil eine Technik ihre Brauchbarkeit gezeigt hat);
- Anstrengungen fokussieren (weil die beste Lösung aus einer Palette konkurrierender Möglichkeiten erkennbar wird).

Diese Wirkungen sind oft positiv (also gutzuheißen), können aber auch negativ ausfallen, falls einem falschen oder irreführenden Resultat zu früh zu viel Vertrauen entgegengebracht wird.

5.7.2. Barrieren überwinden

Experimentergebnisse können auch helfen, Widerstände zu überwinden — sowohl Widerstände gegen das Handeln als auch solche gegen das Unterlassen:

Experimentergebnisse können helfen, unangebrachte Widerstände zu überwinden.

- Sie können technische und betriebswirtschaftliche Entscheidungen begründen, die sonst abgelehnt würden (z.B. die zusätzliche Dokumentation von Entwurfsmustern [Musterdoku/80] oder die Einführung von Inspektionen [NAH/84]. Das letztere Experiment wurde sogar tatsächlich *nur* für diesen Zweck durchgeführt.).

- Sie können unsinnige Forschung oder unsinnige betriebliche Praktiken gegen den inneren Widerstand der Betreiber bremsen (z.B. Flussdiagramme abschaffen [189]).

Diese Wirkungen sind in der Regel positiv.

5.7.3. Selbstwertgefühl stärken

Experimentieren stärkt durch das systematische Vorgehen und die relative Klarheit der Ergebnisse das Selbstwertgefühl.

Experimente können das Selbstwertgefühl von Forschern stärken, weil sie sich damit (zu Recht) als „richtige" Wissenschaftler fühlen können. Beispielsweise [Typcheck/85] kann man in diese Kategorie einordnen.

Die Ergebnisse können das Selbstwertgefühl bei Forschern und Konsumenten der Forschung stärken, indem sie ggf. die Richtigkeit der eigenen Einschätzung oder Arbeitsweise bestätigen. Hierfür gibt es zahlreiche Beispiele.

Sie können gelegentlich auch für Besserwisserei missbraucht werden, die bei schwächeren Egos ebenfalls das Selbstwertgefühl stärkt. Als Besserwisserei

***Experiment 5.10:** [NAH] Das „not applicable here"-Syndrom überwinden (Jalote und Haragopal [102])*

Experimentfrage: Viele Softwareorganisationen setzen keine Inspektionen ein, *selbst wenn* sie den veröffentlichten Erfolgsberichten glauben: Sie denken, diese Ergebnisse seien für ihre Organisation nicht anwendbar („not applicable here", NAH). Das folgende Experiment wurde von Jalote und Haragopal benutzt, um in ihrer Organisation diese Einstellung zu überwinden.

Vorgehen: In einem laufenden Projekt zum Bau einer Folgeversion einer erfolgreichen Banksoftware wurden 6 Erweiterungsaufträge ausgewählt und an 6 Entwickler vergeben. Die Entwickler wurden in Codeinspektionen geschult, in zwei Dreierteams aufgeteilt und inspizierten den Code der von ihnen realisierten und grob vorgetesteten Erweiterungen. Dieselben 6 vorgetesteten Erweiterungen wurden unabhängig von der Inspektion dem üblichen Modultest unterworfen, der von anderen Personen ausgeführt wird.

Ergebnis: Inspektion und Test fanden beide ca. 1,9 Defekte pro Arbeitsstunde, die Inspektion jedoch absolut gesehen 2,5-mal so viele. Selbst wenn man die „weichen" Defekte (Wartbarkeit, Portabilität) subtrahiert, ergab eine Amortisationsrechnung auf Basis historischer Daten über die Kosten von Defektbeseitigung im Systemtest und nach Auslieferung, dass die Ersparnis pro investierter Inspektionsarbeitsstunde bei ca. 6 Stunden liegt.

Folgerung: Der Widerstand der Entwickler gegen die Einführung von Codeinspektionen wurde damit total überwunden und Inspektionen werden jetzt in der gesamten Organisation eingeführt.

muss zum Beispiel wohl [Flussdiagramm2/65] eingeordnet werden (siehe Notiz 4.16).

5.8. Zusammenwirken mit anderen Forschungsmethoden

Erst im Zusammenspiel mit anderen Forschungsmethoden entfalten Experimente ihre beste Wirkung.

Falls auf den vergangenen Seiten der Eindruck entstanden sein sollte, kontrollierte Experimente seien (angeblich) die beste oder gar einzig ernstzunehmende Forschungsmethode: Das ist natürlich nicht der Fall.

Kontrollierte Experimente sind in vielen Situationen zu aufwändig und in manchen überhaupt nicht geeignet; sie können erst im richtigen Zusammenspiel mit anderen (empirischen oder nichtempirischen) Forschungsmethoden ihre volle Nützlichkeit entfalten. Ob und in welchen Rollen Experimente oder andere Forschungsmethoden angebracht sind, hängt auch davon ab, wie weit die Erforschung eines Sachverhalts bereits fortgeschritten ist. Typische Anwendungsblöcke sind in Abbildung 5.12 dargestellt.

■ **Forschungsprogramme.** Kaum eine interessante Forschungsfrage kann durch ein einzelnes Experiment ausreichend beantwortet werden. Das liegt

Experiment 5.11: *[Typcheck] Typprüfung von Aufrufargumenten in Prozeduren (Prechelt und Tichy [162–164])*

Experimentfrage: Die statische Deklaration und Typprüfung von Argumenten bei Prozeduraufrufen ist zwar seit langem weit verbreitet, wurde aber nie gezielt auf ihre Wirkung untersucht. Erhöht sie tatsächlich die Produktivität und vermeidet subtile Fehler im Endprodukt?

Vorgehen: 22 berufstätige Informatiker und 12 Informatikstudierende mit Vordiplom schrieben je ein Programm mit ANSI-C (also mit Typprüfung) und eines mit Kernighan/Ritchie-C (ohne Typprüfung) gemäß einem gegenbalancierten Experimentplan mit 4 Gruppen. Als Aufgaben waren (ohne Vorkenntnisse, aber mit Hilfe von sehr fokussierter und gut geeigneter Dokumentation) zwei kleine Programme mit graphischer Benutzerschnittstelle im recht komplizierten Motif-Programmiermodell zu schreiben.

Ergebnis: Die Resultate weisen die Vorzüge der Typprüfung nach; insbesondere war die Gesamtarbeitszeit beim jeweils zweiten Programm für ANSI-C kürzer als für KR-C, und die Anzahl im Endprodukt verbliebener Schnittstellenfehler geringer. (Die Effekte werden jedoch weitgehend verdeckt, solange die Programmierer mangels Erfahrung noch stark mit *konzeptuellen* Schwierigkeiten bei der Benutzung der Bibliothek kämpfen.)

Folgerung: Entwerfer von Bibliotheken sollten es vermeiden, den Nutzen der Typprüfung zu beschränken, indem sie Basistypen wie Integer und String für zu viele verschiedene Zwecke einsetzen.

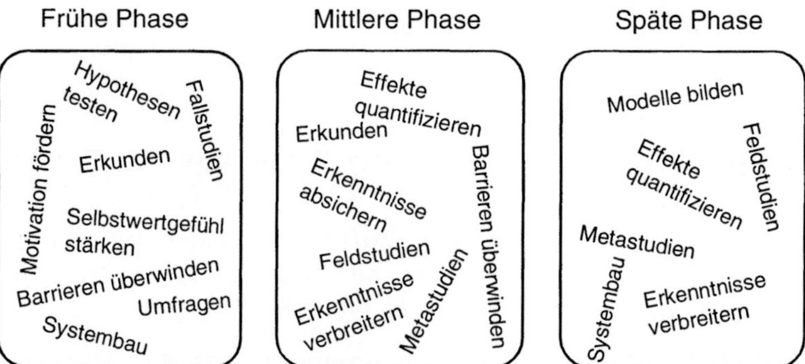

Abbildung 5.12. Typische Forschungsmethoden beziehungsweise Experimentrollen in verschiedenen zeitlichen Phasen der Erforschung eines Sachverhalts

vor allem an der stets beschränkten äußeren Gültigkeit von Experimentergebnissen. Aus diesem Grund sollte man ein Experiment nicht isoliert planen und durchführen, sondern immer als Teil eines Forschungsprogramms ansehen, das aus mehreren aufeinanderfolgenden Studien besteht, die in der Regel auch mehrere verschiedene Forschungsmethoden einsetzen. Dabei ist durchaus nicht nötig, dass alle diese Studien von denselben Forschern (oder Praktikern) durchgeführt werden. Ebenso ist es nicht notwendig (und nur selten überhaupt möglich), dass alle Studien bereits vor Beginn des Forschungsprogramms geplant werden. Man sollte sich bei der Planung eines Experiments jedoch darüber klar sein, in welcher Weise es durch andere Forschung angeregt und motiviert wird und in welcher Weise es voraussichtlich selbst weitere Forschung anregen soll. [8] und [49] geben Hinweise, nach welchen Kriterien solche Forschungsprogramme aufgebaut werden können.

■ **Experimente als Konsequenz anderer Forschung.** Normalerweise entsteht die Idee zu einem kontrollierten Experiment nicht im luftleeren Raum, sondern wird durch andere Arbeiten verursacht. Die folgenden Fälle sind dafür typisch:

- Eine neu vorgeschlagene Methode oder ein Werkzeug verlangen nach Bewertung.
- Fallstudien liefern mehrdeutige Ergebnisse, denen genauer auf den Grund gegangen werden soll.
- Feldstudien entdecken Effekte, deren Ursachen man vermutet und genauer prüfen will.
- Umfragen decken einen Wissensbedarf auf, den ein Experiment befriedigen könnte.

■ **Experimente als Anstoß anderer Forschung.** Umgekehrt sollte das Ergebnis eines guten kontrollierten Experiments auch seinerseits andere Forschung anregen. Die folgenden Richtungen kommen dafür hauptsächlich in Frage:

- Umfragen, um die äußere Gültigkeit eines Experiments zu beurteilen und die Ergebnisse zu verallgemeinern.
- Fallstudien, um vermutete Aspekte der Verallgemeinerbarkeit von Ergebnissen grob zu prüfen.
- Fallstudien, um aus dem Experiment entstandene neue Hypothesen zu untersuchen.
- Feldstudien, um einen im Experiment beobachteten Effekt unter realen Bedingungen nachzuweisen, zu studieren und gegebenenfalls zu messen.
- Änderungen an untersuchten Methoden, um im Experiment beobachtete Schwächen zu mildern.
- Entwicklung von Werkzeugen, die sich auf im Experiment gefundene Kostenfaktoren konzentrieren.
- Änderungen an der Gestaltung der Ausbildung, um im Experiment beobachtete Schwächen der Versuchspersonen zu vermindern.
- Änderungen an Softwareprozessen, um im Experiment entdeckte Verbesserungsmöglichkeiten auszunutzen.

Außerdem dienen Experimente bei der Ausbildung von Softwareingenieuren dazu, deren Wissensschatz zu vervollständigen (Experimentergebnisse) und ihre Urteilskraft gegenüber neuer Technologie zu schulen (Experimentmethodik).

5.9. Wann ist ein kontrolliertes Experiment angebracht?

Um die Gedanken dieses Kapitels noch einmal zusammenzufassen, folgt hier eine knappe Aufstellung der Fälle, in denen ein kontrolliertes Experiment die geeignete Untersuchungsmethode sein könnte.

5.9.1. Aus Forschersicht

- Vertrauenswürdiges Klären von Vermutungen.
- Identifikation der Variablen, die zum Verstehen der Softwarekonstruktion von Bedeutung sind; Ermittlung von Art und Größe ihres Einflusses (Modellbildung).
- Liefern von Anstößen für die Entwicklung oder Verbesserung von Methoden und Werkzeugen in Fällen, wo dies nützlich wäre, aber so schwierig ist, dass es ohne solchen Anstoß unterbleibt.

Das Entscheidungskriterium für oder gegen die Methode „kontrolliertes Experiment" ist hier vor allem die Frage, ob eine befriedigende Lösung des Problems auf eine andere Weise *überhaupt* möglich ist. Kostenerwägungen spielen hingegen erst in zweiter Linie eine Rolle.

5.9.2. Aus Praktikersicht

- Auswahl zwischen konkurrierenden Technologien.
- Überwinden von Widerständen bei der Einführung neuer Methoden und Techniken und Steigerung der Motivation von Softwareingenieuren.
- Absicherung von Investitionsentscheidungen für alle Änderungen am Softwareprozess.
- Messung der Leistung der eigenen Organisation zur Verbesserung der Planung.
- Messung der Größe wohlbekannter Effekte zur Verbesserung von Managemententscheidungen im Projektablauf.

Das Entscheidungskriterium für oder gegen die Methode „kontrolliertes Experiment“ ist hier vor allem die Frage, ob ein Experiment die kostengünstigste Möglichkeit ist, das gegebene Problem mit hinreichend niedrigem Risiko zu lösen.

Zu welchen Themen gab es bislang kontrollierte Experimente?

Experimente, wie die zur Untersuchung des Einflusses der Gravitation auf frei fallende Flüssigkeiten, werden von kleinen Kindern mit großer Aufmerksamkeit durchgeführt. Sie variieren subtil die Bedingungen und reduzieren äußere Einflüsse, indem sie die Versuche möglichst in sicherer Entfernung von den Eltern vornehmen.

SELMA FRAIBERG

Dieses Kapitel gibt einen groben Überblick, auf welchen Teilgebieten der Softwaretechnik bislang viele oder eben wenige kontrollierte Experimente gemacht und publiziert wurden und nennt mögliche Gründe dafür. Zwei Abschnitte skizzieren Beispiele für ein vergleichsweise besonders gut und ein definitiv besonders schlecht untersuchtes Gebiet.

Bislang wurden noch nicht sehr viele Experimente gemacht.

Wie viele kontrollierte Experimente sind denn nun bisher in der Softwaretechnik gemacht worden? Betrachtet man den Gesamtumfang der Softwaretechnik-Forschung und die wirtschaftliche Bedeutsamkeit der Softwaretechnik insgesamt, so muss man eindeutig sagen: recht wenige.

Zum Teil gibt es dafür gute Gründe, die in der Schwierigkeit und dem Aufwand angemessener Experimente liegen (siehe Abschnitt 6.1), zum Teil werden aber auch gute Gelegenheiten schlicht und einfach verschlafen, wichtige Fragen mit gar nicht einmal allzu aufwändigen Experimenten zu klären.

6.1. Die Eignung von Themen

Bei Betrachtung der Forschungsliteratur über kontrollierte Experimente fällt schnell ins Auge, dass gewisse Themen wieder und wieder auftauchen und andere durch fast völlige Abwesenheit glänzen. Bei wohlwollender Betrachtung kann man einen großen Teil dieser Unterschiede damit erklären, wie einfach oder schwierig kontrollierte Experimente für verschiedene Themen durchzuführen sind.

Für manche Fragestellungen ist jedes brauchbare Experiment recht aufwändig, z.B. Vergleich von Entwurfsmethoden.

■ **Schwierig.** Manche Themen sind nämlich zwangsläufig schlecht für kontrollierte Experimente geeignet, weil jedes interessante Experiment unvermeidlich sehr aufwändig wäre. Die Untersuchung von Entwurfsmethoden ist beispielsweise erst bei einer Problemgröße interessant, bei der man ohne gute Entwurfsmethode die Übersicht verliert. Experimente mit kleinen Entwurfsaufgaben entdecken vermutlich ganz andere Effekte als solche mit großen und sind deshalb kaum relevant. Außerdem kann man die Eigenschaften eines komplexen Entwurfs erst bei der Implementierung und nachfolgender Wartung richtig beurteilen, was den Aufwand nochmals erhöht.

Ein weiteres Beispiel: Zur Untersuchung umfassender organisatorischer Prozessverbesserungsmaßnahmen müßte man Replikation über ganze Softwareabteilungen hinweg realisieren, was ebenfalls unrealistisch ist.

In diesen Gebieten ist es bisher noch niemandem gelungen, Experimente zu bedeutsamen Fragen auf realisierbare Größenordnungen herunter zu skalieren; es müssen deshalb andere Forschungsmethoden benutzt werden.

Andere Gebiete machen es selbst *im Prinzip* schwierig, ein kontrolliertes Experiment zu realisieren: Ein Experiment zur Anforderungsbestimmung erfordert beispielsweise, dass sich die Anforderungssteller bei allen Wiederholungen gleich verhalten — es ist unklar, wie das bewerkstelligt werden kann. Auch hier müssen also entweder andere Forschungsmethoden gewählt werden oder man muss sich auf die Untersuchung enger Detailfragen beschränken, für die eine ausreichende Kontrolle der Variablen gewährleistet werden kann.

■ **Einfach.** Im Gegensatz dazu sind andere Fragestellungen besonders leicht zu bearbeiten und tatsächlich gibt es hier auch mehr Experimente.

Dies betrifft insbesondere Tätigkeiten, die sich auf das Lesen von Programmen oder anderen Dokumenten konzentrieren, denn das lässt sich besonders gut auf ein handliches Format herunter skalieren. Deshalb gibt es relativ viele Experimente zum Programmverstehen, vor allem aus den 1970er und frühen 1980er Jahren. Diese behandeln zum Teil Fragen wie die Benutzung von GOTO [85, 187, 214], die Einrückungstiefe [131], Flussdiagramme ([Flussdiagramm1/51], [Flussdiagramm2/65], [173]), mnemonische Variablennamen [187, 214] und Ähnliches, das wir heute als selbstverständlich oder als überholt ansehen würden; viele dieser Arbeiten werden zudem von Sheil wegen schlechter Methodik gescholten [186]. Andere Arbeiten über Programmverstehen sind aber trotz diverser Schwächen und Tücken durchaus beachtenswert, z.B. zu den Themen Strukturierung und Modularisierung [51, 113, 219], Verschachtelung von Bedingungsanweisungen [89] oder Dokumentation [3, 47, 118, 199]. Es gibt aus diesem Gebiet sogar ein Meta-Experiment, das die korrekte Verwendung von Lückentext-Aufgaben zum Programmverstehen untersucht [200]. Die Literaturhinweise sind nur Beispiele, die Gesamtzahl der Experimente ist höher.

Fragestellungen, die das Lesen von Programmen betreffen, lassen sich recht leicht in Experimenten untersuchen.

Die zweite Art von Arbeiten zum gut handhabbaren Problemfeld „Lesen" betrifft Begutachtungen und Inspektionen. Darüber folgt mehr in Abschnitt 6.2.

■ **Mittel.** Die meisten Forschungsgebiete haben einen Schwierigkeitsgrad und Aufwand des Experimentierens zwischen diesen beiden Extre-

Experiment 6.1: [Modularisierung] Die Wirkung verschiedener Arten der Modularisierung (Woodfield, Dunsmore und Shen [219])

Experimentfrage: Der Nutzen von Modularisierung für die Programmverständlichkeit ist unbestritten; ebenso der Nutzen von Programmkommentaren, die ein Modul erläutern. Aber sind diese Vorteile wirklich gegeben? Welche Granularität der Modularisierung ist am günstigsten? Und welche Wechselwirkung zwischen Modularisierung und Kommentierung gibt es?

Vorgehen: 48 studentische Versuchspersonen beantworten in 60 Minuten 20 Verstehensfragen zu einem Fortran-Programm zur Berechnung eines Histogramms. Es gibt acht Gruppen für vier verschiedene Arten der Modularisierung, jeweils mit oder ohne Kommentar zu Beginn jedes Moduls: Funktionale Zerlegung (8 Module, 139 Zeilen), Abstrakter-Datentyp-Zerlegung („ADT", 8 Module, 170 Zeilen), Supermodularisierung (18 Module, 192 Zeilen), keine Modularisierung (1 Modul, 111 Zeilen).

Ergebnis: Die Versionen mit Kommentaren schnitten jeweils signifikant besser ab, ausgenommen beim Programm mit gar keiner Modularisierung. Die Versionen mit ADT-Zerlegung waren besser als die übrigen drei, die nur nichtsignifikante Unterschiede untereinander aufwiesen. Die erwarteten Vorteile für funktionale Zerlegung blieben vermutlich deshalb aus, weil dort die Schnittstellen im Vergleich zu ADT relativ komplex wurden.

men. Und tatsächlich gibt es zu diesen eine zwar moderate, aber immerhin vorhandene Zahl kontrollierter Experimente, z.B. über Wartung ([Vererbung1/76], [Vererbung2/77], [Musterdoku/80], [Muster/117], [18, 76, 119, 176]), einzelne Eigenschaften von Programmiersprachen ([Typcheck/85], [74, 75, 122, 176]), Programmieren ([PSP/78], [122]), Testen und Debuggen ([Testmethoden1/96], [Testmethoden2/96], [121, 146]) und anderes.

Für diese Themen ist es zwar nicht einfach, aber jedenfalls möglich, einen Experimentaufbau zu finden, der klein genug ist, um realistisch zu sein, dabei aber nicht die bedeutsamen Aspekte der Forschungsfrage verschüttet.

Schauen wir uns einmal die Ausbeute der Experimente in zwei Beispielgebieten genauer an: Inspektionen (einem großenteils „einfachen" Gebiet) und Objektorientierung.

6.2. Viele Experimente: Inspektionen

Strukturierte Inspektionen zur Fehlersuche in Software wurden Anfang der 1970er Jahre von Michael Fagan vorgeschlagen [65], einem Ingenieur von IBM, der aus dem Hardwarebereich kam und versuchte, dortige Methoden zur Qualitätssicherung auf Software zu übertragen (siehe Notiz 6.3).

Definition 6.2: „Begutachtung, Durchsicht, Inspektion, Walkthrough"

Jeden Prozessschritt in der Softwareherstellung, bei dem mindestens eine Person ein Softwaredokument (gleich welcher Art) ausdrücklich zu dem Zweck liest, Schwächen darin aufzudecken, nennen wir Begutachtung oder auch Durchsicht (*review*), manchmal auch ausführlicher Formelle Technische Begutachtung (*formal technical review, FTR*). Bei dem Dokument kann es sich um Anforderungen, Spezifikationen, Entwurf, Programmcode, Testfälle, Dokumentation oder anderes handeln. Bei den Schwächen kann es sich um Defekte, Abweichungen von Standards und anderes handeln.

Wenn es sich um einen organisatorisch genau festgelegten Prozess handelt, an dem mehrere Personen beteiligt sind, so sprechen wir von Inspektion (siehe Notiz 6.3) oder auch von strukturierter Inspektion. In der Literatur werden alle diese Bezeichnungen für recht unterschiedliche (und verschieden genau definierte) Dinge benutzt — am stärksten beim Wort *walkthrough*, das entweder für eine Begutachtung benutzt wird, bei der der Autor die Gutachter in einer Präsentation durch das Produkt führt („to walk someone through the product", [71]), oder aber für ein Programmtesten „zu Fuss" steht, also die Ausführung von Programmcode nur mittels Kopf, Papier und Bleistift [71]. In diesem Buch sprechen wir meist nur von Inspektionen.

Einige Softwareorganisationen führten im Laufe der folgenden Jahre (und bis heute) dieses Verfahren bei sich ein, andere verwarfen das Konzept mit oder ohne eigenes Ausprobieren als zu aufwändig oder nicht nützlich. Insgesamt haben sich Inspektionen jedoch gut bewährt. Es gibt mehrere Bücher, die nur dieses eine Thema behandeln [61, 71, 77, 216]. Die meisten Anwender modifizieren Fagans Vorgehensvorschlag auf die eine oder andere Weise. Die häufigste Änderung betrifft den Zweck der Lesephase, die meist ausdrücklich zur Fehlersuche bestimmt wird und den Kern der Aktivität darstellt; das Treffen wird als nur zweitrangiges Instrument angesehen, dem aber kosteneffektiver Nutzen durch Synergieeffekte zugesprochen wird.

Im Laufe der Benutzung ergaben sich eine Reihe von Forschungsfragen und durch die Forschung selbst kamen weitere hinzu. Zu den meisten dieser Fragen wurden bereits eines oder mehrere kontrollierte Experimente durchgeführt, so dass Inspektionen vergleichsweise gut erforscht sind.

Zu Inspektionen sind schon diverse Forschungsfragen untersucht worden.

So wurden beispielsweise untersucht:

- Inspektionen zu verschiedenen Arten von Dokumenten: Anforderungsbeschreibungen ([Szenarios/95], [Perspektiven/36]), Benutzerschnittstellen [Benutzbarkeit/94], Entwürfe, Programmcode ([NAH/84], [Inspektionsteam/128], [13], [116]).
- Variationen bei Teamgrößen [Inspektionsteam/128], [13].
  Mehr Personen finden nicht unbedingt auch mehr Fehler, schon zwei Personen sind effektiv. Große Teams brauchen viele Kalendertage, bis die Inspektion abgeschlossen ist.
- Mehrfache Inspektionen [Inspektionsteam/128], [183].
  Zwei kleine Inspektionen können manchmal mehr Fehler finden als eine mit einem größeren Team.
- Verschiedene Aufgabenzuweisungen für die Vorbereitungsphase [153].
  Es machte in den Experimenten keinen Unterschied, ob die Gutachter von

Notiz 6.3: *Software-Inspektionen nach Fagan [65]*

Michael Fagan schlug zur Fehlersuche in Softwaredokumenten („Produkten“) ein organisatorisch genau festgelegtes Vorgehen vor, an dem relativ viele Personen beteiligt sind: der Autor, mehrere Gutachter, ein Leiter/Moderator und ein Schriftführer. Das Vorgehen hat mehrere Schritte: Nach der Planung zuerst ein Einführungstreffen, auf dem der Autor das Produkt erläutert; dann die Lesephase, während derer sich die Gutachter mit dem Produkt vertraut machen (aber nicht unbedingt nach Fehlern suchen!); dann das Treffen, bei dem die eigentliche Fehlersuche stattfindet, indem Gutachter und Autor unter Leitung des Moderators miteinander diskutieren und der Schriftführer die entdeckten Probleme protokolliert; als Viertes die Reparaturphase, in der der Autor die Probleme beseitigt, und schließlich eine Kontrolle durch den Moderator.

Experiment 6.4: *[Benutzbarkeit] Perspektivenbasierte Benutzbarkeitsinspektion (Zhang, Basili und Shneiderman [222])*

Experimentfrage: Es gibt zahlreiche Verfahrensvorschläge für die Inspektion von Benutzerschnittstellen. Leider sind sie alle nicht sehr effektiv. Eignet sich perspektivenbasierte Inspektion (siehe [Perspektiven/36]) auch zur Entdeckung von Problemen in der Benutzbarkeit?

Vorgehen: 24 Profis mit unterschiedlichem Ausbildungshintergrund inspizierten je zwei alternative WWW-basierte Schnittstellen für ein Datensammlungsformular und benutzten entweder beide Male heuristische Inspektion (HI, gegeben eine Prüfliste aus 9 etablierten Benutzbarkeitsprinzipien) oder beide Male perspektivenbasierte Inspektion (PBI, gegeben eine Perspektive und eine dazu spezifische Prüfliste und Vorgehensweise). Drei Perspektiven wurden (von verschiedenen Personen) benutzt: Benutzung durch Anfänger, Benutzung durch Experten, Fehlerbehandlung.

Ergebnis: Schon die Zahl entdeckter Probleme für jeden einzelnen Gutachter war für PBI höher, wenn auch meist nicht signifikant. Die kombinierte Zahl entdeckter Probleme für Dreierteams (bei PBI natürlich mit 3 verschiedenen Perspektiven) war mit PBI bei beiden Schnittstellen um etwa 30% höher als mit HI.

Folgerung: PBI ist also eine effektive Basis zur Begutachtung von Benutzbarkeit.

Experiment 6.5: *[Treffen2] Lohnt sich für Codeinspektionen ein Treffen? (Johnson und Tjahjono [103, 104, 153, 202])*

Experimentfrage: Dieses Experiment untersucht die gleiche Frage wie [Treffen1/63], untersucht jedoch zusätzlich den Aufwand für die Durchführung der Inspektionen.

Vorgehen: 24 Dreierteams von Studierenden inspizierten je zwei Teile von Programmen, deren Anwendungsbereich sie gut kannten (in C oder C++). Alle Teams benutzten ein Groupware-Werkzeug namens CSRS. In der Experimentgruppe trugen die Mitglieder jedes Dreierteams ihre Fehler asynchron zusammen (also ohne ein Treffen und ohne Zugriff auf die Ergebnisse der anderen), in der Versuchsgruppe benutzten sie stattdessen einen synchronen Konferenzmodus von CSRS (also ein Tele-Treffen).

Ergebnis: Die Zahl entdeckter Defekte war in der Experimentgruppe leicht (um 9%, aber nicht signifikant) höher; der Gesamtzeitaufwand war signifikant höher (um ca. 15%), die Zahl falsch positiver Defektmeldungen dafür signifikant niedriger (um ca. 41%).

Folgerung: Wenn das Aussortieren der nur vermeintlichen Defekte nicht allzu lange dauert, ist das Treffen also nicht nur unnötig, sondern kostet auch tatsächlich mehr Zeit.

***Experiment 6.6:** [Szenarios] Szenariobasierte Inspektion von Anforderungsbeschreibungen (Porter, Votta und Basili [156, 157])*

Experimentfrage: Szenarios sind der Versuch, die Ideen von Parnas' und Weiss' „active design reviews“ [148] auf Anforderungsdokumente anzuwenden: Damit die Inspektion effektiv ist, sollte nicht jeder Gutachter alles prüfen, sondern jeder sich auf andere, eng abgegrenzte Aspekte konzentrieren. Außerdem sollte eine Prozedur für die Defektsuche (Szenario) vorgegeben sein.

Vorgehen: Im Experiment begutachteten 48 fortgeschrittene Studierende je zwei verschiedene Anforderungsbeschreibungen (24 bzw. 31 Seiten Länge, Tabellennotation) mit einer Zeitbeschränkung von 2 Stunden. Die Teilnehmer in Gruppe A benutzten Ad-hoc-Inspektionsverfahren, in Gruppe C eine Checkliste und in Gruppe S je eines von drei Szenarios (Datentypinkonsistenz, falsche Funktionalität, mehrdeutige/fehlende Funktionalität).

Ergebnis: Die entdeckten Fehlerzahlen der Dreierteams aus den Gruppen A und C waren ungefähr gleich, aus Gruppe S jedoch um etwa die Hälfte höher. Das Inspektionstreffen brachte keine Verbesserung der Fehlererkennung: Es wurden etwa genauso viele zuvor gefundene Fehler beim Zusammentragen wieder verschüttet, wie neue Fehler entdeckt wurden.

Wiederholung: Fusaro, Lanubile und Visaggio haben das Experiment in gleicher Form wiederholt [72]. Sie konnten keine Überlegenheit von Szenarios nachweisen, erklären das jedoch damit, dass ihre (weniger erfahrenen) Versuchspersonen durch die Zeitbeschränkung überfordert waren und Gruppe S benachteiligt ist, weil Szenarios im Trainingsteil des Experiments gar nicht benutzt werden. Eine Wiederholung mit diversen Veränderungen (insbesondere ohne Zeitbeschränkung und ohne Gruppe A) führten Miller, Wood und Roper durch [136]. Sie konnten die Ergebnisse des ursprünglichen Experiments bestätigen, der Effekt war jedoch schwächer. Zusätzlich stellen sie fest, dass die Versuchspersonen subjektiv Szenarios bevorzugten und dass die Anzahl im Treffen verschütteter Fehler zunahm, wenn die Gruppe stark unterschiedlich erfolgreiche Gutachter enthielt. Porter und Votta wiederholten das Experiment mit 18 Profis [157]. Der Versuch ergab, dass das Hinzufügen der sechs professionellen Teams zur Analyse ihres Originalexperiments die Ergebnisse nicht veränderte. Die Autoren schlossen, dass qualifizierte Studierende als Versuchspersonen in vielen Fällen ausreichend sind. Die absolute Leistung der Profis war sogar geringer als die der Studierenden!

***Experiment 6.7:** [Testmethoden1] Vergleich von Funktionstest, Strukturtest und Inspektion (Basili und Selby [7])*

Experimentfrage: Deckt Funktionstesten (*black box test*) mehr Probleme auf als Strukturtesten (*white box test*) mit 100% Anweisungsabdeckung? Und wie gut ist im Vergleich zu beiden eine Inspektion mit dem Verfahren der schrittweisen Abstraktion (Rückwärtsherleiten der Spezifikation aus dem Programmcode und Vergleichen mit der wirklichen Spezifikation)?

Vorgehen: 42 Studierende untersuchten unkommentierte Programme von 145 bis 383 Zeilen Länge mit 6 bis 12 Defekten darin.

Ergebnis: Strukturtesten war in der Zahl entdeckter Fehler den beiden anderen Methoden tendenziell unterlegen. Mit allen 3 Methoden wurden typischerweise etwa die Hälfte aller Fehler entdeckt und alle benötigten ähnlich viel Zeit. Inspektion und Funktionstesten waren ähnlich effektiv; allerdings entdeckt die Inspektion direkt den Defekt selbst, während Testen nur ein Versagen feststellt und der zugehörige Defekt erst noch durch Debugging lokalisiert werden muss.

Wiederholung: Die Autoren wiederholten ihr Experiment mit 32 Profis und gleichwertigen Fortran-Programmen. Die Inspektion fand hier signifikant mehr Fehler (und auch mehr pro Stunde) als die anderen Techniken, obwohl diese Versuchspersonen hauptsächlich im Funktionstesten Erfahrung hatten. Ansonsten waren die Ergebnisse ähnlich; auch die Profis entdeckten etwa die Hälfte aller Defekte.

***Experiment 6.8:** [Testmethoden2] Vergleich von Funktionstest, Strukturtest und Inspektion (Kamsties und Lott [106, 107, 121])*

Experimentfrage: Dies ist ein gegenüber [Testmethoden1/96] verfeinertes Experiment zur gleichen Fragestellung.

Vorgehen: 50 Studierende untersuchen jeder 3 C-Programme (von ca. 300 Zeilen) mit den 3 Methoden. Der Versuchsaufbau erzwang ein streng in Phasen unterteiltes Vorgehen: 1. Testfälle schreiben bzw. Spezifikation rekonstruieren; 2. Testfälle ausführen (bzw. nichts tun); 3. Testergebnisse oder rekonstruierte Spezifikation mit der Spezifikation vergleichen; 4. zu Abweichungen gehörige Defekte im Programm lokalisieren. Durch diesen Aufbau wird erstens die Einhaltung der Methoden sichergestellt und zweitens können Teile der Methoden separat verglichen werden.

Ergebnis: Wie bei [Testmethoden1/96] wurden etwa die Hälfte aller Defekte gefunden; die Zahl war zwischen den drei Methoden nicht signifikant verschieden. Die Inspektion war bei der Lokalisierung weitaus am schnellsten, für den Gesamtprozess war aber Funktionstesten dennoch schneller.

Folgerung: Strukturtesten scheint also für gut spezifizierte Software kein sehr effektives Verfahren zu sein.

Anforderungsbeschreibungen schon in der Vorbereitungsphase nach Fehlern suchten oder erst im Treffen.

- Inspektionen ohne Treffen [Treffen1/63], [Treffen2/94].
  Der Anteil der erst während des Treffens gefundenen Fehler variiert zwischen verschiedenen Experimenten. Der behauptete Nutzen des Treffens ist also zumindest in dieser Hinsicht zweifelhaft. [153] fand für Inspektionen von Anforderungsbeschreibungen eine Verbesserung, wenn die für ein Treffen benötigte Zeit stattdessen in eine zweite Fehlersuche der Einzelpersonen investiert wurde.
- Inspektionen mit Unterstützung durch ein Werkzeug [Treffen1/63], [Treffen2/94], [153].
  Geeignete Werkzeugunterstützung verringert den Aufwand, vermindert aber nicht die Effektivität.
- Unterschiedliche Techniken für die Defektentdeckung: Checklisten [Szenarios/95], Szenarios [Szenarios/95], perspektivenbasiertes Lesen ([Perspektiven/36], [116]), schrittweise Abstraktion ([Testmethoden1/96], [Testmethoden2/96]).
  Stärker strukturierte Methoden wie Szenarios oder Perspektiven sind adhoc-Inspektionen oder Methoden mit Checklisten hinsichtlich Effektivität überlegen.
- Direkter Vergleich von Inspektion und Test [Testmethoden1/96], [Testmethoden2/96], [NAH/84], [64], [115], [140].
  Codeinspektion entdeckt mal mehr und mal weniger Fehler in derselben Zeit verglichen mit Test, lokalisiert sie aber dann schneller.

Das Wissen wird durch Ergebnisse von Feldstudien ergänzt.

Dennoch sind viele wichtige Fragen noch offen.

Das Wissen aus diesen Experimenten wird ergänzt durch die Ergebnisse zahlreicher Feldstudien; siehe z.B. [155] oder die annotierte Bibliographie in [61, 216] für einen Überblick. Natürlich gibt es im Wissen über Inspektionen trotzdem noch große Lücken. Zum Beispiel ist längst nicht allgemein klar, wie groß der oft für Inspektionen beobachtete Nebennutzen ist: Gutachter lernen mehr vom Gesamtprodukt kennen, Gutachter schauen sich gute Praktiken von Kollegen ab, das Produkt wird auch in „weichen" Aspekten wie Kommentaren/Erläuterung, Namensgebung und Einhaltung von Standards verbessert, Autoren vermeiden künftig Fehler leichter etc. Diese Fragen lassen sich mit kontrollierten Experimenten (und auch mit weniger stringenten Forschungsmethoden) nur schwer untersuchen, weil die zuverlässige Messung dieser Effekte kaum möglich ist.

Es ist zu beachten, dass die äußere Gültigkeit der Experimente nicht unbegrenzt hoch ist: Änderungen in den Randbedingungen verlangen nach weiteren Experimenten. Manche dieser Änderungen betreffen Wechsel im Anwendungsbereich der Software, in den Zuverlässigkeitsanforderungen oder in den benutzen Entwicklungsmethoden, andere kommen einfach durch den Ablauf der Jahre zustande; beispielsweise ist die früher wichtige Kontrolle auf Vermischungen von Datentypen bei Codeinspektionen heute unwichtig, weil die Übersetzer moderner Programmiersprachen diese Prüfung erledigen, andererseits finden Inspektionen durch den hohen Termindruck heute unter engeren Zeitvorgaben als früher statt.

Wegen dieser Variationen ist die Erforschung von Inspektionen auch in den schon mehrmals untersuchten Aspekten keineswegs abgeschlossen. Dennoch haben kontrollierte Experimente zu diesem Thema bereits eine erhebliche Menge von Wissen erbracht.

6.3. Wenige Experimente: Objektorientierung

Über Objektorientierung haben nur sehr wenige Experimente stattgefunden, obwohl das Thema so wichtig ist.

Sehr traurig sieht dagegen die Situation bei der systematischen Erforschung der Objektorientierung aus. Das ist an sich erstaunlich: Das Thema hat enorme praktische Bedeutung; eine große Breite; es gab (und gibt) eine überzogene Begeisterung vieler Befürworter und auffällige Widersprüche zwischen Erfolgsberichten [11, 37] einerseits und Problemen [37, 126], Fehlschlägen [37, 117] und Kritik [60, 208, 217] andererseits. Meyer [130, S.809f] führt beispielsweise süffisant vor, wie selbst der Autor eines angesehenen Softwaretechnik-Lehrbuchs ausgerechnet in seinem Einführungsbeispiel einen katastrophalen

Definition 6.9: „Objektorientierung"

Objektorientierung bezeichnet den Ansatz, sowohl beim Entwurf als auch bei der Implementierung von Software die Definition von Objektarten (Klassen) und Objekten (Instanzen) zum Mittelpunkt der Betrachtung zu machen, wobei die Objektarten in einer oder mehreren Spezialisierungshierarchien angeordnet werden. Bei Analyse und Entwurf sind typisch für diesen Ansatz: die Interpretation von Begriffen als Klassen, von Ereignissen/Vorgängen als Methoden und von Einzelobjekten als Instanzen. Bei der Programmierung ergeben sich als Hauptmerkmale erstens die Modularisierung auf Basis abstrakter Datentypen (Klassen), zweitens die Vererbung von Methoden und Attributen in einer Klassenhierarchie und drittens die Möglichkeit der Polymorphie über eine Teilhierarchie von Unterklassen.

***Notiz 6.10:** Der Begriff „Objektorientierung"*

Im Gegensatz zu der oben angegebenen Definition 6.9 von Objektorientierung wird das Wort in der Praxis häufig in einer sehr viel breiteren und vageren Bedeutung benutzt. Dann bezieht es sich zusätzlich auf eine Sammlung von Praktiken bei der Softwareentwicklung, die durchaus nicht nur zusammen mit der eigentlichen Objektorientierung eingesetzt werden oder werden können, in diesem Kontext aber gebräuchlicher sind als anderswo. Beispiele für solche Praktiken sind die Benutzung einer definierten Vorgehensweise bei Analyse und Entwurf, graphische Notationen für den Feinentwurf, der Bau von Prototypen und andere.

Fehler bei der Mehrfachvererbung macht. Es gibt einige (ebenfalls wenige) empirische Arbeiten mit qualitativem Ansatz, die versuchen, solche Fehlleistungen zu erklären [37, 52, 55, 60, 149]. Offensichtlich gibt es bei der Objektorientierung also interessante Tücken, die es zu entdecken, zu charakterisieren und zu quantifizieren gilt — wozu sich kontrollierte Experimente gut eignen. Trotzdem wurden nur wenige kontrollierte Experimente durchgeführt.

Vererbungstiefe

Daly Brooks, Miller, Roper und Wood machten eine Reihe von Experimenten, in denen sie den Zeitbedarf zum Erweitern von Programmen mit Vererbung (aber ohne Polymorphie) mit dem bei gleichwertigen Programmen ohne Vererbung verglichen [Vererbung1/76]. Teile dieser Experimente wurden unabhängig voneinander von Cartwright [33] und von Harrison, Counsell und Nithi [88] wiederholt, wo sie beide Male zu gegensätzlichen Ergebnissen führten. Prechelt, Unger, Philippsen und Tichy [Vererbung2/77] machten zur gleichen Fragestellung in Art und Umfang erweiterte Experimente, deren Ergebnisse

***Notiz 6.11:** Entwicklung der Objektorientierung*

Ihre erste praktische Verwendung fand das Konzept der Objektorientierung in der Programmiersprache Simula-67 [48], die in akademischen Kreisen sehr geschätzt und auch früh in der Lehre eingesetzt wurde, ansonsten aber nicht viel Verbreitung fand. Die Verbreitung nahm zu, als mit der Sprache Smalltalk-80 [81] eine flexible, leistungsfähige und zugleich relativ problemlose Implementierungsplattform verfügbar wurde. Die große Welle begann Ende der 1980er Jahre mit dem aufkommen der Sprache C++, die durch ihre Einschließung von C als Untermenge ein großes Potenzial von Einsatzmöglichkeiten schnell realisieren konnte.

Die Auguren der Objektorientierung äußern sich zwar zu deren Vorteilen meist sehr moderat (z.B. Bjarne Stroustrup im Vorwort zu [196, 197]: „ C++ ist eine allgemein verwendbare Programmiersprache, bei deren Entwurf das Ziel verfolgt wurde, ernsthaften Programmierern die Programmierung möglichst angenehm zu gestalten."), aber das hinderte die „Softwareszene" im Ganzen nicht daran, eine Art kollektiver Hysterie zu entwickeln und der Objektorientierung geradezu Wunderdinge nachzusagen.

Im Laufe des folgenden Jahrzehnts griffen nach und nach sehr viele Firmen die Objektorientierung auf. Manche machten es gut und richtig und konnten tatsächlich von Erfolgen berichten [11]. Viele unterschätzten jedoch die Gefahren, die die gelobten neuen Möglichkeiten der Vererbung und Polymorphie mit sich bringen, oder bildeten ihre Softwareleute unzureichend aus und erlebten Fehlschläge oder gar Desaster [117], [37, Kap. 2]. Der Lernprozess, wie man die Objektorientierung richtig einsetzt, ist immer noch im Gange. Kontrollierte Experimente hätten viele der Probleme früh anschaulich machen können, wurden jedoch kaum durchgeführt. Auch andere Arten empirischer Belege sind rar, wie diverse Kritiker beklagen, z.B. [22, 46, 53, 105, 130].

mit [33] und [88] zusammenpassen, denen von [Vererbung1/76] aber ebenfalls widersprechen. [Vererbung2/77] bietet zusätzlich ein gemeinsames quantitatives Erklärungsmodell.

Wartbarkeit von Entwürfen

Briand, Bunse, Daly und Differding untersuchten in zwei Experimenten die Wartbarkeit von Entwurfsdokumenten und verglichen zum einen funktional strukturierte Entwurfsdokumente mit objektorientierten (in [Entwurfswartung/100]) und zum anderen „gute" Entwürfe mit „schlechten" (in [Entwurfswartung/100] und [OO-Entwurfswartung/101]).

Vergleich von Vorgehensmethoden

Houdak, Ernst und Schwinn [94] verglichen erst die Analyse/Modellierung (mit 12 studentischen Versuchspersonen in 6 Zweierteams) und dann Entwurf und Implementierung (mit 3 Einzelpersonen) für Echtzeitsysteme zwischen der funktionalen Methode SA/RT und der objektorientierten Methode Octopus. Sie fanden keine signifikanten Unterschiede, weder beim Aufwand noch bei der Qualität.

Experiment 6.12: *[Entwurfswartung] Die Wartbarkeit objektorientierter versus funktional strukturierter Entwurfsdokumente (Briand, Bunse, Daly und Differding [26, 27])*

Experimentfrage: Zu den behaupteten Vorteilen der Objektorientierung gehört die angeblich bessere Wartbarkeit und Erweiterbarkeit sowohl des Codes als auch der Entwürfe. Gibt es einen solchen Vorteil tatsächlich?

Vorgehen: 13 Studierende bearbeiteten jeder ein objektorientiertes Programm und ein vergleichbares, funktional strukturiertes; beide entsprachen guten Entwurfspraktiken. Ein zweites Programmpaar mit schlechten Entwurfspraktiken wurde ebenfalls untersucht, so dass pro Programm 6 oder 7 Datenpunkte gemessen wurden. Die Programme waren durch eine Anforderungsbeschreibung und ein Entwurfsdokument gegeben. Die Aufgaben bestanden aus der Beantwortung von Verständnisfragen und einer Auswirkungsbestimmung (*impact analysis*) für zwei Systemänderungen: Wo müssen die Entwurfsdokumente geändert werden? Die Aufgaben waren sorgfältig auf gleichen Aufwand für beide Programme jedes Paars hin balanciert.

Ergebnis: Das Programmpaar mit guten Entwurfspraktiken zeigte tendenzielle, aber nicht statistisch signifikante Vorteile für den objektorientierten Entwurf. Das Programmpaar mit schlechten Entwurfspraktiken zeigte für die Auswirkungsbestimmung fast keine Unterschiede, für die Verständnisfragen hingegen einen signifikanten Vorteil für das funktional strukturierte Programm.

Folgerung: Das Experiment leidet also an seiner geringen Gruppengröße, aber jedenfalls sind die oft behaupteten Vorteile der Objektorientierung für diese (nicht sehr erfahrenen) Versuchspersonen geringer als erhofft und bei schlechten Entwürfen gar nicht vorhanden.

Aspektorientiertes Programmieren

Ein Experiment von Walker, Baniassad und Murphy untersuchte eine aspektorientierte Sprache, die Synchronisation und Verteilung in separaten Modulen auszudrücken gestattet, und verglich sie mit einer herkömmlichen objektorientierten Sprache [Aspekt/75].

Weitere kontrollierte Experimente zur Objektorientierung sind mir nicht bekannt; alle übrigen empirischen Aussagen in diesem Bereich stützen sich auf kleine Fallstudien, Feldstudien mit geringer Kontrolle, Umfragen oder anekdotische Berichte und ermöglichen deshalb nur vergleichsweise unscharfe Aussagen. [22] gibt einen Überblick über einige dieser Quellen.

It is common for researchers to analyze a new concept,
conclude that the concept is worthwhile,
and urge adoption of the concept in industry.
But nowhere in their analyze-conclude-urge sequence
do they evaluate the concept in a realistic setting.
ROBERT L. GLASS

Experiment 6.13: *[OO-Entwurfswartung] Die Wartbarkeit „guter" versus „nicht guter" objektorientierter Entwurfsdokumente (Briand, Bunse und Daly [24–26])*

Experimentfrage: Coad und Yourdon [35] (und ähnlich auch andere Autoren) geben Stilregeln für objektorientierte Entwürfe vor, deren Einhaltung Fehler vermeiden und die Wartbarkeit der Entwürfe verbessern soll: Hohe Kohäsion, geringe Kopplung, klare Terminologie, klare Aufgabenzuweisung mit kleinen Klassen, Vererbung nur für „ist-ein"-Relationen etc. Sind diese Regeln tatsächlich wirksam? Ist ihre Einhaltung wichtig?

Vorgehen: Bei [Entwurfswartung/100] wurde auch ein direkter Vergleich des guten objektorientierten mit dem schlechten objektorientierten Programm durchgeführt. In [24, 25] wurde ein solcher Vergleich in verfeinerter Form und mit mehr Versuchspersonen wiederholt und ergab keine Widersprüche zu [Entwurfswartung/100].

Ergebnis: Die Ergebnisse beider Experimente zeigen, dass sich die Verständlichkeit und die Änderbarkeit der Entwurfsdokumente stark verschlechtern, wenn die Stilregeln nicht eingehalten sind. Für die funktional strukturierten Entwurfsdokumente hatte [26] eine nur geringe Verschlechterung durch schlechte Entwurfspraktiken gefunden.

Teil II

Die Methodik kontrollierter Experimente

Teeth extracted by the latest Methodists
TÜRSCHILD EINER TÜRKISCHEN ZAHNARZTPRAXIS

Dieser Teil gibt eine praktische Anleitung für die Planung, Durchführung und Auswertung von Experimenten. Der Schwerpunkt liegt auf Aspekten, die spezifisch für die Softwaretechnik sind und große Auswirkung auf den Erfolg eines Experimentes haben — was sich gut und ausführlich in Lehrbüchern aus anderen Disziplinen wie Medizin oder Psychologie nachlesen lässt, wird allenfalls knapp angerissen.

Nach einer Einführung, die vor allem die Besonderheiten softwaretechnischer Experimente vorstellt (Kapitel 7), werden die folgenden Themen behandelt: Auswahl und Eignung von Versuchspersonen (Kapitel 8), Experimententwurf (Kapitel 9), abhängige Variablen und ihre Messung (Kapitel 10), Auswahl von konkreten Arbeitsaufträgen (Kapitel 11), Implementierung und Durchführung von Experimenten (Kapitel 12), Auswertung der Daten (Kapitel 13) und schließlich Dokumentation der Ergebnisse (Kapitel 14). Kapitel 9 und 13 bilden die Kernstücke, an die sich die übrigen Themen anlehnen.

Die Kapitel enthalten folgende Information:

- Nennung der beachtenswertesten Aspekte
- Liste der größten Gefahren, die ein Experiment bedrohen
- Kriterien zur Auswahl unter Entwurfsalternativen
- Praktische Tipps

Allgemeines zur Methodik ■ 7 ■

Ich gebe keine Richtlinien,
ich gebe Atmosphäre.
THEODOR HEUSS

Dieses Kapitel führt in den zweiten Teil des Buches ein. Es beschreibt als erstes die Randbedingungen, unter denen kontrollierte Experimente üblicherweise stattfinden (wenn überhaupt) und die das Experimentieren so schwierig machen. Danach folgen ein paar allgemeine Daumenregeln als Orientierungshilfen dafür, was in der Experimentiermethodik wichtig ist, und eine Beschreibung, worin das wichtigste Problem besteht.

7.1. Typische Randbedingungen

Betrachtet man, welches Wissen und welche Fähigkeiten eines Experimentators für den Erfolg eines kontrollierten Experiments in der Softwaretechnik am wichtigsten sind, so stellt man fest, dass theoretisches Wissen über Experimententwurf, Bedrohungen der Gültigkeit, Statistik und ähnliche Themen nur einen kleinen Teil ausmacht. Das „weiche“ Wissen, das ein taktisch kluges Verhalten ermöglicht und zu den richtigen Entscheidungen über Detailaspekte führt, ist weitaus bedeutsamer.

Diese Tatsache wird in den nachfolgenden Kapiteln belegt und an Beispielen illustriert. Ihre Ursache liegt in den überaus schwierigen Randbedingungen, unter denen softwaretechnische Experimente stattfinden müssen. Hier seien die wichtigsten kurz erläutert:

Versuchspersonen sind teuer. Aufgaben sind umfangreich.

■ **Kosten und Umfang.** Die Versuchspersonen sind hoch qualifiziert und ökonomisch sehr gefragt. Deshalb ist ihre Mitwirkung teuer, so dass der Umfang der bearbeiteten Aufgaben nur klein sein kann. Zugleich sind die Tätigkeiten, die man eigentlich gerne untersuchen möchte, zumeist inhärent langwierig und umfangreich.

Geeignete Versuchspersonen sind knapp.

■ **Verfügbarkeit geeigneter Versuchspersonen.** Die meisten Experimente setzen recht spezifische Kenntnisse voraus. Solche Kenntnisse eigens für das Experiment zu vermitteln ist in vielen Fällen unrealistisch oder sogar unmöglich. Als Folge ist eine vollständig zufällige Zuweisung der Personen in die Gruppen oft nicht praktikabel oder es kommen selbst innerhalb einer softwaretechnisch gebildeten Gruppe von Personen nur wenige als Versuchspersonen in Frage, was die Versorgung mit Versuchspersonen nochmals erschwert.

Geeignete Aufgaben sind schwierig zu finden.

■ **Verfügbarkeit geeigneter Aufgaben.** Es ist schwierig, Arbeitsaufträge (Aufgaben) zu finden, die zum Experimentziel, der Qualifikation der Versuchspersonen und dem möglichen Arbeitsumfang passen, dabei aber nicht einen unrealistischen Herstellungs- oder Aufbereitungsaufwand von Seiten der Experimentatoren verlangen oder die Auswertung des Experiments untragbar kompliziert machen. Schlimmer noch: In vielen Fällen ist sogar unklar, wie die relevanten abhängigen Variablen *überhaupt* gemessen werden können oder wie die eigentlich gewünschte unabhängige Variable *überhaupt* separat manipuliert werden kann.

Eine geeignete Arbeitsumgebung ist schwierig bereitzustellen.

■ **Technische Durchführung.** Es ist schwierig und aufwändig, den Versuchspersonen eine Arbeitsumgebung zu bieten, die einerseits geeignet (und gewohnt) ist und andererseits zugleich die korrekte Messung der abhängigen Variablen und die zuverlässige Kontrolle der unabhängigen Variablen erlaubt. Die problematischsten Aspekte sind die Isolation von äußeren Einflüssen und die technische Infrastruktur (Hardware/Software).

7.2. Auswahlkriterien für Entwurfsalternativen

Angesichts dieser Randbedingungen wird klar, dass das Ziel von Experimentatoren in der Softwaretechnik realistischerweise nicht lauten sollte, unbedingt ein perfektes Experiment durchzuführen, sondern eher eines, das überhaupt brauchbar und zugleich relevant ist.

Die Prioritätenliste bei der Auswahl aus denkbaren Entwurfsalternativen sieht deshalb etwa folgendermaßen aus:

Prioritätenfolge: billig, praktikabel, sicher, aussagekräftig.

1. Bringe die Kosten des Experiments (also vor allem Zahl und Zeitaufwand der Versuchspersonen) in einen realisierbaren Bereich.
2. Wähle Aufgabe und Aufbau so, dass das Experiment überhaupt praktikabel wird.
3. Minimiere die Chancen, dass das Experiment komplett fehlschlägt, sei es durch Überforderung oder Unterforderung der Versuchspersonen oder durch die Wahl einer Aufgabe, die im Hinblick auf die untersuchte Variable gar keinen Effekt zeigen kann.
4. Maximiere die Zahl erhaltener Datenpunkte der abhängigen Variablen.
5. Minimiere zu erwartende Nebeneffekte, die die Aussage des Experiments beeinträchtigen könnten.
6. Maximiere die Zahl anderer vielleicht relevanter Beobachtungen (qualitative oder quantitative), um den möglichen Nebennutzen des Experiments zu steigern.

7.3. Die Essenz: Skalierung

Diese Überlegungen lassen sich auf folgende Aussage zuspitzen: Die Kunst erfolgreicher kontrollierter Experimente in der Softwaretechnik besteht vor allem darin, einen geeigneten Aufbau zur Untersuchung der gewünschten Fragestellung so weit herunter zu skalieren, dass das Experiment praktikabel wird, ohne jedoch dabei die innere und äußere Gültigkeit zu sehr zu beeinträchtigen oder den zu beobachtenden Effekt zu verdecken.

Kürzer ausgedrückt: Die Kunst besteht darin, ein Experiment klein zu machen, ohne es kaputt zu machen.

Ein Experiment soll klein sein, aber noch tauglich.

Eine Methodik sollte also vor allem zeigen, wie man innerhalb der gegebenen Randbedingungen das nötige Mindestmaß an Aussage, nämlich ein gültiges Ergebnis zu einer relevanten Fragestellung, erhält, während man versucht, die Kosten so niedrig wie möglich zu halten.

7.4. Aufbau der nachfolgenden Kapitel

Die folgenden Kapitel enthalten für jeden Teilbereich der Experimentmethodik die folgende Information:

- Welche Aspekte sind besonders beachtenswert? Insbesondere: Wo liegen die größten Gefahren, die ein Experiment bedrohen?
- Wie wähle ich sinnvoll unter Entwurfsalternativen aus?
- Welche praktischen Tipps sollte ich beachten?

Leider bietet sich kein einheitlicher Aufbau jedes Kapitels an, deshalb ist die Organisation der Unterabschnitte jeweils dem Einzelfall angepasst. Die einzelnen Punkte werden durch reale Beispiele belegt oder illustriert. Dabei werden immer wieder die gleichen Experimente als Beispiele herangezogen (die überwiegend schon im ersten Teil angeführt wurden), so dass man zunehmend mit ihnen vertraut wird und zugleich den Facettenreichtum von Experimenten kennen lernt.

Versuchspersonen 

Wir müssen uns endlich abgewöhnen, an das Genie zu glauben.
Das Qualitätsmaß ist eine Pyramide.
Wir müssen uns daran gewöhnen, dass wir in allen Ebenen,
bei den Chirurgen, den Rechtsanwälten, Universitätslehrern
oder wo immer, froh sein müssen,
wenn wir gutes Mittelmaß haben.
THEODOR ESCHENBACH

Das erste Thema der Experimentmethodik sind die Versuchspersonen: Welche Rolle spielt unterschiedliche fachliche Kompetenz? Warum und inwieweit sollten die Versuchspersonen einigermaßen gleich kompetent sein? Was wird schwieriger, wenn das Experiment mit Teams statt Einzelpersonen arbeitet? Wie sorgt man für ausreichende Motivation?

8.1. Kompetenz

Einer der häufigsten und am schärfsten betonten Kritikpunkte an kontrollierten Experimenten ist die Tatsache, dass die Versuchspersonen in den meisten Fällen Studierende sind. Manche Kritiker verwerfen solche Experimente sofort und behaupten, dass die Ergebnisse von vornherein nicht auf „wirkliche" Softwareentwicklung übertragbar sind. Diese Behauptung ist manchmal korrekt, meist jedoch weit überzogen.

Der Kritik sind vor allem zwei Argumente entgegenzuhalten: Erstens ist der Unterschied zwischen (fortgeschrittenen) Studierenden und Profis meist gar nicht groß und zweitens ist er in vielen Fällen ohnehin kaum relevant.

Fortgeschrittene Studierende sind Profis recht ähnlich.

■ **Unterschiede zwischen Studierenden und Profis.** In vielen Fällen ist der Unterschied zwischen Studierenden und Profis gar nicht besonders groß; siehe zum Beispiel [Testmethoden1/96] und [Szenarios/95]. Das ist auch kaum überraschend, denn zumindest, wenn es sich um Studierende höherer Semester handelt, sind das ja die gleichen Leute, die nur kurze Zeit später selbst in die Kategorie „Profi" fallen werden. Außerdem ist wegen des starken Wachstums der Softwarebranche die mittlere Berufserfahrung der Profis in den meisten Bereichen technologisch fortschrittlicher Softwareentwicklung recht kurz.

Mehr noch: Schon seit längerer Zeit ist die Nachfrage nach Informatikern so groß, dass die Hochschulen sie nicht befriedigen können und die Unternehmen deshalb zusätzlich viele fachfremde Akademiker für softwaretechnische Aufgaben einstellen, z.B. Chemiker und Biologen. Diese beginnen in den meisten Fällen auf einem deutlich niedrigeren Qualifikationsniveau als Informatikstudierende es haben und brauchen mindestens einige Jahre als Profis, um diese Lücke zu schließen.

Erfahrung ist wenig maßgeblich für Leistung.

Außerdem zeigen die Daten zahlreicher kontrollierter Experimente und auch anderer Studien [193, 194], dass, abgesehen von Anfängern, die Länge der Programmiererfahrung nur wenig Rückschlüsse auf die Kompetenz eines Softwareingenieurs zulässt. Ein typisches Beispiel ist in Abbildung 8.1 zu sehen: Die Korrelation von Zeitbedarf im Experiment und Länge der Programmiererfahrung beträgt bei [PSP/78] nur -0,06.

Es kann sogar passieren, dass Profis eher weniger geeignet für ein Experiment sind als Studierende, nämlich dann, wenn die Profis hochspezialisiert sind und das Experiment dieser Spezialisierung nicht entspricht.

Nicht absolute Leistung ist entscheidend, sondern relative Leistung der Gruppen.

■ **Relevanz von Unterschieden in der Kompetenz.** Fast noch wichtiger ist die Frage, ob Kompetenzunterschiede zwischen verschiedenen Populationen denkbarer Versuchspersonen überhaupt wichtig sind. Schließlich kommt es ja bei einem kontrollierten Experiment nicht vorrangig auf die absolute Leistung der Teilnehmer an, sondern auf die Veränderung der Leistung bei Änderung der unabhängigen Variablen.

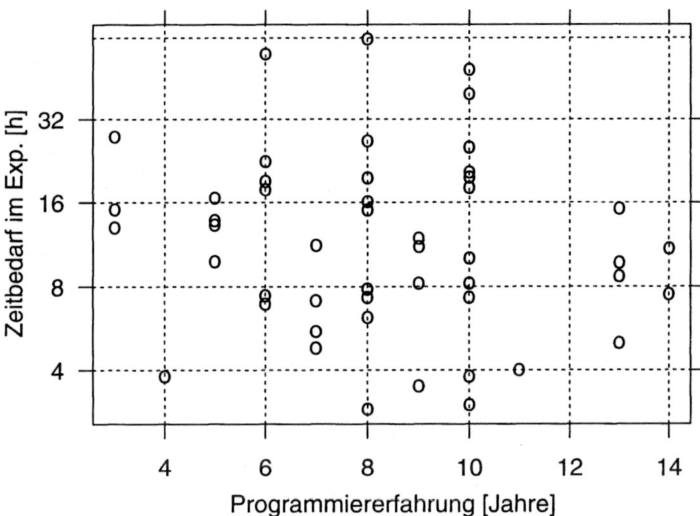

Abbildung 8.1. Zusammenhang zwischen der Länge der Programmiererfahrung der Versuchspersonen und der Zeit, die sie für das Lösen der Aufgabe bei [PSP/78] benötigt haben. Die Korrelation liegt bei -0,06 und die Korrelation der Ränge liegt bei 0,09.

Deshalb ist davon auszugehen, dass die jeweilige Kompetenz zumindest soweit keine Rolle spielt, wie die resultierende Arbeits*weise* gleich bleibt. Erst wenn geringere oder höhere Kompetenz zu einer grundsätzlich anderen Vorgehensweise beim Lösen der Aufgabe führt, ist damit zu rechnen, dass sich auch die Unterschiede zwischen Experimentgruppen verändern könnten. Eine solche grundsätzlich andere Vorgehensweise im Vergleich zu einer kompetenten Gruppe von Versuchspersonen wird bei einer weniger kompetenten Gruppe in folgenden Fällen eintreten:

Man darf also Versuchspersonen nicht überfordern.

- Die Versuchspersonen sind generell noch softwaretechnisch ungeübt.
- Die Versuchspersonen sind in der untersuchten Tätigkeit zu ungeübt.
- Die gestellte Aufgabe ist sehr kompliziert.
- Die gestellte Aufgabe ist sehr speziell.
- Die gestellte Aufgabe ist sehr umfangreich.

Ein spannendes Beispiel finden wir aufgrund der zahlreichen Wiederholungen in [Szenarios/95]: Das ursprüngliche Experiment [156] mit 48 sehr erfahrenen studentischen Versuchspersonen aus Maryland ergab einen großen Vorteil der Experimentgruppe. Die genaue Wiederholung mit 30 „*undergraduate*“ Studierenden im dritten oder vierten Jahr aus Bari fand überhaupt keinen signifikanten Unterschied mehr vor [72] — und zwar nach Einschätzung der Autoren deshalb, weil die Versuchspersonen mit den Aufgaben und auch mit der gegebenen Zeitbeschränkung überfordert waren. Eine Wiederholung ohne Zeitbeschränkung mit 50 Studierenden aus Glasgow, deren Qualifikation zwischen den obigen lag, stellte zwar eine Überlegenheit der Versuchsgruppe fest, fand aber einen geringeren Unterschied als das erste Experiment. Schließlich wiederholten die Autoren des ersten Experiments es mit gleichem Aufbau mit 18 Profis von Lucent und fanden ähnliche Gruppenunterschiede — wobei die Profis absolut gesehen eine erheblich *schwächere* Leistung zeigten als die ursprünglichen Studentengruppen. Andererseits ergaben trotz dieser Unterschiede alle Wiederholungen gleichermaßen, dass das Inspektionstreffen mindestens so viele entdeckte Defekte verschüttete, wie es neue zum Vorschein brachte.

Versuchspersonen, die nicht überfordert werden, sind meist geeignet.

■ **Folgerungen.** Die obigen Überlegungen kann man zu den folgenden Faustregeln zusammenfassen:

- Experimente mit Anfängern sollte man vermeiden. Ihre Arbeitsweise ist möglicherweise völlig andersartig als die von Erfahrenen, was die Ergebnisse verfälschen kann.
- Ansonsten sind Experimente mit studentischen Versuchspersonen unproblematisch.
- Egal, welche Versuchspersonen man hat, wenn man sie überfordert, ist das Experiment bedroht. Überforderung muss man also sorgfältig vermeiden.
  - — Die Überforderungsschwelle liegt je nach Aufgabe bei Studierenden eventuell niedriger als bei Profis.
  - — Bei beiden Gruppen kann Überforderung eintreten, wenn die untersuchte Tätigkeit zuvor zu wenig trainiert wurde (siehe z.B. [Szenarios/95]).

8.2. Homogenität

Die Leistung der Personen sollte möglichst ähnlich sein.

Die Ergebnisse eines kontrollierten Experiments werden um so klarer und aussagekräftiger, je eindeutiger (nicht unbedingt größer!) die beobachteten Unterschiede zwischen den Versuchsgruppen ausfallen. Gibt es jedoch große Unterschiede *innerhalb* der Versuchsgruppen, werden die Unterschiede *zwischen* den Gruppen verwischt.

Leider ist das in der Softwaretechnik kaum zu vermeiden, denn die individuellen Unterschiede zwischen Softwareleuten sind erheblich. Betrachten wir einmal die Untersuchung von Arbeitszeitdaten aus früheren kontrollierten Experimenten in Kapitel 16. Wie Abschnitt 16.3 zeigt, braucht beispielsweise die langsamere Hälfte einer Gruppe typischerweise mindestens doppelt so lange wie die schnellere — von Unterschieden einzelner Personen ganz zu schweigen. Demgegenüber ist der Experimenteffekt, also der Unterschied der Mittelwerte von Versuchs- und Vergleichsgruppe, mit typischerweise allenfalls 70% um einiges geringer (Abschnitt 16.5). Einen ähnlichen Effekt erhält man eventuell nochmals für andere relevante Leistungsmaße, z.B. die Korrektheit der Lösung. Kein Wunder also, dass individuelle Unterschiede ein wesentliches Hindernis für die erfolgreiche Beobachtung von Experimenteffekten darstellen, wie diverse Autoren immer wieder betonen [44, 45, 135, 137, 138].

Meist sind die Unterschiede zwischen Personen aber viel größer als die Unterschiede durch die Versuchsbedingungen.

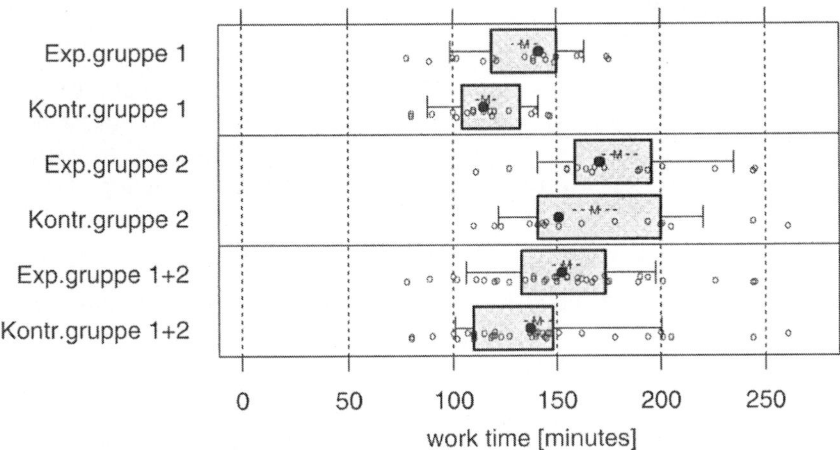

Abbildung 8.2. Verwaschung von Gruppenunterschieden durch Inhomogenität am Beispiel von [Vererbung2/77]. Die Darstellungsform wird in Definition 13.10 auf Seite 184 erläutert. Das oberste Paar zeigt zwei erfahrene Gruppen (Studierende aus höheren Semestern). Der Unterschied im Mittelwert ist signifikant (t-test, $p = 0,009$), sein 95%-Konfidenzintervall ist 38 Minuten breit. Das zweite Paar zeigt zwei Gruppen von Anfängern (Studierende aus dem zweiten Semester). Der Unterschied im Mittelwert ist nicht signifikant ($p = 0,22$), sein 95%-Konfidenzintervall ist 58 Minuten breit. Das dritte Paar zeigt die Summe der beiden oberen. Der Unterschied im Mittelwert ist wenig signifikant ($p = 0,07$), sein 95%-Konfidenzintervall ist 38 Minuten breit.

Deshalb ist es grundsätzlich wünschenswert, dass die Leistungsfähigkeit der Experimentteilnehmer möglichst homogen ist. Es ist also unter Umständen sinnvoll, auf manche Versuchspersonen von vornherein zu verzichten, wenn deren Qualifikation vermutlich stark von der der übrigen abweicht.

Zusätzliche Versuchspersonen sind nicht unbedingt ein Vorteil, wenn ihre Leistung stark abweicht.

Ein gutes Beispiel zeigt Abbildung 8.2. Die Gruppen der weniger kompetenten Versuchspersonen brauchen nicht nur länger, sondern zeigen außerdem eine höhere Variabilität. Fügt man die weniger kompetenten Versuchspersonen den entsprechenden Gruppen der kompetenteren Personen hinzu, so verschlechtert sich die Schärfe der Resultate — obwohl sich die Zahl der Datenpunkte fast verdoppelt hat!

Die beste Lösung ist ein Vortest.

Glücklicherweise gibt es auch noch einen anderen Weg: Falls die zu erwartende relative Leistung der Versuchspersonen bereits vor dem eigentlichen Experiment bekannt ist, so kann man einen großen Teil der Unterschiede aus den Ergebnissen herausrechnen und trotz starker Schwankungen zu scharfen Aussagen kommen. Dies kann häufig mit Hilfe eines Vortests erreicht werden und wird in Abschnitt 13.4.6 genauer diskutiert. Siehe außerdem die Bemerkung über Blockung auf Seite 60.

8.3. Teams

Falls die Fragestellung des Experiments verlangt, dass die Bearbeitung der Aufträge nicht durch einzelne Personen erfolgt, deren Arbeit separat beobachtet und ausgewertet wird, sondern durch Teams von Personen, so wird es nochmals um einiges schwieriger, ein gutes Experiment zu machen. Dafür gibt es zwei Gründe: Erhöhte Variabilität und fragwürdige Gültigkeit.

■ **Erhöhte Variabilität in Gruppen.** Der Hauptnachteil des Experimentierens mit Teams ist die geringere Anzahl von Datenpunkten, die man bei gleicher Personenzahl und gleichem Zeitaufwand erhält. Dies verringert die Schärfe der Aussagen, die sich gewinnen lassen.

Experimente mit Teams ergeben weniger Datenpunkte und eventuell sogar höhere Leistungsschwankungen.

Dem steht theoretisch als Vorteil gegenüber, dass sich innerhalb eines Teams die individuellen Unterschiede zwischen den einzelnen Versuchspersonen ausmitteln würden, so dass man als Ausgleich eine geringere Variabilität zwischen den Teams einer Versuchsgruppe finden müsste. Allerdings ist ein solches Ausmitteln vermutlich nicht die entscheidende Wirkung von Teambildung. Stattdessen ist zu befürchten, dass Teameffekte sogar noch zusätzliche Unterschiede hinzufügen: Ein Team kann aufgrund von Kommunikationsschwierigkeiten oder besonderer Gruppendynamik wesentlich schlechter sein als das Mittel seiner Mitglieder oder aufgrund von Synergieeffekten spürbar besser als das Mittel [2].

Es ist also zu befürchten, dass das Experimentieren mit Teams ineffizient und somit besonders teuer ist. Allerdings sind bislang kaum kontrollierte Experimente mit Teams gemacht worden. [Cleanroom/115] ist eines der ganz wenigen Beispiele. Deshalb ist dieses Problem noch kaum verstanden und die obigen Überlegungen sind spekulativ.

Ein interessanter Mix aus Einzel- und Teamarbeit liegt bei einigen Experimenten über Inspektionen vor (siehe Abschnitt 6.2): Die drei bis fünf Versuchspersonen eines Teams inspizieren zunächst das Produkt allein und diskutieren dann die Resultate in einer gemeinsamen Sitzung. Für beide Teile können separat Zeitaufwand und Zahl gefundener Defekte gemessen werden. Leider läßt sich dieses Experimentiermodell nicht auf beliebige Fragestellungen übertragen.

Wenn ein Team nicht eingespielt ist, bedroht das die Gültigkeit.

■ **Bedrohung der Gültigkeit.** Falls man für das Experiment nicht auf bestehende Teams (oder Teile davon) zurückgreifen kann, sondern Teams neu zusammenstellen muss, wird deren Leistung erheblich dadurch beeinflusst, dass sich die Mitglieder erst aufeinander einstellen müssen. Dies führt zu einem Lerneffekt, der die interne Gültigkeit des Experiments bedroht (siehe Abschnitt 9.5).

■ **Konsequenzen.** Wo immer das möglich und sinnvoll erscheint, sollte man also dem Experimentieren mit Teams wohl eher aus dem Wege gehen. Glücklicherweise lassen sich die meisten Fragestellungen zumindest zu großen Teilen auch mit Einzelpersonen untersuchen. Schwieriger sind solche Themen, bei denen die Interaktion zwischen mehreren Personen zum Kern der Sache gehört, z.B. [Cleanroom/115], [13] und [9].

8.4. Motivation und Teilnahmeanreize

Neben der Frage der Kompetenz der Versuchspersonen stellt sich zweitens die Frage nach ihrer Motivation. Am bedrohlichsten sind natürlich Motivationsunterschiede zwischen den Gruppen, weil das die innere Gültigkeit des Experiments zerstört. Aber auch eine extrem hohe oder extrem niedrige Motivation aller Gruppen bedroht das Experiment, denn sie kann zu Ergebnissen führen, die für die Praxis bedeutungslos sind.

Das beste Mittel gegen Motivationsunterschiede ist der Blindversuch, der aber

Mögliche verschiedene Motivation der Gruppen sollte bekämpft werden. Ideal wäre ein Blindversuch, der aber selten möglich ist.

Experiment 8.3: *[Cleanroom] Cleanroom Software Engineering (Selby, Basili und Baker [184])*

Experimentfrage: Die Cleanroom-Technik versucht, hochzuverlässige Software zu erhalten, indem Fehler von vornherein gar nicht erst eingebaut werden. Die Entwickler arbeiten in kleinen Teams und formen eine möglichst genaue Spezifikation über mehrere immer weniger abstrakte Zwischenstufen schrittweise in Code um und überzeugen einander gegenseitig von der Korrektheit jedes Umformungsschritts. Sie dürfen den Code nicht testen. Der Test wird von einer separaten Testgruppe übernommen und dient nicht dem Finden von Fehlern, sondern dem Messen der Zuverlässigkeit. Ist diese Entwicklungsmethodik der üblichen überlegen?

Vorgehen: 15 Teams aus je drei erfahrenen Studenten implementierten binnen je sechs Wochen die gleiche vorgegebene Spezifikation für ein Videothek-Ausleihsystem mit zwischen 800 und 2300 Zeilen Code in der Pascal-ähnlichen Sprache Simpl-T. 10 Teams benutzen Cleanroom, 5 arbeiteten wie gewohnt. Alle Teams hatten zuvor die einzelnen Elemente des Cleanroom-Prozesses in einem Praktikum erlernt.

Ergebnis: Alle Cleanroom-Teams, jedoch nur 2 der 5 anderen Teams hielten sämtliche Meilensteine des Projekts ein. Die Produkte der Cleanroom-Teams erfüllten einen größeren Teil der Anforderungen und waren in den Tests zuverlässiger. Der Quellcode der Cleanroom-Teams war einfacher strukturiert. Über 80% der Cleanroom-Personen vermissten zwar die Befriedigung, das Programm laufen zu sehen, würden nach eigener Aussage aber Cleanroom dennoch wieder einsetzen.

Folgerung: Die Cleanroom-Methodik eignet sich also offenbar auch für nicht hochgradig in formalen Methoden geschulte Programmierer.

leider in der Softwaretechnik oft nicht anwendbar ist (siehe Abschnitt 9.8). Also muss man direkt die Ursachen unterschiedlicher Motivation bekämpfen; normalerweise ist die Erwartung der Versuchsteilnehmer, dass „die Kontrollgruppe ja sowieso keine Chance hat", weil die Versuchsbedingung der Experimentgruppe einen ach so tollen technischen Fortschritt repräsentiert. Die Bekämpfung dieses Problems ist offensichtlich: Die Experimentatoren müssen den Teilnehmenden klar machen, dass der Ausgang des Experiments *nicht* von vornherein klar ist — schließlich bräuchte man es sonst ja gar nicht durchzuführen. Eine eventuelle vorgefasste Meinung der Versuchspersonen sollte man also durch gezieltes Gegenreden in der Experimenteinleitung zu neutralisieren versuchen.

Eine extrem hohe Motivation wird ohne gezielte Mitwirkung der Experimentatoren wohl kaum auftreten und kann gegebenenfalls von ihnen ohne Schwierigkeiten gedämpft werden.

Extrem niedrige Motivation kann durch Teilnahmeanreize vermieden werden.

Bleibt also extrem niedrige Motivation. Dies ist immer dann zu befürchten, wenn die Teilnahme am Experiment mehr oder weniger unfreiwillig ist oder wenn die Teilnahme ein schlechtes Image in der Umgebung hat. In diesen Fällen sind Teilnahmeanreize notwendig.

■ **Geld.** Monetäre Anreize sind problematisch, weil sie je nach Höhe und Vergabebedingungen entweder zu einer unnatürlich hohen Motivation führen können oder zu einer niedrigen Motivation mit Abzocker-Mentalität.

Geeignet ist symbolische Anerkennung, eventuell leistungsabhängig.

■ **Symbolische Gaben.** Eine dingliche Anerkennung (durch Geld oder Sachwerte) kann dennoch sinnvoll sein, wenn sie so gering ist, dass sie einen offensichtlich nur symbolischen Charakter hat. Schon eine geringe Gabe reicht häufig aus, um die Motivationsbremse „Mensch, bin ich/bist Du ein Idiot, hier/da völlig gratis mitzumachen" zu neutralisieren.

Für völlig freiwillige studentische Versuchspersonen haben wir beispielsweise gute Erfahrungen mit einem Stück Kuchen (für einen Zeitaufwand von knapp einer Stunde) gemacht [141]. Die studentischen Versuchspersonen von [PSP/78] waren zum Teil freiwillig, zum Teil „schwach verpflichtet" in folgendem Sinne: Diese Studierenden mussten zwar am Experiment teilnehmen, um ihren Schein in einem Praktikum zu erhalten; sie durften aber nach Beginn des Experiments jederzeit aufgeben, ohne den Schein zu verlieren. Für diese Versuchspersonen funktionierte folgender Mechanismus gut: Sie erhielten bei Erfolg DM 50, von denen jedoch jedesmal DM 10 abgezogen wurden, wenn das abgelieferte Programm zurückgewiesen wurde, weil es im Akzeptanztest versagte. Für professionelle Versuchspersonen reicht zumeist die Freistellung von der normalen Arbeit für die Dauer des Experiments als Anerkennung.

■ **Lernen.** Ein guter Anreiz besteht dann, wenn die Teilnehmenden davon überzeugt sind, durch die Experimentteilnahme etwas Nützliches oder Interessantes zu lernen. Dieser Mechanismus war beispielsweise bei [Muster/117] von Bedeutung.

Wenn der erwartete Lerneffekt in allen Gruppen ungefähr gleich ausfällt, ist Lernmotivation oft der geeignetste und am wenigsten problematische Weg zu motivierten Versuchspersonen.

■ **Zurückgeben.** Ein faires Zurückgeben von Leistung ist ebenfalls ein wichtiger Anreiz, wenn die Experimentatoren zuvor den Versuchspersonen etwas gegeben haben.

Ein solider Anreiz besteht bei gegenseitigem Geben und Nehmen.

Die studentischen Versuchspersonen aus unseren eigenen Lehrveranstaltungen sind beispielsweise fast immer recht leistungsbereit, weil sie unsere Lehre als engagiert und nützlich empfinden. Beispielsweise investierten bei [PSP/78] diejenigen Versuchspersonen, die vor Ende aufgaben, im Mittel bis zum Aufgeben fast um die Hälfte mehr Zeit, als die erfolgreichen Versuchspersonen bis zum Erfolg benötigten.

Gut motiviert waren auch die professionellen Versuchspersonen von [Muster/117], weil sie im Rahmen des Experiments an einer freiwilligen, zweitägigen Schulung über Entwurfsmuster teilnahmen.

Trotz allen Zweckdenkens ist bei potentiellen Versuchspersonen, mit denen man persönlich Kontakt hat, ein gerüttelt Maß an Anstand vorhanden, dass sich von geschickten Experimentatoren in Motivation umsetzen lässt.

Experiment 8.4: [Muster] Wartbarkeit von Programmen mit und ohne Entwurfsmuster (Prechelt, Unger, Tichy, Brössler und Votta [167, 171])

Experimentfrage: Sind Programme, die Entwurfsmuster benutzen, besser wartbar als gleichwertige Programme ohne Entwurfsmuster?

Vorgehen: 29 professionelle Softwareingenieure (mit anfangs geringen Entwurfsmusterkenntnissen) entwarfen diverse Änderungen an je vier verschiedenen Programmen. Die Experimentgruppe erhielt jeweils ein Programm, das mit Entwurfsmuster(n) nach [73] gestaltet war, die Vergleichsgruppe eines mit einem insofern vereinfachten Entwurf, als nicht alle Flexibilität des Entwurfsmusters in der Aufgabe benötigt wurde. Jede Versuchsperson bearbeitete zwei Programme vor und zwei andere nach einem Kurs über Entwurfsmuster.

Ergebnis: Für zwei der vier Programme, bei denen sich die Versionen stark ähnelten, gab es nur geringe Unterschiede in der Leistung. Für ein Programm führt die Benutzung des Entwurfsmusters zu komplizierterem Kontrollfluß und bewirkte eine deutliche Verschlechterung (langsamer, mehr Fehler), besonders vor dem Kurs. Für das vierte Programm führt das Muster zu einer viel stärkeren Modularisierung und bewirkte auch schon vor dem Kurs eine starke Verbesserung. Die Beobachtungen lassen nichts „Magisches" an Entwurfsmustern erkennen: Die Ergebnisse fallen immer so aus, wie man nach Art und Komplexität der jeweiligen Softwarestruktur erwarten würde.

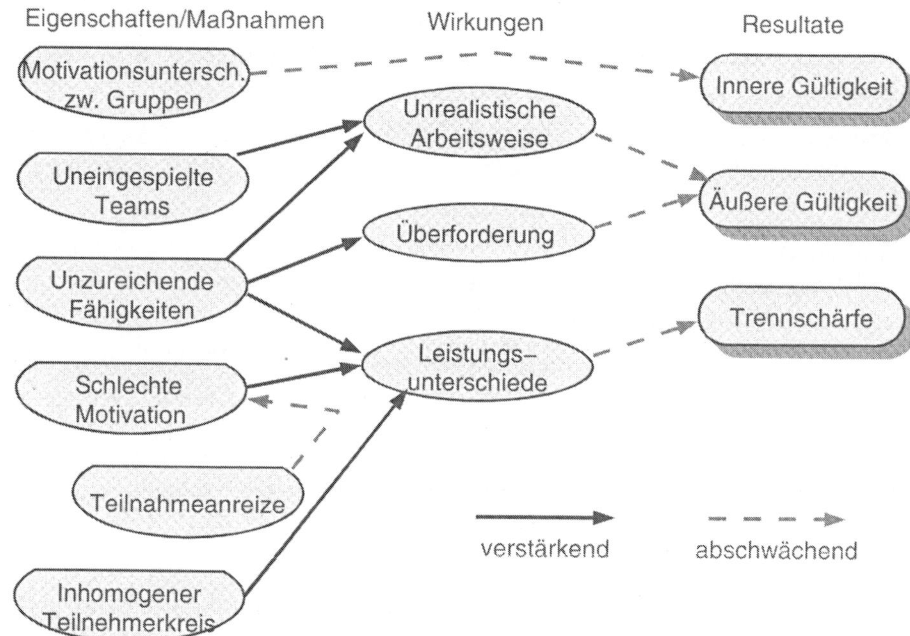

Abbildung 8.5. Die wichtigsten Eigenschaften von Versuchspersonen, deren Wirkungen und die Konsequenzen für die Qualität des Experiments. Durchgezogene Pfeile bedeuten Verstärkungswirkungen, gestrichelte Pfeile stehen für dämpfende Wirkungen. Beispielsweise führen sowohl uneingespielte Teams als auch unzureichende Fähigkeiten der einzelnen Personen zu vermehrt unrealistischer Arbeitsweise, und diese wiederum verringert die äußere Gültigkeit des Experiments.

■ **Wissenschaft oder Prozessverbesserung.** Ein Anreiz durch die Aussicht, zu einem wissenschaftlichen Resultat beizutragen, ist nach unserer Erfahrung meist nur schwach wirksam. Für Profis besteht ein Anreiz durch die Aussicht, zu einer Verbesserung des Softwareprozesses in der eigenen Organisation beizutragen — vorausgesetzt, dass Prozessverbesserung in dieser Organisation hinreichend etabliert ist und als Aufgabe aller verstanden wird.

8.5. Zusammenfassung

Die wichtigsten Aussagen dieses Kapitels sind noch einmal schematisch in der Abbildung 8.5 dargestellt.

- Unzureichende Fähigkeiten der Versuchspersonen (in Bezug auf die im Experiment zu lösenden Aufgaben) führen zu Überforderung und unrealistischer Arbeitsweise und verstärken Leistungsunterschiede — ob die Versuchspersonen nun Studierende sind oder Profis. Als Konsequenz verschlechtert sich die Trennschärfe des Experiments und die äußere Gültigkeit sinkt.

- Teams, deren Mitglieder nicht aufeinander eingespielt sind, führen ebenfalls tendenziell zu unrealistischer Arbeitsweise.
- Schlechte Motivation der Teilnehmer verstärkt Leistungsunterschiede, kann aber mit Teilnahmeanreizen bekämpft werden.
- Ein sehr inhomogener Kreis von Versuchspersonen führt zu größeren Leistungsunterschieden und damit zu einer Trennschärfe, die nicht besser ist, als sie mit einer kleineren, aber homogeneren Menge von Versuchspersonen zu erreichen wäre.
- Werden die verschiedenen Versuchsgruppen unterschiedlich stark motiviert, bedroht dies die innere Gültigkeit des Experiments.

Und noch einmal zum Einhämmern: Es ist nicht entscheidend, ob die Versuchspersonen Studierende oder ob sie Profis sind. Wesentlich ist vielmehr, ob ihre *spezifischen* Fähigkeiten für die im Experiment zu lösende Aufgabe ausreichend hoch sind.

If they do not reply, the most likely reason
is laziness (also known as "business").
PHIL AGRE

Actually there are two types of people in the world:
Those who believe that there are two types of people in the world
and those who are smart enough to know better.
TOM ROBBINS

Experimententwurf

Undetected errors are handled as if no error occurred.
EIN BENUTZERHANDBUCH VON IBM

Dieses umfangreiche Kapitel diskutiert eine Reihe von Entscheidungen, die relativ früh bei der Experimentplanung getroffen werden müssen und für den Erfolg fundamental sind. Die Diskussion dieser Entscheidungen kreist hauptsächlich um zwei Probleme. Erstens: Wie hält man die richtige Balance zwischen möglichst nützlichen Ergebnissen einerseits und einem akzeptablen Durchführungsaufwand andererseits? Zweitens: Wie stellt man sicher, *gültige* Ergebnisse zu erhalten?

9.1. Auswahl der Experimentfrage

Oft ist es schwierig, überhaupt einen geeigneten Entwurf zu finden.

Einer der überraschendsten Aspekte des Experimentierens in der Softwaretechnik besteht darin, dass es schwierig sein kann, überhaupt einen Experimententwurf zu finden, der sinnvoll und eindeutig die angepeilte Frage (und nicht etwas anderes) untersucht. Betrachten wir zur Illustration zwei Beispiele.

■ **Beispiel: [Musterdoku/80].** Beim Experiment [Musterdoku/80] lautet die angestrebte Experimentfrage: „Ist es für die Wartung nützlich, wenn bei einem Programm, das mit Entwurfsmustern implementiert ist, diese Muster in den Kommentaren ausdrücklich erwähnt werden?“. Diese Frage sieht unschuldig aus — solange, bis man beginnt, darüber nachzudenken, welche Kommentare denn eigentlich die Kontrollgruppe erhalten soll. Angenommen, es sei klar, wie die Kommentare aussehen sollen, die die Musterbenutzung beschreiben; nennen wir sie MK (für Musterkommentar). Dann gibt es grundsätzlich drei Möglichkeiten des Vorgehens:

Erstens könnte man MK einfach einem Programm hinzufügen und das ursprüngliche Programm in der Kontrollgruppe verwenden. Das hat den Nachteil, dass man nicht unterscheiden kann, welcher Teil des später beobachteten Effekts einfach dadurch zustande kommt, dass die Experimentgruppe *mehr* Kommentar hat als die Vergleichsgruppe, und welcher Teil dadurch, dass die zugefügten Kommentare eben MK sind. Die Experimentgruppe könnte hierbei also von vornherein bevorzugt sein.

Zweitens könnte man bei der Experimentgruppe im gleichen Umfang, in dem MK hinzukommt, andere Kommentare streichen. Aber welche? Selbst wenn die in MK gegebene Information in anderen Kommentaren bereits vorhanden wäre, könnte man sie vermutlich nicht entfernen, ohne die Struktur der anderen Kommentare zu zerstören. Außerdem würde dadurch die Gesamtlänge der Kommentare reduziert, denn es ist eine wesentliche Eigenschaft von Entwurfsmustern, eine besonders kompakte Terminologie zu liefern. Die Experimentgruppe könnte hierbei also sowohl bevorzugt als auch benachteiligt sein.

Drittens könnte man in der Vergleichsgruppe in dem Umfang andere Kommentare zufügen, wie man bei der Experimentgruppe MK zufügt. Auch hier entsteht ein ähnliches Problem wie oben: Wie sollen diese anderen Kommentare aussehen? Ein solcher Experimentaufbau wäre offen für Manipulation: Zweifellos können wir mit Leichtigkeit wahlweise Kommentare zufügen, die für die gegebene Wartungsaufgabe sehr nützlich sind, oder solche, die nichts beitragen, sondern den Programmierer eher noch verwirren. Objektive und leicht nachvollziehbare Kriterien, um diese Arten von Kommentaren voneinander zu unterscheiden, gibt es nicht. Auch hier könnte die Experimengruppe also künstlich bevorzugt oder künstlich benachteiligt sein.

Eine perfekte Lösung gibt es also nicht, wir müssen das „kleinste Übel“ auswählen. Die entscheidende Überlegung hierzu ist folgende: Angenommen, wir hätten die zweite oder dritte der obigen Alternativen ausgewählt und in unserem

Experiment herausgefunden, dass die MK moderate, aber nicht überragende Vorteile für die Wartung mit sich bringen. Was könnte man mit diesem Resultat für die Praxis anfangen? Leider nicht viel, denn es ist nicht klar, ob und wie jemand anderes diese Vorteile für sich realisieren kann, weil das Verfahren, wie wir zu unserem Programmpaar gelangt sind, undurchsichtig ist und nicht nachvollzogen werden kann. Die erste Lösung hingegen führt zu einer klaren Handlungsanweisung: „Kommentiere Dein Programm wie gewohnt und füge dann *zusätzlich* MK ein." — und wie man MK schreibt, ist hinreichend klar.

■ **Beispiel: [Muster/117].** Noch bedrohlicher ist die Situation bei [Muster/117], das die folgende allgemeinere Fragestellung untersucht: „Ist es für die Wartung nützlich, wenn ein Programm mit Entwurfsmustern implementiert ist anstatt ohne?" Hier ist die Falle leichter zu erkennen und schwerer zu umgehen: Welche der unzähligen möglichen Lösungen „ohne" soll denn im Experiment benutzt werden? Die Auswahl dieses Programms für die Kontrollgruppe ist mitnichten nur eine Frage der äußeren Gültigkeit. Wenn die Art der Verwandtschaft zwischen dem benutzten Programm mit Mustern und dem ohne nicht auf eine einfache Weise allgemein beschrieben werden kann, ist für die Leser der Resultate völlig unklar, was die Resultate *überhaupt* bedeuten; das könnte dann nur durch gründliche Betrachtung des Programmpaars erschlossen werden.

Die Lösung besteht in einem ähnlichen Vorgehen wie beim ersten Beispiel oben: Das Programm der Kontrollgruppe sollte den Bedingungen einer möglichst einfachen und nachvollziehbaren Herstellungsregel entsprechen. Im Falle von [Muster/117] wurde die Tatsache ausgenutzt, dass die vier Programme mit Muster jeweils einen oder mehrere Freiheitsgrade (Änderungsflexibilität) aufwiesen, die von den betrachteten Wartungsaufgaben gar nicht benötigt wurden. Die Programme der Kontrollgruppen wurden also nach der Regel gestaltet, die jeweils geradlinigste Lösung zu realisieren, die diese Freiheitsgrade nicht aufweist — im Zweifelsfall einfach durch „Abspecken" des Entwurfsmusters. Die Nachvollziehbarkeit dieser Gestaltung ist leider immer noch nicht sehr befriedigend. Im vorliegenden Fall ist das jedoch nicht schlimm, denn das Experiment zeigte, dass es ohnehin keinen einheitlichen Effekt gibt, sondern die Ergebnisse empfindlich vom konkreten Programmpaar und den Aufgaben abhängen.

■ **Auswahlregel.** Wie diese Beispiele zeigen, sind in der Softwaretechnik bei der Wahl der Experimentfrage manchmal Kompromisse nötig. Zur Auswahl der besten Experimentfrage lässt sich für diese Fälle die folgende Regel angeben: Wähle aus den möglichen Alternativen diejenige Frage aus, die am realistischsten ist, beziehungsweise sich am klarsten und einfachsten in eine Handlungsanweisung für die softwaretechnische Praxis umsetzen lässt.

Der beste Kompromiss ist nötigenfalls der, mit dem die Ergebnisse des Experiments zu einer Handlungsanweisung führen.

9.2. Experimentpläne

Die Terminologie von Experimentplänen haben wir ja bereits in Abschnitt 4.5 eingeführt und dort auch einige Überlegungen diskutiert, welche Eigenschaften verschiedene Versuchspläne haben. Für eine gründliche Behandlung des Themas sei auf die einschlägige Literatur verwiesen, beispielsweise [34, Kapitel 9], [20, Kapitel 8] oder knapper [174, Kapitel 13]; es gibt auch komplette Bücher nur über dieses Thema [36, 93]. Ich gebe nun lediglich die wichtigsten Kriterien an, die bei der Auswahl zwischen verschiedenen möglichen Entwurfsplänen eine Rolle spielen. Wie üblich beschreibe ich sie im Hinblick auf die Besonderheiten der Softwaretechnik und gebe Beispiele an.

Experimentpläne müssen zuallererst nach ihrer Praktikabilität beurteilt werden.

■ **Machbarkeit.** Das allen anderen übergeordnete Kriterium ist die Praktikabilität des Experiments: Kompliziertere Versuchspläne scheitern meistens daran, dass entweder nicht genügend Versuchspersonen vorhanden sind, um sie zu bestücken, oder den Versuchspersonen nicht so viel Aufwand zugemutet werden kann.

■ **Intra-Subjekt versus Extra-Subjekt.** Der Experimentplan kann vorsehen, dass jede Versuchsperson nur eine Aufgabe zu bearbeiten hat, so dass die miteinander verglichenen Gruppen in jedem Falle disjunkt sind (Extra-Subjekt-Entwurf, *extra-subject design*), oder aber, dass jede Versuchsperson mehrere Aufgaben löst und folglich mehrere separate Messungen vorgenommen werden (wiederholte Messungen, Intra-Subjekt-Entwurf, *repeated measurements, intra-subject design*).

Extra-Subjekt-Pläne erlauben größere Aufgaben.

Der Vorteil eines Extra-Subjekt-Entwurfs besteht darin, dass der Umfang der einzelnen Aufgabe größer gewählt werden kann. Anders betrachtet: Der Aufwand für jede einzelne Versuchsperson wird minimiert. Beispiele hierfür sind Experimente mit zeitlich relativ umfangreichen Aufgaben wie [PSP/78] oder [Robustheit/147].

Intra-Subjekt-Pläne ergeben mehr Daten und erlauben, einige Bedrohungen der inneren Gültigkeit zu entdecken.

Die Vorteile eines Intra-Subjekt-Entwurfs bestehen darin, dass erstens bei gleicher Zahl von Versuchspersonen mehr Daten erhoben werden, sich zweitens zufällige Unterschiede zwischen den Versuchsgruppen ausgleichen können (siehe nächsten Teilabschnitt), drittens eventuell mächtigere statistische Analysetechniken wie die Paarbildung (siehe Abschnitt 9.6) angewendet werden können und sich viertens je nach konkret gewählter Anordnung diverse Bedrohungen der inneren Gültigkeit bei der Datenanalyse aufdecken und eventuell sogar beheben lassen (siehe Abschnitte 9.5 und 9.7). Ein schönes Beispiel für die Nutzung dieser Möglichkeit ist die Analyse des Lerneffekts bei [Typcheck/85].

Soweit praktikabel, sollte man mehr als eine Variable untersuchen.

■ **Hauptvariablen und Hilfsvariablen.** Wenn eine Experimentfrage praktikabel sein soll, kann sie in der Regel nur einen einzigen Faktor enthalten, der auch nur zwei oder eventuell drei Niveaus aufweisen sollte. Diesen nennen wir die Hauptvariable. Allerdings kann es sinnvoll sein, zur Stärkung der inneren und äußeren Gültigkeit weitere Faktoren in das Experiment aufzunehmen, die wir Hilfsvariablen nennen. Benutzen wir als Beispiel nochmals das hypothetische Experiment aus Abschnitt 4.5 zum Vergleich von C und Java anhand der Programmieraufgabe P. Anfangs, also beim Experimentplan 4.5 von Seite 58, haben wir nur die Hauptvariable als Faktor im Experiment.

Nun steigt die äußere Gültigkeit, wenn wir ein Experiment nicht nur mit einer Aufgabe machen, sondern mit zwei verschiedenen. Wir führen also „Aufgabe" als eine zweiwertige Hilfsvariable ein (im Beispiel bei Experimentplan 4.8).

Zahlreiche weitere Vorteile ergeben sich mit den zusätzlichen Hilfsvariablen „Reihenfolge der Hauptvariablenniveaus" (im Beispiel also der Programmiersprachen, Experimentplan 4.7) und „Reihenfolge der Aufgaben" (Experimentplan 4.7). Beide zusammengenommen ergeben einen sogenannten gegenbalancierten Experimententwurf (siehe 9.1). Dieser erlaubt es, durch Vergleichen von Gruppen, Vergleichen von wieder zusammengelegten Gruppen und Vergleichen verschiedener Vergleichsergebnisse mehrere wertvolle Analysen durchzuführen: Wir können Lerneffekte entdecken, Reihenfolgeeffekte entdecken, Reihenfolgeeffekte neutralisieren, problemabhängige Gruppenunterschiede entdecken, etc.

Insbesondere gegenbalancierte Entwürfe haben viele gute Eigenschaften.

In der Praxis benutzt man fast nie vollständig gegenbalancierte Entwürfe, denn viele der Kombinationen wären weitgehend sinnlos. Zum Beispiel sind keine Erkenntnisse davon zu erwarten, wenn wir dieselbe Versuchsperson dieselbe Aufgabe erst mit C und dann mit Java lösen lassen. Man sollte also nur diejenigen Reihenfolgepaare in den Experimententwurf aufnehmen, die voraussichtlich wichtig sind. In den meisten Fällen ist das nur die Reihenfolge der Hauptvariablenniveaus. Alles Andere ergibt sich dann durch die Randbedingungen von selbst.

Ein in vielen Fällen sehr günstiger Entwurf ist der folgende, teilweise gegenbalancierte Aufbau mit zwei Aufgaben P und Q für zwei Niveaus A und B der Hauptvariablen:

$$\begin{array}{lll} G_{1a}: & P/A & Q/B \\ G_{1b}: & Q/B & P/A \\ G_{2a}: & P/B & Q/A \\ G_{2b}: & Q/A & P/B \end{array} \tag{9.2}$$

Er ist vom Umfang her oft praktikabel, liefert aber bereits Ergebnisse für zwei verschiedene Aufgaben und enthält Gegenbalancierung sowohl für die Aufga-

Definition 9.1: „Gegenbalancierter Experimententwurf"

Bei Intra-Subjekt-Entwürfen hat häufig die Reihenfolge, in der die Versuchspersonen ihre Aufgaben erledigen, einen Einfluss auf das Ergebnis. Gegenbalancierung bedeutet, im Experiment alle verschiedenen Reihenfolgen der Niveaus eines Faktors zu untersuchen, in dem man jede Versuchsgruppe in entsprechende Untergruppen aufteilt. Durch eine solche Anordnung kann man anschliessend Reihenfolgeeffekte wahlweise analysieren (durch Vergleich der Untergruppen) oder neutralisieren (durch Zusammenwerfen der Untergruppen). Werden alle möglichen Reihenfolgekombinationen aller Faktoren untersucht, so heißt der Experimentwurf vollständig gegenbalanciert, andernfalls teilweise gegenbalanciert.

benreihenfolge als auch für die Hauptfaktorreihenfolge. Zahlreiche Experimente haben erfolgreich diesen Entwurf benutzt.

Wenn genügend viele Datenpunkte vorliegen, kann eventuell auch die Aufgabe jeweils verschieden sein.

■ **Keine Replikation von Aufgaben.** Wenn man genügend viele Versuchspersonen (oder Aufgaben pro Versuchsperson) hat, kann man eventuell ein kontrolliertes Experiment erhalten, ohne dass irgendwelche Versuchspersonen jemals dieselbe Aufgabe lösen. Dies ist das Konzept des „natürlichen Experiments" und wird in Abschnitt 9.4 beschrieben.

■ **Teilaufgaben.** Unabhängig von allen obigen Überlegungen ist es meistens günstig, jede gestellte Aufgabe in Teile zu untergliedern, deren Erledigung separat gemessen und ausgewertet wird. Dies liefert eine größere Datenmenge für die Auswertung und erlaubt es eventuell auch, Teilaufgaben mit ungewöhnlichen Eigenschaften im Nachhinein zu entdecken und aus der Analyse auszuschließen, anstatt sich von ihnen das gesamte Ergebnis verunreinigen zu lassen. Beispielsweise wurde bei [Muster/117] bei einem der vier Programme eine der beiden Teilaufgaben in der Analyse komplett ignoriert, weil die Mehrzahl der Versuchspersonen sie anders ausgelegt hatte, als sie gemeint gewesen war.

■ **Vortest.** Unabhängig von allen obigen Überlegungen ist gegebenenfalls ein Vortest nützlich, das heißt eine Aufgabe, bei der alle Versuchsgruppen unter denselben Bedingungen arbeiten. Dies diskutieren wir in Abschnitt 9.5.

Ist die Zuweisung zu Gruppen nicht zufällig, so drohen Auswahleffekte; das Experiment heißt dann Quasi-Experiment.

■ **Quasi-Experimente.** Gelegentlich ist es unmöglich oder unpraktikabel, die Versuchspersonen wirklich zufällig den Experimentgruppen zuzuordnen. Häufig hat das mit der benötigten Qualifikation zu tun: Wenn diese nicht im Rahmen des Experiments vermittelt wird und nur wenige (oder gar keine) Versuchspersonen sich für alle Gruppen eignen, wird die Zuordnung zur Gruppe faktisch von der Versuchsperson selbst bestimmt — auch wenn diese „Entscheidung" zeitlich vor dem Beginn des Experiments liegt. Die innere Gültigkeit wird dann von einem Auswahleffekt bedroht, falls sich die (unbekannten) relevanten Eigenschaften von Personen für die unterschiedlichen Entscheidungen nicht im Mittel ausgleichen. Ein konkretes Beispiel ist [PSP/78]: Hier besteht die Versuchsgruppe aus den Teilnehmern einer Lehrveranstaltung, die Kontrollgruppe aus denen einer anderen. Man muss also argumentieren, warum es nicht der Fall ist, dass systematisch geeignetere Versuchspersonen gehäuft die eine Veranstaltung anstatt der anderen wählen.

Auch andere Arten von unvollständiger Kontrolle kommen vor, die mit fehlender Randomisierung Ähnlichkeit haben. Beispielsweise vergleicht [OO-Entwurfswartung/101] die Ergebnisse von zwei Gruppen, die an *verschiedenen* Programmen gearbeitet haben. Die Autoren argumentieren und hoffen, dass die beiden Programme gleichwertig sind.

9.3. Geschachtelte Experimente

Gelegentlich ergibt sich die Chance, Messungen und Analyse im Rahmen eines Experiments zugleich auf verschiedenen Ebenen vorzunehmen, von denen eine in die andere eingeschachtelt ist. Die äußere Ebene stellt das eigentliche Experiment dar, die innere Ebene hat aber ebenfalls alle Eigenschaften eines kontrollierten Experiments und bietet deshalb die Chance zu zusätzlichen Beobachtungen, die es quasi gratis gibt.

Da diese Beschreibung zweifellos niemand verstanden hat, jetzt das konkrete Beispiel: Bei [Treffen2/94] wurden die Leistungen von Inspektionsteams unter zwei verschiedenen Bedingungen verglichen. Zum einen Teams, die sich direkt austauschen, um die gefundenen Fehler zusammenzutragen; zum anderen Teams, die ihre Ergebnisse ohne direkte Zusammenarbeit über ein Softwarewerkzeug beim Programmautor abliefern. Dieser Aufbau erlaubt es nebenbei zu vergleichen, ob und wie sich die Inspektionsqualität der Einzelpersonen ändert, je nachdem, ob sie erwarten, später noch eine gemeinsame Inspektionsbesprechung zu haben oder eben nicht. (In diesem Fall wurden keine solchen Unterschiede gefunden.)

Ein solcher Aufbau ist meistens dann möglich, wenn der eigentliche Gegenstand des Experiments eine Teamleistung ist. Die eingeschachtelte Ebene ist dann die Leistung der Einzelpersonen und kann oft mit nur geringem Zusatzaufwand durch zusätzliche Messungen separat analysiert werden.

Wenn sich eine Gelegenheit zu einem solchen geschachtelten Aufbau ergibt, sollte man sie nutzen. Allerdings sei daran erinnert, dass Experimente mit Teams grundsätzlich um einiges aufwändiger und schwieriger sind als mit Einzelpersonen (siehe Abschnitt 8.3).

9.4. „Natürliche Experimente“

Ein unter Umständen besonders attraktiver Ansatz, einen Experimentplan aufzustellen, ist das „natürlich auftretende Experiment“ (*naturally occurring experiment*).

Ein natürliches Experiment basiert auf Aufgaben, die ohnehin durchgeführt werden. Der Eingriff besteht nur noch im Aufzwingen einer bestimmten Durchführungsweise.

Die Idee ist folgende: Der Hauptgrund, weshalb kontrollierte Experimente so aufwändig sind, liegt in der nötigen Replikation; dieselbe Aufgabe wird nicht nur einmal, sondern viele Male gelöst. Wenn man seine Ansprüche an die Stärke der Kontrolle reduziert, kann man eine solche Situation jedoch auch in der normalen Softwareentwicklung vorfinden. Auch dort treten ja wiederkehrende Tätigkeiten auf, nur, dass sie nicht genau gleich, sondern lediglich gleichartig sind: sehr zahlreiche Prozeduren werden kodiert, zahlreiche Übersetzungseinheiten werden begutachtet, zahlreiche Module werden getestet, etc.

Nehmen wir Codeinspektionen als Beispiel. Man könnte die Unterschiede zwischen den einzelnen inspizierten Modulen als gegeben akzeptieren und als zusätzliche Quelle von Variabilität betrachten, wie man das ja mit den individuellen Unterschieden zwischen Versuchspersonen ohnehin schon tut. Unter dieser Voraussetzung kann man mitten im ansonsten normal ablaufenden Softwareprozess die zu untersuchende unabhängige Variable per Zufallsprinzip auf die Module anwenden, um ein kontrolliertes Experiment zu erhalten. Beispielsweise wurde bei [Inspektionsteam/128] jedem Modul zufällig eine von mehreren verschiedenen Organisationsformen für die Inspektion zugewiesen, um deren Eigenschaften zu vergleichen: Inspektionsteams von zwei oder drei oder fünf Personen und einfache oder doppelte Inspektion (letztere mit oder ohne Reparatur der Defekte aus der ersten vor der zweiten).

Ein natürliches Experiment hat also zwar eine geringere Trennschärfe als ein „normales", kann dafür aber aus Sicht der Versuchspersonen mit recht wenig Aufwand durchgeführt werden: Sie machen einfach ihre normale Arbeit und unterwerfen sich lediglich im Hinblick auf eine Randbedingung oder Vorgehensweise den zufälligen Vorgaben der Experimentatoren. Der Aufwand für die Experimentatoren ist natürlich nach wie vor hoch; allerdings entfällt auch hier ein spürbarer Teil der Arbeit, denn es müssen ja keine Aufgaben für die Versuchspersonen ausgewählt und vorbereitet werden.

Experiment 9.3: *[Inspektionsteam] Teamgrößen für Codeinspektionen (Porter, Siy, Toman und Votta [158, 159])*

Experimentfrage: Wie wirkt sich die Zahl der Gutachter bei einer Inspektion auf die gefundene Defektanzahl aus? Und wie auf die Kosten und die Zykluszeit der Inspektion?

Vorgehen: 11 Profis inspizierten 88 Codemodule als natürliches Experiment mit zufällig zugewiesenen Organisationsformen: 1, 2 oder 4 Gutachter (plus der Autor) und einfache oder doppelte Inspektion (bei doppelter mit oder ohne Reparatur zwischen den Phasen).

Ergebnis: Die „großen" Inspektionsformen finden deutlich mehr Fehler. Beispielsweise finden zwei Gutachter 9 Defekte/KLOC bei einfacher, 15 bei doppelter Inspektion. Sie haben aber auch einen zum Teil überproportional höheren Personalaufwand und vor allem eine empfindlich höhere Vorlaufzeit bis zum Treffen, insbesondere wenn zwischendurch eine Reparatur vorgenommen wird. Bei zwei Gutachtern benötigte beispielsweise eine Doppelinspektion mit Reparatur 20 Tage, ohne nur 13 Tage; einfache Inspektion kam mit 9 Tagen aus. Sehr interessant waren die Nebenbeobachtungen: nur 13% aller entdeckten Defekte wurden am Ende als echte Defekte eingestuft und repariert. Die Zahl der Defekte, die erst im Treffen entdeckt wurden, betrug 30% und hielt sich dennoch mit den dort verschütteten die Waage.

Dieses Prinzip lässt sich auf die meisten Elemente eines Softwareprozesses anwenden, die die folgenden Voraussetzungen erfüllen:

- Sie müssen genügend häufig auftreten (Feinkörnigkeit).
- Alle Beteiligten müssen die nötige Qualifikation mitbringen, um jede gewünschte Versuchsbedingung gleichermaßen durchführen zu können.
- Keine der Versuchsbedingungen darf den restlichen Softwareprozess in offensichtlicher und unzumutbarer Weise beeinträchtigen.[1]

Zur Untersuchung von Produkten (statt Prozessen) sind natürliche Experimente nicht geeignet.

Das größte praktische Problem bei der Durchführung eines natürlichen Experiments besteht in der Regel darin, die korrekte Einhaltung der jeweils zugeteilten Versuchsbedingung zu überwachen. Außerdem steht vor der Durchführung immer noch die Aufgabe, die Beteiligten und ihre Vorgesetzten davon zu überzeugen, dass das Experiment sinnvoll ist.

9.5. Vortests

Ein Vortest im engeren Sinne ist eine Aufgabe, der die Teilnehmer aller Versuchsgruppen unterworfen werden, und zwar vor Beginn des eigentlichen Kernexperiments und *ohne* Unterschied in der Behandlung der Versuchsgruppen. Die im Vortest bearbeitete Aufgabe sollte idealerweise von gleicher Art sein wie die im Experiment zu bearbeitenden, und es sollten auch die gleichen abhängigen Variablen beobachtet werden.

Ein Vortest dient zum Training der Teilnehmer und zum Bestimmen ihrer Leistung.

Wenn die Möglichkeit besteht, einen solchen Vortest durchzuführen, ist er fast immer eine sehr empfehlenswerte Einrichtung, denn er kann die folgenden Vorteile bieten:

- Er vermindert Lerneffekte im Experiment.
- Er kann als Grundlage einer Gruppenbalancierung benutzt werden (siehe Abschnitt 9.6).
- Er kann die Grundlage für eine Paarbildung liefern (siehe Abschnitt 9.6).
- Seine Ergebnisse können bei der statistischen Auswertung zur Varianzreduktion eingesetzt werden (siehe Abschnitt 13.4.6).

Wir besprechen hier zunächst nur den Lerneffekt, da die übrigen Vorteile in separaten Abschnitten beschrieben werden.

■ **Lerneffekt.** Die Versuchspersonen arbeiten im Experiment oftmals an ungewohnten Aufgaben oder unter ungewohnten Bedingungen, beispielsweise mit einem gerade erst kennen gelernten Werkzeug oder einer neuen Methode. Das bedeutet automatisch, dass die Versuchspersonen im Laufe des Experiments

[1] Notfalls kann man eine Versuchsbedingung noch während des Experiments fallen lassen.

überdurchschnittlich viel dazu lernen werden; ihre Leistung ist über die Dauer des Experiments hinweg nicht konstant, sondern verbessert sich schnell.

Ohne Training kann ein Lerneffekt das Experiment bedrohen.

Dies kann auf zweierlei Weise die äußere Gültigkeit des Experiments bedrohen:

- Falls Versuchsbedingung A das Lernen besser unterstützt als die Vergleichsbedingung B, so könnten die Ergebnisse besagen, A sei überlegen, auch wenn der Vorteil in der Praxis nach kurzer Zeit verschwinden würde — oder sich sogar ins Gegenteil verkehrte. Ein hypothetisches Beispiel für einen solchen Effekt wäre der Vergleich zweier Werkzeuge, von denen eines eine graphische, mit der Maus zu bedienende Oberfläche hat (leicht zu lernen) und das andere eine textuelle Kommandoschnittstelle (schwieriger zu lernen, aber anschließend eventuell mächtiger).
- Falls die Geschicklichkeit der Versuchspersonen im Experiment insgesamt zu gering bleibt, könnte dies einen eigentlich vorhandenen Unterschied zwischen den Versuchsbedingungen verdecken. Ein Beispiel hierfür ist [Typcheck/85]: Bei der ersten Aufgabe, die Versuchspersonen zu bearbeiten hatten, waren keine Unterschiede zwischen der Gruppe mit Typprüfung und derjenigen ohne Typprüfung zu erkennen. Das Experiment sah jedoch noch eine zweite Aufgabe für jede Versuchsperson vor, bei der die Unterschiede dann zu Tage traten.

Die Versuchspersonen sollten also vor Beginn der eigentlichen Messungen an die Versuchsbedingungen gewöhnt sein. Das kann man durch ein Training losgelöst vom eigentlichen Experiment besorgen oder eben durch einen Vortest. Der Vortest ist logistisch aufwändiger, weil Messungen vorgenommen werden müssen, er bietet aber auch erhebliche Vorteile für das Experiment. Ein Paradebeispiel ist [Vertrag/131]. Hier wurden die Experimentteilnehmer vor Beginn mit einem interaktiven, computergestützten Kurs in der Methodik des Programmierens mit Zusicherungen und der Syntax des benutzten Werkzeugs trainiert. Das Lehrprogramm hielt dabei fest, wie häufig jede Versuchsperson die einzelnen Testfragen im Kurs falsch beantwortete und wie lange sie insgesamt für den Kurs benötigte. Durch diese Ergebnisse diente die Ausbildung der Teilnehmenden zugleich als Vortest. Bei [Szenarios/95] wurde hingegen eine reine Einweisung in Inspektionen und die Notation der Anforderungsbeschreibungen benutzt, ohne Messung und sogar ohne spezifische Erklärung von Szenarios. In vielen Fällen liefert die Ausbildung für die Experimentbedingungen überhaupt erst den Anlass für das ganze Experiment, beispielsweise bei [Muster/117].

■ **Vortest im weiteren Sinne.** Ein Vortest, wie oben geschildert, ist zu unterscheiden von dem Fall, dass jede Versuchsperson z.B. zwei Aufgaben bearbeitet und dazwischen eine Ausbildung oder ein Training erfolgt. In diesem Fall nennt man die erste Aufgabe oftmals auch dann Vortest, wenn die Versuchsgruppen dabei verschieden behandelt werden. [Muster/117] ist ein Beispiel hierfür. Ein solcher „Vortest im weiteren Sinne" reduziert zwar gegebenenfalls den Lerneffekt im Nachtest, ist aber offensichtlich bei der Gruppenbalancierung oder Paarbildung nicht hilfreich.

9.6. Paarbildung oder Balancierung

Die innere Gültigkeit eines Experiments ist bedroht, wenn durch irgendeinen dummen Zufall versehentlich einer Versuchsgruppe spürbar leistungsfähigere Versuchspersonen zugeteilt werden als der anderen. Insbesondere wenn die Gruppen klein sind, kann das trotz randomisierter Zuweisung der Personen leicht vorkommen.

Die Zufallszuweisung von Personen zu Gruppen sollte möglichst gleichmäßig nach Leistungsfähigkeit erfolgen.

■ **Balancierung.** Dieses Risiko läßt sich vermindern, wenn man bereits bei der Gruppeneinteilung Anhaltspunkte für die Leistungsfähigkeit der Einzelnen hat und dafür sorgt, dass die Gruppen im Hinblick auf diese Anhaltspunkte

***Experiment 9.4:** [Vertrag] Programmieren per Vertrag (Typke und Prechelt [204])*

Experimentfrage: Sogenannte Zusicherungen (*assertions*) prüfen zur Laufzeit Bedingungen im Programm, die garantiert immer erfüllt sein müssen; andernfalls wird eine Fehlermeldung erzeugt. Beim Programmieren per Vertrag werden Zusicherungen für die Vor- und Nachbedingungen aller Prozeduren oder Methoden realisiert. Angeblich führt das Verfahren zu besserer Lesbarkeit des Programms, schnellerer Entdeckung von Fehlern und einem fehlerärmeren Endprodukt. Stimmt das?

Vorgehen: 9 C-Programmierer (Informatikstudenten mit Vordiplom) bearbeiteten je zwei Wartungsaufgaben (Programmerweiterungen), eine mit Zusicherungen im Basisprogramm und den eigenen Ergänzungen und die andere ohne, gemäß einem gegenbalancierten Versuchsplan. Eine der Erweiterungen betraf grundlegende Stringoperationen, hatte also eher Neuentwicklungscharakter, die andere fand „mitten im bestehenden Programm" statt, hatte also Wartungscharakter. Die Änderungen wurden erst akzeptiert, wenn alle vordefinierten Testfälle korrekt bestanden wurden.

Ergebnis: Der Zeitbedarf war bei Neuentwicklung mit und ohne Zusicherungen im Mittel etwa gleich, bei Wartung tendenziell mit Zusicherungen kürzer (und es wurden mehr vorhandene Funktionen wiederverwendet); er variierte beidemal mit Zusicherungen tendenziell weniger stark. Wegen zu kleiner Gruppen sind die Unterschiede nicht streng statistisch signifikant. Die Ergebnisse aus einem zweiten, ähnlich aufgebauten Experiment mit 9 Java-Programmierern mussten verworfen werden, weil das dort benutzte Zusicherungswerkzeug unzuverlässig war und die Arbeit behinderte.

Folgerung: Das Experiment gibt wegen zu kleiner Gruppen keine schlüssigen Auskünfte, legt aber nahe, dass die Vorteile von Zusicherungen zumindest in der Wartung real sind. Ein Grund ist vermutlich die bessere Verständlichkeit, die in der Wartung zu mehr Wiederverwendung statt Neuschreiben führt.

gleich stark besetzt werden (Balancierung). Idealerweise benutzt man als Anhaltspunkt die Ergebnisse eines Vortests (siehe Abschnitt 9.5).

Kann kein Vortest durchgeführt werden oder ist es nicht möglich, ihn schnell genug vor Beginn des eigentlichen Experiments auszuwerten, um die Gruppen danach einzuteilen, so muss man als Anhaltspunkt nehmen, was man sonst kriegen kann. Bei [Muster/117] dienten beispielsweise zehn verschiedene Kriterien, die einige Tage vorab durch Befragung der Teilnehmer ermittelt wurden, zur Balancierung der Gruppen. Sechs der Kriterien waren Kenntnisse in den sechs Entwurfsmustern, die im Experiment auftraten, die übrigen waren allgemeinerer Natur.

■ **Schwierigkeiten.** Bei der Balancierung ergeben sich in der Praxis vor allem zwei Schwierigkeiten: Erstens sinkt die Wirksamkeit der Balancierung mit sinkender Korrelation zwischen dem benutzten Anhaltspunkt und der wirklichen Leistung und viele der leicht verfügbaren Anhaltspunkte korrelieren mit der Leistung nur gering — das ist aber immer noch besser als nichts. Zweitens ist die Menge der Versuchspersonen oftmals nicht rechtzeitig bekannt: Mal erscheinen angekündigte Versuchspersonen nicht, mal werden die Versuchspersonen gar erst nach und nach im Verlauf des Experiments angeworben. Bei [Muster/117] wurden beispielsweise unsere Versuche einer sorgfältigen Gruppenbalancierung dadurch behindert, dass erstens drei der 32 angekündigten Teilnehmer auf die Befragung nicht antworteten (weil sie verreist waren), zweitens vier der angekündigten Teilnehmer nicht zum Experiment erschienen und drittens ein nicht angekündigter Teilnehmer kurzfristig ins Experiment aufgenommen werden sollte. In solchen Fällen kann man allenfalls noch eine grobe Balancierung hinbekommen, aber auch hier gilt: Das ist besser, als sich blind auf sein Glück zu verlassen.

Oft genügt eine grobe subjektive Einteilung.

Wenn man jemanden zur Hand hat, der die Versuchspersonen gut kennt, ist oft eine grobe subjektive Einteilung (gut, mittel, schwach) die beste Methode.

Statistisch optimal wäre, eine Person immer nur mit sich selbst zu vergleichen.

■ **Paarbildung.** Selbst wenn die Gruppen perfekt balanciert sind, steht dem Experiment aber immer ein anderer Effekt im Weg, nämlich der große Unterschied in der Leistung zwischen den einzelnen Versuchspersonen, der es schwer macht, zu scharfen Aussagen zu gelangen. Schön wäre, wenn man eine Person immer nur mit sich selbst vergleichen müsste, denn die Leistungsschwankungen innerhalb einer Person sind viel schwächer als zwischen verschiedenen Personen. Leider ist ein solcher Experimentplan mit echt mehrfachen Messungen (*repeated measurements*) in der Softwaretechnik fast nie möglich: Wir können nicht dieselbe Person zweimal die gleiche Aufgabe unter unterschiedlichen Bedingungen lösen lassen, ohne dass die Aufgabe beim zweiten Mal erheblich einfacher wird — nur eine Gehirnwäsche könnte da Abhilfe schaffen.

Praktisch sollten wir zumindest jede Person mit einer ähnlichen vergleichen.

Einen Ausweg aus dieser Situation bietet die Paarbildung: Wir vergleichen jede Versuchsperson nicht mit sich selbst, sondern mit einer anderen, die ihr ähnlich ist. Diese beiden bilden also ein Paar, von dem wir so tun, als seien beide einund dieselbe Person (siehe [34, S. 261ff]). Die beste Grundlage für eine solche Paarbildung sind wiederum die Ergebnisse eines Vortests.

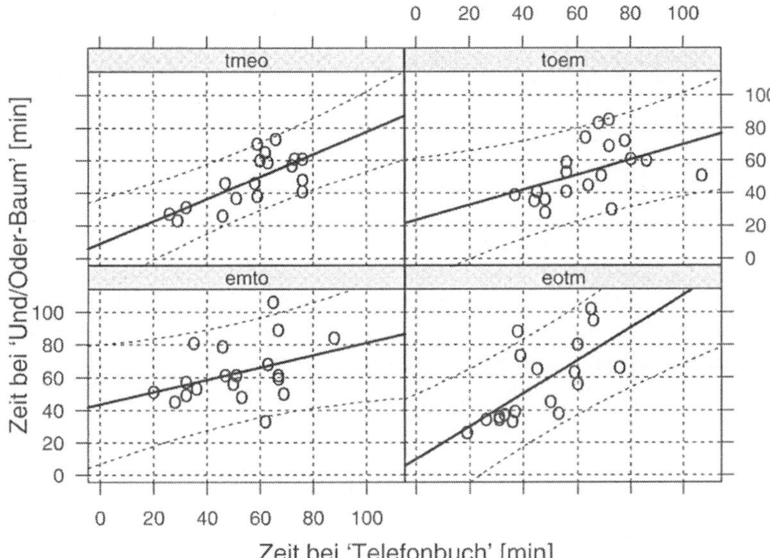

Abbildung 9.5. Korrelation des Zeitbedarfs der jeweils selben Versuchsperson in den zwei aufeinander folgenden Versuchsbedingungen Tupel (bei Aufgabe Telefonbuch) und Element (bei Aufgabe Und/Oder-Baum) von [Musterdoku/80], getrennt für jede der vier Versuchsgruppen. (Zum Beispiel steht emto für „zuerst Element mit Musterdokumentation, dann Tupel ohne".) Die Korrelation liegt zwischen 0,37 (unten links) und 0,70 (oben links).

Dann steigt die Trennschärfe einer statistischen Analyse.

Sind Versuchspersonen gepaart, so können wir bei der Analyse statistische Methoden anwenden (z.B. sogenannte gepaarte Hypothesentests), die nicht Differenzen zwischen Gruppen betrachten, sondern eine Gruppe von Differenzen. Wenn die Paare tatsächlich gut zueinander passen, sind solche Methoden trennschärfer als normale Gruppenvergleiche. Wenn mehr als zwei Gruppen zu vergleichen sind, können wir analog natürlich auch Tripel bilden etc.

■ **Schwierigkeiten.** Allerdings kann die Leistungskonstanz sogar bei ein- und derselben Person verblüffend gering sein, wie die Abbildung 9.5 zeigt, die Daten von [Musterdoku/80] wiedergibt. In solchen Fällen wird die Paarbildung nur wenig oder gar keinen Vorteil für die Trennschärfe der statistischen Techniken bieten. Vergleichen wir im Beispiel die Gruppen, die „Tupel" mit Musterdokumentation bearbeitet haben, mit den Gruppen, die „Tupel" ohne Musterdokumentation bearbeitet haben, so ergeben normale Hypothesentests auf Unterschiede im Mittelwert oder Median unklare Ergebnisse: Der Wilcoxon-Test liefert $p = 0{,}11$, der t-Test $p = 0{,}08$. (Zu Hypothesentests siehe Abschnitt 13.4, insbesondere Notiz 13.13.) Paaren wir nun die Mitglieder dieser Gruppen entsprechend ihrer Rangordnung bei den Ergebnissen der anderen Aufgabe „Element", so verbessern sich die Resultate zwar, aber nur wenig: Der gepaarte Wilcoxon-Test liefert $p = 0{,}08$, der gepaarte t-Test $p = 0{,}06$.

Dieses Beispiel hat noch einen weiteren Haken: Eine der Gruppen hat nämlich 36 Personen, die andere 38. Es stellt sich also die Frage, welche zwei Versuchspersonen wir bei der Paarbildung unter den Tisch fallen lassen. In der Beispielrechnung waren das die beiden beim Paarbildungskriterium schlechtesten Versuchspersonen, was der größeren Gruppe einen unfairen Vorteil verschafft.

9.7. Reihenfolgeeffekte

Manchmal ist die Reihenfolge der Aufgaben für den Effekt wichtig.

In Abschnitt 4.4 haben wir gesehen, dass eine der Bedrohungen für die innere Gültigkeit die Reifung ist, die beispielsweise in Form von Reihenfolgeeffekten auftreten kann: Es ist nicht das Gleiche, ob ich erst mit Versuchsbedingung A arbeite und dann mit B, oder umgekehrt: Ermüdung kann die Leistung abschwächen, Hinzulernen kann sie verbessern. In den Abschnitten 4.5 und 9.2 wurde bereits angesprochen, dass eine gute Gegenmaßnahme gegenbalancierte Experimentpläne sind, die die Reihenfolge der Versuchsbedingungen wie eine zusätzliche unabhängige Variable behandeln. Leider kann es dabei zwei Probleme geben:

Erstens kann es passieren, dass wir uns einen gegenbalancierten Entwurf nicht leisten können oder wollen, zum Beispiel, weil wir unsere Gruppen nicht zusätzlich zersplittern möchten, da sie ohnehin schon sehr klein sind. Wenn wir in einem solchen Fall einen Reihenfolgeeffekt befürchten, so empfiehlt sich eine konservative Wahl der Reihenfolge: Angenommen, wir erwarten erstens, dass Versuchsbedingung A besser abschneidet als B und dass zweitens jede Versuchsperson in der zweiten Aufgabe relativ besser ist als in der ersten, weil sie im Laufe des Experiments dazu lernt. In diesem Fall sollten wir jeder Versuchsperson zuerst Bedingung A auferlegen, weil das Dazulernen dann den Vorteil von A gegenüber B abschwächt — das Experiment ist also konservativ. Bei der umgekehrten Reihenfolge könnte der Reihenfolgeeffekt einen Vorteil von A vorspiegeln, selbst wenn es in Wirklichkeit gar keinen Vorteil gibt. [Erkundungswerkzeug/37] ist ein Beispiel für ein Experiment, das diese Entscheidung getroffen hat. Das Werkzeug, dessen Nützlichkeit nachgewiesen werden sollte, wurde immer in der ersten Aufgabe benutzt, bevor in der zweiten Aufgabe mit den „normalen" Methoden eine gleichartige Programmanalyse durchzuführen war.

Zweitens kann es sein, dass eine Gegenbalancierung aus inhaltlichen Gründen ausscheidet. Bei manchen Versuchsbedingungen ist zu erwarten, dass eine Versuchsperson anschliessend nicht richtig auf eine andere Versuchsbedingung umschalten kann. Ein Beispiel ist die szenariobasierte Inspektionsmethode von [Szenarios/95]. Es ist zu befürchten, dass viele Versuchspersonen immer eine Denkweise mit Szenarios benutzen werden, sobald sie diese Technik einmal kennen gelernt haben. Deshalb kann die Szenariotechnik nur in der letzten Aufgabe jeder Versuchsperson benutzt werden. In diesem Fall muss man also einem Reihenfolgeeffekt durch gründliches vorheriges Training vorbeugen, falls man erwartet, dass die Versuchspersonen ihre Leistung von Aufgabe zu Aufgabe steigern und ein Vorteil der Szenariotechnik nachgewiesen werden soll.

Die allergründlichste Maßnahme gegen Reihenfolgeeffekte besteht natürlich darin, jede Versuchsperson nur eine Aufgabe bearbeiten zu lassen (Extra-Subjekt-Entwurf).

9.8. Motivationseffekte

Eine der Bedrohungen für die innere Gültigkeit eines Experiments sind Motivationseffekte. Die Experimentatoren könnten (bewusst oder unterbewusst) durch ihr Auftreten und Reden die Versuchspersonen für oder gegen eine der Versuchsbedingungen einnehmen, so dass der beobachtete Effekt zum Teil nicht mehr auf die Versuchsbedingung an sich, sondern auf die Haltung der Experimentatoren zurückzuführen ist (Experimentatoreffekt). Diese Gefahr ist in der Softwaretechnik häufig gegeben, denn meist stehen die Experimentatoren den möglichen Ergebnissen des Experiments nicht neutral gegenüber, sondern es gibt eindeutig favorisierte und eindeutig unerwünschte Ausgänge.

Aber selbst wenn die Experimentatoren keinen ungleichen Einfluss auf die Versuchsgruppen ausüben, kann eine haltungsbedingte Verzerrung zugunsten einer Gruppe eintreten, falls die Versuchspersonen selbst eine vorgefasste Meinung mitbringen, die ihre Motivation beeinflusst. Auch diese Gefahr ist häufig gegeben, denn viele Experimente vergleichen neue, „fortgeschrittene" Methoden mit mehr oder weniger bewährten „alten Hüten" — es ist sehr wahrscheinlich, dass die Sympathien der Versuchspersonen bereits im Vorhinein kräftig in die eine oder die andere Richtung ausschlagen und es wäre ein seltenes Glück, falls in beiden Gruppen gleich viele Versuchspersonen für wie gegen die neue Technik eingestellt sind.

Zurückhaltung der Experimentatoren vermeidet ungleiche Beeinflussung der Gruppen.

In der Softwaretechnik kann die Beeinflussung durch die Experimentatoren oft dadurch vermieden werden, dass diese sich weitgehend aus der Experimentdurchführung heraushalten, also nicht persönlich auf die Versuchspersonen einwirken. Entscheidend ist der Verzicht auf individuelle Äußerungen der Experimentatoren, z.B. durch schriftliche statt mündliche Anweisungen oder

Definition 9.6: „Blindversuch, Doppelblindversuch"

In der medizinischen (insbesondere der pharmazeutischen) Forschung haben sich gegen die Gefahren von Motivationseffekten die Techniken des Blindversuchs und des Doppelblindversuchs etabliert.

Blindversuch bedeutet, dass die Versuchsperson nicht erfährt, welcher Behandlung sie eigentlich ausgesetzt wird, ob sie also zum Beispiel das zu testende neue Medikament erhält oder ein altbewährtes (bzw. einen Placebo). Doppelblindversuch bedeutet, dass zusätzlich selbst der behandelnde Arzt nicht weiß, welche der von ihm benutzten Medikamentbehälter das alte beziehungsweise das neue Medikament enthalten.

notfalls durch auswendig gelernte Formulierungen und ein striktes Einhalten einer vorgefassten Verhaltensprozedur.

Verschweigen der Experimentvariablen vermeidet ungleiche Beeinflussung der Gruppen, ist aber oft unmöglich.

Aber so wünschenswert es oft wäre: Bei softwaretechnischen Experimenten ist es in vielen Fällen einfach unmöglich, eine Versuchsperson über die aktuelle Versuchsbedingung im Unklaren zu lassen (Blindversuch, siehe Definition 9.6). Die Unmöglichkeit tritt in der Regel dann ein, wenn das Experiment eine Frage über den Software*prozess* behandelt, denn dieser Prozess muss nun einmal von den Versuchspersonen durchgeführt werden; also müssen sie auch darüber informiert werden, welchen Prozess sie benutzen sollen. Wie soll beispielsweise eine Versuchsperson Szenarios (wie bei [Szenarios/95]) oder Verlässlichkeitsfälle (wie bei [Robustheit/147]) einsetzen, ohne dies zu bemerken?[2] Allenfalls durch das Verschweigen der Versuchsbedingung der *anderen* Versuchsgruppe kann eventuell eine Beeinflussung der Motivation vermieden oder vermindert werden; selbst dies ist aber meist praktisch nicht durchführbar (es gelang jedoch z.B. bei [Protokoll/79]).

Günstiger sieht es aus, falls die Experimentfrage ein Software*produkt* anstatt eines -prozesses betrifft. In diesem Fall kann man den Versuchspersonen vage oder irreführende Angaben über den Zweck des Experiments machen und so eine Voreingenommenheit gegenüber bestimmten Versuchsbedingungen vermeiden. Beispielsweise wussten die Versuchspersonen bei [Muster/117], [Musterdoku/80] oder [OO-Entwurfswartung/101] nicht, worin die Unterschiede zwischen den einzelnen Gruppen bestanden oder was genau überhaupt die untersuchte Fragestellung war. Allerdings sollte man sich darüber klar sein, dass eine Irreführung nicht immer wirksam ist, weil Versuchspersonen die untersuchte Fragestellung oftmals leicht erraten können. Bei [Muster/117] zum Beispiel ergab die Nachbefragung, dass vielen Versuchspersonen spätestens während des Experiments klar wurde, dass es Programmversionen mit und ohne Entwurfsmuster gab.

9.9. Stichprobengrößen und Trennschärfe

Es wäre schön, wenn man bereits bei der Experimentplanung berechnen könnte, mit welcher Wahrscheinlichkeit das geplante Experiment die erwarteten Ergebnisse tatsächlich erzielen wird. Unter bestimmten Voraussetzungen geht das tatsächlich, allerdings sind diese theoretischen Voraussetzungen in der Praxis nur selten gegeben. Betrachten wir dies an einem Beispiel und zwar zur Vereinfachung einem reinen Hypothesentest (siehe Definition 13.11).

[2]Ausgenommen sind Fälle, in denen die Prozessänderung die äußeren Bedingungen betrifft, z.B. Leistung benutzter Rechner, Häufigkeit von Unterbrechungen durch Telefonanrufe, etc. Ein Grenzeispiel ist [Typcheck/85], wo die Prozessunterschiede durch verschiedene Übersetzer hergestellt wurden, was den Versuchspersonen verschwiegen werden könnte, aber wohl besser nicht verschwiegen werden sollte.

Die Wahrscheinlichkeit, mit der ein statistischer Hypothesentest ein signifikantes Ergebnis anzeigt (sie heißt *Trennschärfe* oder *power*, siehe Definition 16.22), lässt sich berechnen, wenn die Wahrscheinlichkeitsverteilungen bekannt sind, aus denen die Stichproben stammen, die verglichen werden. Diese Anforderung ist praktisch gesehen beispielsweise für einen t-Test dann erfüllt, wenn die folgenden Bedingungen gelten:

Die Trennschärfe eines Experiments ließe sich theoretisch vorausberechnen, wenn die Variabilität der Leistungen und die Größe des Gruppenunterschieds bekannt wäre.

1. Die Stichproben müssen beide aus Normalverteilungen stammen.
2. Die Normalverteilungen müssen die gleiche Varianz aufweisen.
3. Die Varianz muss bekannt sein.
4. Der Mittelwertunterschied der Verteilungen muss bekannt sein.
5. Die Stichprobengröße muss bekannt sein.

Der Zweck einer solchen Berechnung könnte also darin liegen, aus den übrigen Faktoren zu ermitteln, wie viele Versuchspersonen man mindestens benötigt, damit das Experiment sinnvoll (d.h. genügend aussichtsreich) wird.

Die ersten beiden der obigen Bedingungen könnte man mit etwas Mut und einem kurzen Stoßgebet einfach als gegeben annehmen und die Stichprobengröße hat man in gewissen Grenzen als Experimentator selbst in der Hand. Aber was ist mit den beiden restlichen Bedingungen?

Der Mittelwertunterschied ist natürlich unbekannt, denn deshalb wollen wir das Experiment ja gerade durchführen. Allerdings können wir uns hier behelfen, indem wir einfach einen willkürlich gewählten Wert x für den Unterschied einsetzen: Sollte später im Experiment der tatsächliche Unterschied größer sein, werden die Erfolgschancen besser, was uns ja nur recht sein kann; für kleinere Unterschiede stellen wir uns auf den Standpunkt, dass uns die Erfolgschancen in diesem Falle egal sind, weil der Unterschied dann zu klein ist, um von praktischer Bedeutung zu sein. Wir wählen also x als Schwelle, bei der der Unterschied beginnt, relevant zu sein. Objektiv korrekt könnte diese Schwelle nur aufgrund einer Kosten/Nutzen-Abwägung festgelegt werden, was aber selten möglich ist, weil die Kosten meist unklar sind. Die Wahl von x ist also heikel.

Das größte Problem jedoch ist die Varianz der Verteilungen. Wie wir am Beispiel von Arbeitszeitverteilungen in Abschnitt 16.3 sehen können, unterscheidet sich die Varianz innerhalb der Versuchsgruppen von Experiment zu Experiment dramatisch und es gibt bislang keine brauchbaren Theorien darüber, mit wie viel Variabilität man in einem gegebenen Versuchsaufbau rechnen sollte. Selbst wenn man mit einem bestimmten Versuchsaufbau bereits Erfahrungen haben sollte, kann allein schon eine Veränderung des Personenkreises, aus dem die Versuchspersonen stammen, zu starken Erhöhungen der Variabilität und dementsprechend bösen Überraschungen bei den Erfolgsaussichten des Experiments führen, wie das reale Beispiel aus Abschnitt 8.2 eindrucksvoll zeigt.

Zusammengenommen halte ich die Forderungen einiger Autoren [28, 135] nach einer routinemäßigen Berechnung der Trennschärfe für überzogen und verfrüht — jedenfalls für die Experiment*planung*. Es fehlt uns dazu bislang einfach an Wissen darüber, was wir in unseren Experimenten zu erwarten haben. Im Rahmen der Auswertung eines Pilotexperiments oder eines Experiments ohne signifikantes Resultat kann eine Trennschärfeberechnung allerdings nützlich sein.

9.10. Abnahmetest

Ähnlich nützlich wie ein Vortest vor Beginn des Experiments ist ein Abnahmetest an seinem Ende (oder gegebenenfalls am Ende jeder Aufgabe). Abnahmetest bedeutet, die Versuchspersonen können nicht einfach selbst festlegen, wann sie die Aufgabe als gelöst betrachten, sondern müssen zuvor einen objektiven Test bestehen, der die Qualität ihrer Lösung prüft.

Ein Abnahmetest motiviert die Versuchspersonen und vermindert Qualitätsunterschiede.

Je nach Situation können sich durch einen Abnahmetest die folgenden Vorteile einstellen:

- Die Versuchspersonen nehmen die Aufgabe ernster und sind besser motiviert.
- Die Qualität der einzelnen Lösungen unterscheidet sich nicht so stark, so dass bei der Interpretation der Ergebnisse die Abwägung zwischen Aufwand und Qualität einfacher wird. Ein Beispiel für die Verrenkungen, die ohne Akzeptanztest nötig werden können, liefert [Musterdoku/80]. Bei einer Aufgabe war hier die Experimentgruppe langsamer, lieferte aber zugleich häufiger eine korrekte Lösung. Dass sie tatsächlich überlegen war, wurde erst sichtbar als beim Zeitvergleich nur die korrekten Lösungen betrachtet wurden — allerdings darf man nur die k schnellsten Lösungen jeder Gruppe vergleichen, weil der Vergleich sonst zu Ungunsten der größeren Teilgruppe verzerrt wäre (siehe die Abschnitte 13.4.1 und 13.4.5).
- Es fallen für jede Versuchsperson zusätzliche Daten an (nämlich Anzahl benötigter Akzeptanztests und eventuell deren jeweiliges Ergebnis), die einen gewissen Einblick in den Lösungsprozess erlauben und bei der Interpretation der Ergebnisse hilfreich sein können.

Allerdings gibt es auch zwei Probleme. Erstens sind Abnahmetests in vielen Fällen aufwändig zu realisieren und, je nach Aufgabe, manchmal nur in grober Form möglich — beispielsweise, wenn das Ergebnis der Bearbeitung ein Entwurf ist. Zweitens kann ein Abnahmetest manche Versuchspersonen dazu verleiten, sich auf den Abnahmetest als Qualitätssicherung zu verlassen, anstatt selbst eine gute Qualität anzustreben. Ein solcher Missbrauch wurde bei [PSP/78] recht erfolgreich auf die folgende Weise vermieden: Jeder nicht bestandene Akzeptanztest kostete die Versuchsperson ein Fünftel ihrer Bezahlung (von maximal DM 50) für die Experimentteilnahme.

In manchen Fällen würde ein Experiment ohne Akzeptanztest sogar unbrauchbar. Bei [N-Versionen/153] setzt die untersuchte Fragestellung voraus, dass alle abgelieferten Programme äußerst zuverlässig sein müssen. Das ist ohne Akzeptanztest nicht zu gewährleisten.

9.11. Zeitbeschränkung

Eine letzte Frage beim Experimententwurf besteht darin, ob den Versuchspersonen zur Bearbeitung ihrer Aufgaben eine unbegrenzt lange Zeit gegeben werden soll oder ob eine von vornherein bekannte Zeitbeschränkung benutzt wird.

Eine Zeitbeschränkung erleichtert die Durchführung und ist eventuell eine realitätsnahe Randbedingung.

Eine solche Beschränkung hat zwei Vorteile: Erstens erleichtert sie offensichtlich die Organisation und Durchführung des Experiments in Bezug auf Raumbelegung, Überwachung, etc. Zweitens kann man sich auf den Standpunkt stellen, dass eine Zeitbeschränkung die äußere Gültigkeit des Experiments verbessert, weil sie zu Zeitdruck führt, wie er auch bei wirklicher Softwareentwicklung meist gegeben ist — dieses Argument ist allerdings nicht ohne Tücken und sicherlich nicht generell zutreffend.

Zeitbeschränkung verstärkt jedoch Qualitätsunterschiede.

Als Nachteil steht dem gegenüber, dass Zeitbeschränkung und Abnahmetest offensichtlich nicht ganz kompatibel sind; es sei denn, man ist bereit, eine höhere Zahl von erfolglosen Experimentteilnehmern hinzunehmen — was aber die Analyse und Interpretation enorm erschwert, vor allem, wenn die Versagensquote in den verschiedenen Gruppen nicht gleich groß ist. Solche Schwierigkeiten kann man zwar auch ohne eine Zeitbeschränkung bekommen, wie das Analysebeispiel in Abschnitt 13.4.5 zeigt, sie werden aber durch Zeitbeschränkung wahrscheinlicher.

Im schlimmsten Fall hat man die Zeitbeschränkung so knapp gewählt, dass man bei der Zeitmessung einen Deckeleffekt (*ceiling effect*) erhält: Fast alle Teilnehmer haben das Zeitmaximum ausgeschöpft. In diesem Fall fällt die benötigte Zeit als abhängige Variable zur Charakterisierung der Leistungsfähigkeit weitgehend aus. Wenn in diesem Fall fast alle Lösungen auch noch erhebliche Mängel aufweisen sollten, wird die äußere Gültigkeit des Experiments zweifelhaft, denn in der Realität müssten solche Lösungen natürlich nachgebessert werden. Beispielsweise zeigt die Replikation von [Vererbung1/76] durch Harrison, Counsell und Nithi eine Tendenz zu diesem Problem [88].

Jedenfalls ist eine Zeitbeschränkung eine heikle Entscheidung, die man unbedingt mit Vorversuchen absichern sollte, um ein Misslingen des Experiments zu vermeiden.

9.12. Postmortem

Subjektive Befragung nach Versuchsende hilft beim Interpretieren.

Es ist fast immer sinnvoll, nach dem Ende der eigentlichen Aufgaben eine Befragung der Versuchspersonen vorzusehen, die in einem strukturierten Interview oder durch Ausgeben eines Fragebogens realisiert werden kann. Eine solche Befragung bietet die Gelegenheit, qualitative Information über das Experiment zu erhalten, die bei der Interpretation der Ergebnise sehr hilfreich sein kann. Auch quantitative Information aus der subjektiven Sicht der Versuchsperson kann hierbei abgefragt werden. Folgende Fragen bieten sich an:

- Was war besonders schwierig, einfach, lästig, angenehm o.ä.?
- Wie gut schätzen Sie ihre eigene Leistung ein (Geschwindigkeit, Qualität der Lösung)?
- Sind Sie damit zufrieden? Warum?
- Was hätte zur Verbesserung Ihrer Leistung beigetragen?
- Welche Kommentare möchten Sie sonst noch zum Experiment machen?

Falls jede Versuchsperson mehreren verschiedenen Versuchsbedingungen ausgesetzt war, kann man auch nachfragen, welche sie als angenehmer oder als zweckmäßiger empfanden. In der Regel kann sich diese Frage aber nicht direkt auf die Versuchsbedingungen selbst beziehen, sondern muss die Schwierigkeit der Aufgaben zum Maßstab nehmen — insbesondere, falls die Versuchspersonen die Hauptvariable des Experiments gar nicht kannten. Die Antwort vermischt dann Eigenschaften der Aufgaben und der Versuchsbedingungen. Beispielsweise fanden die Versuchspersonen bei [Musterdoku/80] die Aufgabe 'Tupel' im Mittel deutlich einfacher als die Aufgabe 'Element' (Schwierigkeitsgrad 1,5 versus 2,2 auf einer Skala von 1 bis 4); die jeweiligen Versuchsgruppen (mit oder ohne Musterdokumentation) unterschieden sich in ihrem Urteil zu jedem Programm jedoch nicht. Der objektive Vorteil der Musterdokumentation in diesem Experiment wurde also subjektiv kaum wahrgenommen.

Je nach konkreter Fragestellung und dem Aufbau des Experiments sind zusätzliche Fragen sinnvoll, die voraussehbare Mehrdeutigkeiten der Experimentergebnisse ausräumen helfen könnten. Beispielsweise erforschte eine Ankreuzfrage im Postmortem von [Musterdoku/80], welche Entwurfsmuster den Teilnehmern in den beiden Programmen aufgefallen waren, so dass der effektive Informationsmehrwert der Musterdokumentation beurteilt werden konnte. Bei [Szenarios/95] wurde im Postmortem abgefragt, wie gründlich die Versuchspersonen überhaupt Szenarios angewendet hatten. Beide Beispiele helfen abzuschätzen, wie viel vom möglichen Effekt vielleicht im vorliegenden Fall durch Mängel im Aufbau verschüttet wurde.

9.13. Zusammenfassung

Einige der wichtigsten Zusammenhänge, die in diesem Kapitel erläutert wurden, sind noch einmal im Überblick in den Abbildungen 9.7 und 9.8 dargestellt. Betrachten wir als erstes Abbildung 9.7, die drei wichtige globale Eigenschaften von Experimententwürfen zeigt:

- Falls möglich, ist ein Blindversuch zu empfehlen, um Bedrohungen der inneren Gültigkeit durch Motivationseffekte zu vermeiden.

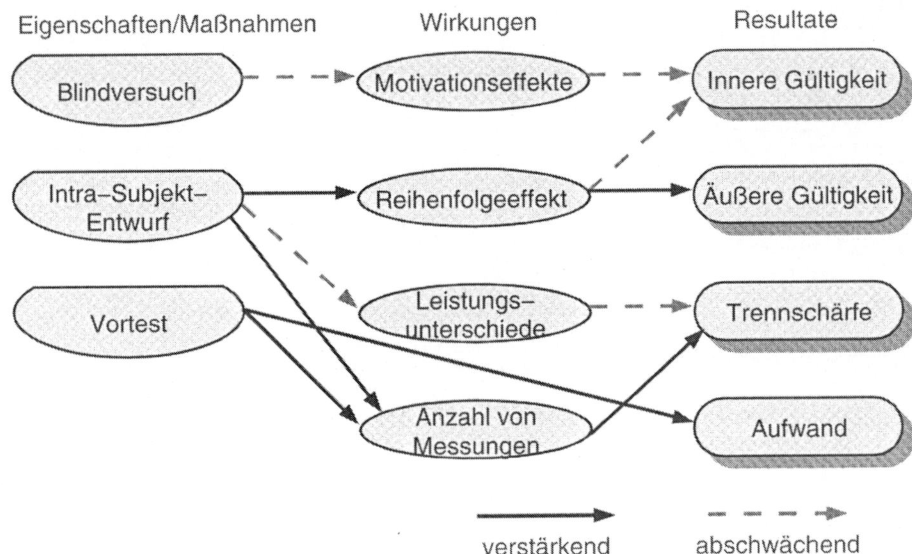

Abbildung 9.7. Drei wichtige Strukturmerkmale von Experimententwürfen, deren Wirkungen und die Konsequenzen für die Qualität des Experiments

- Ein Intra-Subjekt-Entwurf (im Gegensatz zu einem Extra-Subjekt-Entwurf) bewirkt Reihenfolgeeffekte. Diese bedrohen die innere Gültigkeit, wenn sie nicht ausreichend kontrolliert werden. Ist eine genügende Kontrolle vorhanden, verbessern sie jedoch die äußere Gültigkeit.
- Zugleich vermindert ein Intra-Subjekt-Entwurf tendenziell die Leistungsunterschiede zwischen den Versuchspersonen und liefert bei gleicher Zahl von Versuchspersonen mehr Daten — beides verbessert die Trennschärfe.
- Ein Vortest verursacht zwar zusätzlichen Aufwand, kann aber eine enorme Verbesserung der Trennschärfe bewirken und ist deshalb sehr zu empfehlen.

Abbildung 9.8 ergänzt dazu einige weitere Aspekte:

- Ein Abnahmetest erhöht zwar den Aufwand, sichert aber die innere Gültigkeit ab, weil er Fehlschläge aufgrund katastrophaler Irrwege einer Gruppe zu vermeiden hilft.
- Ein Abnahmetest, die Schulung der Teilnehmer für das Experimentthema und die Einbettung des Experiments in einen wirklichen Softwareentwicklungsprozess („natürliches Experiment“) sind Maßnahmen, die die äußere Gültigkeit verbessern, indem sie eine gewisse Mindestqualität der Arbeiten sicherstellen.
- Allerdings hat ein natürliches Experiment eine erheblich geringere Trennschärfe, weil meist nicht genau die gleiche Aufgabe wiederholt gelöst wird, wodurch sich die Unterschiede zwischen den Datenpunkten vergrößern. Dieser Schwäche steht als Vorteil eine besonders gute Glaubwürdigkeit gegenüber.

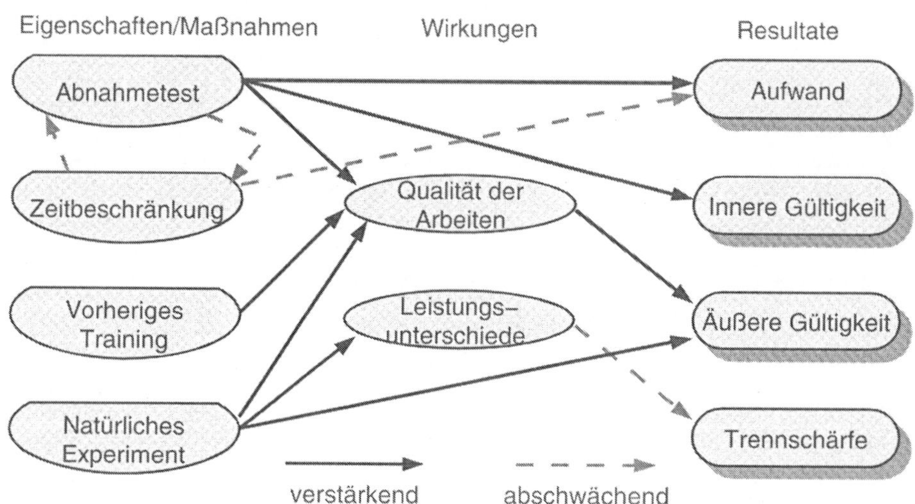

Abbildung 9.8. Vier wichtige Strukturmerkmale von Experimententwürfen, deren Wirkungen und die Konsequenzen für die Qualität des Experiments

- Eine Zeitbeschränkung (die einem Abnahmetest tendenziell widerspricht) begrenzt hingegen den Aufwand. Außerdem kann man hoffen, dass sie den Zeitdruck realistischer Softwareentwicklung nachbildet und somit die äußere Gültigkeit verbessert.

Messgrößen und Messverfahren

The size of a bool is at least one bit.
C* LANGUAGE REFERENCE MANUAL

Ein kontrolliertes Experiment soll präzise, objektive und reproduzierbare Aussagen liefern. Damit es das kann, müssen die Beobachtungen, aus denen die Experimentergebnisse hergeleitet werden, ihrerseits möglichst genau, objektiv und natürlich reproduzierbar sein. Leider ist das für viele Größen, die man gern beobachten würde, nur sehr schwierig zu erreichen. Dieses Kapitel beschreibt, wie man mit solchen Schwierigkeiten umgehen kann.

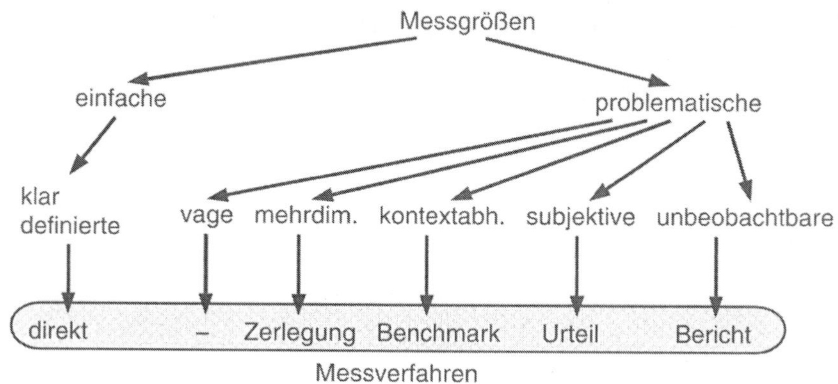

Abbildung 10.1. Hierarchie der Arten von Messgrößen (obere drei Ebenen) und der zugehörigen grundsätzlichen Messverfahren (unterste Ebene)

10.1. Prozessmaße versus Produktmaße

Eine fundamental wichtige Unterscheidung für die Betrachtung von Messgrößen und Messverfahren ist die zwischen dem Vorgang des Lösens der Experimentaufgabe durch eine Versuchsperson (Prozess) und der dabei entstehenden Lösung (Produkt).

Produktmaße sind meist komplizierter als Prozessmaße.

Tendenziell sind brauchbare Messgrößen leichter für den Prozess anzugeben, denn das Produkt ist notorisch komplex in seiner Struktur. Andererseits sind die Messverfahren in einigen Fällen für das Produkt einfacher, denn es ist statisch und kann in aller Ruhe studiert werden, während der Prozess durch seine dynamische und flüchtige Natur schwieriger zu vermessen ist.

10.2. Einfache versus problematische Messgrößen

Ideale Messgrößen wären eindeutig, bedeutsam und leicht zu messen.

Eine ideale Messgröße sollte die folgenden Eigenschaften haben:

- Sie hat eine leicht verständliche, eindeutige und allgemein akzeptierte Definition.
- Sie hat eine große Aussagekraft für das Experiment.
- Sie ist mit geringem Aufwand objektiv und genau messbar.

Dummerweise gibt es fast überhaupt keine Maße, die alle drei Bedingungen erfüllen — ausgenommen vielleicht die Arbeitszeit zur Erledigung einer Aufgabe.

Die meisten aussagekräftigen Maße sind schwierig.

Die meisten aussagekräftigen Messgrößen kommen aus dem Bereich der Qualität. Bei Produkten interessieren wir uns beispielsweise dafür, wie korrekt, verständlich, erweiterbar, effizient oder kompakt sie sind, bei Prozessen wüssten wir beispielsweise gerne, wie effektiv, effizient, fehleranfällig, anstrengend oder robust sie sind. Alle diese Aspekte sind komplex und nicht auf offensichtliche Weise eindeutig durch eine einzelne Zahl auszudrücken. Dementsprechend sind sie schwierig zu messen und haben keine einfache Definition. Die nachfolgenden Abschnitte behandeln unterschiedliche Arten solcher Messgrößen. Abbildung 10.1 zeigt eine Übersicht der verschiedenen Arten von Messgrößen und der Methoden, mit denen man sie messen kann. Zunächst diskutieren wir nun jedoch diejenigen Messgrößen, die einfacher zu handhaben sind.

10.3. Klar definierte Messgrößen

Wir sind aus der Physik gewöhnt, dass fast alle relevanten Größen eine glasklare Definition haben und keine Uneinigkeit über ihre Natur existiert. Das ist in der Softwaretechnik leider nicht der Fall. Es ist vielmehr überraschend, wie *wenige* Größen es gibt, deren Bedeutung klar definiert ist. Die Zeit zur Erledigung einer bestimmten Aufgabe gehört dazu, die Häufigkeit klar definierter Ereignisse (z.B. das erfolgreiche Übersetzen eines Programms) oder Merkmale (z.B. eine IF-Anweisung in einem Programm) oder auch simple Größenmaße (z.B. die Länge eines Programmquelltexts in Bytes).

Nur selten sind klare Größen außer der Arbeitszeit zentral wichtig für ein Experiment.

Leider sind mit Ausnahme der Zeit die meisten dieser Größen wenig oder gar nicht relevant für die Beantwortung der Experimentfrage. Man sollte dennoch ruhig zahlreiche wenig relevante, klare Größen mit erfassen und angeben, weil diese gelegentlich nützlich zur Auflösung von Fragen sind, die bei der Interpretation der Ergebnisse auftreten. Manchmal können sie auch Bedenken gegen die Gültigkeit des Experiments begründen oder umgekehrt zum Ausräumen solcher Bedenken herangezogen werden.

Oft sind sie als Hilfsgrößen dennoch nützlich.

■ **Klare Größen als Hilfsgrößen.** Beim Experiment [PSP/78] waren die beiden zentralen Messgrößen der Zeitbedarf zum Lösen der Aufgabe (eine klare Messgröße) und die Zuverlässigkeit des abgelieferten Programms (eine kontextabhängige Messgröße, siehe Abschnitt 10.6). Die Programme der Experimentgruppe waren einerseits signifikant zuverlässiger, die Versuchspersonen hatten andererseits tendenziell (allerdings nicht signifikant) länger gebraucht, um sie herzustellen. Was ist von diesem Zeitunterschied zu halten? Ist er real oder zufällig? Zwei klare Messgrößen, die für sich genommen nicht relevant für das Experiment waren, halfen bei der Interpretation. Zum einen waren die Programme der Experimentgruppe im Mittel ein wenig länger als die der Vergleichsgruppe, was erklären könnte, warum sie auch mehr Zeit benötigt haben; die Programmlänge (gemessen in *lines of code, LOC*) kann man als ein klares Maß definieren. Zum anderen enthalten die Programme der Experimentgruppe mehr Behandler für Ausnahmen (Java `try/catch`), bei denen die Ausnahme tatsächlich behandelt und nicht einfach ignoriert wird, als die Programme der Vergleichsgruppe; diese Anzahl von Behandlern ist ebenfalls ein klares Maß. Das macht es plausibel, dass die größere Länge des Programms auch tatsächlich zur erhöhten Zuverlässigkeit beiträgt, und das wiederum macht es noch plausibler, dass der Zeitunterschied kein Zufall war.

Auf technische Aspekte des Messens klarer Größen wird in Kapitel 12 etwas näher eingegangen.

10.4. Vage Größen

Größen, die sich überhaupt nicht klar definieren lassen, sollte man nicht benutzen.

Zu den hoffnungslosen Fällen gehören diejenigen Größen, deren Bedeutung auch bei angestrengtem Nachdenken vage bleibt. Für Produkte zählt dazu beispielsweise die ominöse „Komplexität“, an deren Definition sich Softwaretechniker seit mehreren Jahrzehnten ohne nennenswerten Erfolg die Zähne ausbeißen [67, 215]. Für Prozesse wäre die „Angemessenheit“ ein vergleichbares Nebeltier, dass sich nicht brauchbar definieren läßt.

Die Vagheit dieser Größen rührt daher, dass sie „eierlegende Wollmilchsäue“ sein müssten, die mehrere (oft nicht ausdrücklich genannte) Aspekte zugleich charakterisieren, obwohl diese Aspekte gar nicht immer zusammenfallen. Beispielsweise soll die „Komplexität“ zugleich charakterisieren, wie schwierig ein Programm zu schreiben ist, wie schwierig es zu verstehen ist, wie viele Fehler es vermutlich enthält, wie viele Einzelheiten bei einer Änderung relevant sind, wie wahrscheinlich es ist, bei einer Änderung einen Fehler zu begehen und noch einiges mehr. Abgesehen davon, dass schon diese Einzelaspekte schwierig quantitativ zu definieren sind, ist es völlig unklar, wie sie zu einem einzigen Maß verbunden werden müssten.

Wann immer man also glaubt, eine solche vage Größe messen zu wollen, sollte man sich klar machen, welche konkretere Größe oder Größen man in Wirklichkeit im Sinn hat, und sich dann an deren Definition und Messung begeben.

10.5. Mehrdimensionale Größen

Größen mit mehreren Aspekten kann man in Teilen messen und gewichtet zusammenführen.

Praktikabler sind da schon andere Messgrößen, die zwar ebenfalls mehrere verschiedene Aspekte berühren, also mehrdimensional sind, aber ein gemeinsames Kostenmaß für alle diese Aspekte besitzen. Ein Beispiel ist die Wartbarkeit einer Software, zusammengesetzt aus der Verständlichkeit, dem Fehlgehalt, der Fehleranfälligkeit und der strukturellen Erweiterbarkeit — jeden dieser Aspekte könnte man natürlich weiter aufspalten. Das gemeinsame Kostenmaß ist der Zeitaufwand, der von jedem Aspekt verursacht wird.

■ **Messung durch Zerlegung und Rekombination.** Für ein Experiment kann ein solches mehrdimensionales Maß benutzt werden, indem man angibt, welche der Aspekte man berücksichtigen und welche man ignorieren will, wie man die berücksichtigten Aspekte messen wird und wie die Ergebnisse gewichtet und zusammengefügt werden.

10.6. Kontextabhängige Größen

Größen, die von Randbedingungen abhängen, kann man nur für einen konkreten Einzelfall (Benchmark) messen.

Die soeben als Beispiel benutzte Wartbarkeit ist nicht nur eine mehrdimensionale, sondern zugleich eine kontextabhängige Größe: Die Wartbarkeit ist abhängig davon, welche konkreten Wartungsaufträge zu Grunde gelegt werden, also den Kontext der Messung bilden. Auch viele andere interessante Messgrößen haben diese Eigenschaft. Beispielsweise hängen die Zuverlässigkeit, Geschwindigkeit und Speichereffizienz eines Programms von den Eingaben ab, denen man es aussetzt; die Bedienbarkeit hängt von den Bedienern ab und so fort.

■ **Messung per Benchmark.** Kontextabhängige Größen können in einem Experiment ohne weiteres verwendet werden, wenn der benutzte Kontext klar offengelegt wird. Wir wählen also einen ganz bestimmten Kontext aus und benutzen diesen wie einen Benchmark-Test (siehe Definition 3.7). Die Angemessenheit dieser Auswahl beeinflusst die äußere Gültigkeit des Experiments in ganz ähnlicher Weise wie die Auswahl der Aufgaben, die die Versuchspersonen zu lösen haben.

Beispielsweise wurde bei [PSP/78] die Programmzuverlässigkeit anhand mehrerer zufälliger, aber fester Mengen von Eingabedaten gemessen, deren Wahrscheinlichkeitsverteilungen genau spezifiziert wurden. Insgesamt wurden mehrere Tausend Eingaben benutzt. Bei [Robustheit/147] hingegen wurde eine kleine, sorgfältig von Hand entworfene Menge von 25 Eingaben verwendet,

Experiment 10.2: [Robustheit] Robustheit durch Verlässlichkeitsfälle (Maxion und Olszewksi [128])

Experimentfrage: Die Nichtbeachtung von Ausnahmesituationen ist eine Hauptquelle mangelnder Robustheit von Software. Verlässlichkeitsfälle (*dependability cases*) sind ein Methodenvorschlag dagegen: Schreibe alle zu behandelnden Ausnahmesituationen auf; stelle fest, wie sie eintreten können; argumentiere, warum das Programm robust gegen diese Fälle ist. Ist diese Methode hilfreich?

Vorgehen: 59 Studierende verschiedener Semester schrieben jeder innerhalb einer Woche ein C-Programm, das Mittelwert und Standardabweichung von Zahlen aus einer Textdatei berechnet und gegen alle denkbaren Ausnahmen robust sein soll. Die Experimentgruppe benutzte Verlässlichkeitsfälle, die Kontrollgruppe arbeitete wie immer sie wollte.

Ergebnis: In 25 Tests mit insgesamt 12 Ausnahmefällen erzielte die Experimentgruppe im Mittel eine 43% höhere Punktzahl. Verlässlichkeitsfälle führen also zu einer besseren Abdeckung von Ausnahmen (was bereits ein Vorversuch ergeben hatte, der nur diese Frage behandelte) und zu höherer Robustheit.

die darauf ausgerichtet waren, möglichst viele plausible Schwächen der Programme aufzudecken. Die Eingaben sind aber nicht im Einzelnen offen gelegt.

10.7. Subjektive Größen

Subjektive Größen kann man nicht perfekt wiederholbar messen.

Für viele Größen ist es nicht oder jedenfalls praktisch nicht möglich, sie objektiv zu messen, also mit einer exakt definierten und zuverlässig wiederholbaren Prozedur. Das betrifft durchaus nicht nur „Geschmackssachen" wie die Zweckmäßigkeit der Namenswahl in einem Programm und Ähnliches, sondern auch fundamentale Größen wie die Anzahl von Defekten in einem Programm oder Entwurf.

Nehmen wir die Zählung der Defekte in einem Programm. Für nicht-triviale Programme scheidet das erschöpfende Testen zum Aufdecken aller Fehler im Programm aus, ebenso in der Regel die formale Verifikation; das Maß ist also gewissermaßen inhärent subjektiv. Die Subjektivität entsteht aus zwei Effekten, nämlich aus der Unzuverlässigkeit von Beobachtungen und aus der unterschiedlichen Beurteilung von Beobachtungen: Erstens werden verschiedene Gutachter nicht zuverlässig die gleichen Problemstellen entdecken und zweitens werden sich selbst bei einer eindeutigen Menge von Problemstellen verschiedene Gutachter nicht immer darüber einig sein, wo ein Defekt aufhört, wo der nächste beginnt und wie groß also insgesamt die Zahl der Defekte ist.

Genaue Festlegung des Verfahrens sollte aber zu ausreichender Wiederholbarkeit führen.

■ **Messung per subjektivem Urteil.** Für die praktische Verwendung subjektiver Maße in einem Experiment sollte man also die Prozedur zu ihrer Erhebung so weit wie möglich definieren und standardisieren. Das betrifft sowohl das Vorgehen beim Beobachten als auch die Kriterien für die Beurteilung der Beobachtungen.

Offen gelegte subjektive Maße finden sich beispielsweise bei [Typcheck/85] und bei [Musterdoku/80], wo Defektarten offen gelegt werden, die der Zählung der Defektanzahl zu Grunde lagen [160, 162]. [Musterdoku/80] enthält noch ein zweites Beispiel: die Messung des Informationsgehalts von Kommentaren anhand offen gelegter „Informationspartikel", um den im Experiment beobachteten Effekt besser zu verstehen [169].

Es ist wichtig, dass alle „Messungen" vom selben Gutachter vorgenommen werden, denn die Übereinstimmung des Urteils verschiedener Personen ist selbst bei sehr sorgfältig definiertem Vorgehen alles andere als perfekt.

Die Wiederholbarkeit kann durch den Grad von Gutachterübereinstimmung quantifiziert werden.

Um die Stabilität und Subjektivität der Beurteilung zu charakterisieren, sollte man zumindest für eine Stichprobe der beurteilten Daten einen zweiten Gutachter heranziehen, der sich ein unabhängiges Urteil bildet, um so das Maß an Übereinstimmung zwischen verschiedenen Gutachtern berechnen zu können. Es gibt hierfür verschiedene etablierte Berechnungsvorschriften, beispielsweise für nominale Daten den Übereinstimmungskoeffizienten (*coefficient of agreement*) Kappa [20, S.254].

Werden sogar die gesamten Daten von mehr als einem Gutachter beurteilt, so kann man die Stabilität nicht nur beschreiben, sondern durch Mittelwertbildung oder ähnliche Maßnahmen sogar erhöhen. Für weitere praktische Hinweise siehe Abschnitt 13.3.1.

10.8. Nichtbeobachtbare Größen

Manche Größen lassen sich nicht oder nur indirekt beobachten.

Einige möglicherweise aussagekräftige Größen sind prinzipiell gar nicht oder zumindest nur sehr schwierig zu beobachten. Dazu gehört zuallererst all das, was sich lediglich im Kopf einer Versuchsperson abspielt (Denkprozesse). Im Falle von Teamarbeiten zählen dazu jedoch oft auch Kommunikationsvorgänge, die so schnell oder so unterschwellig ablaufen, dass sie nicht zuverlässig beobachtet werden können, oder die einen Kanal benutzen, der dem Beobachter nicht bekannt oder nicht zugänglich ist.

■ **Messung durch Bericht.** In allen diesen Fällen besteht der einzige realistische Ausweg darin, die beteiligten Personen selbst berichten zu lassen, was beobachtet werden soll („think aloud"-Protokolle).

Wenn Versuchspersonen berichten, was sie denken, kann das die Denkergebnisse verändern.

Diese Methode hat den offensichtlichen Nachteil, dass die Genauigkeit der Beobachtungen erstens nicht bekannt ist, zweitens auch kaum ermittelt werden kann und drittens von Versuchsperson zu Versuchsperson schwankt. Ein weniger offensichtlicher Nachteil, der aber praktisch oft noch bedeutsamer ist, liegt in der „Unschärferelation" der Denkprozesse: Das Berichten der Prozesse verändert ihren Inhalt und die genaue Art dieser Verfälschung lässt sich nicht ermitteln. Die psychologische Literatur, auch aus dem Bereich der Programmierpsychologie, hält ausführliche Informationen zu diesem Problem bereit [63].

I find that the harder I work, the more luck I seem to have.
THOMAS JEFFERSON

Aufgabenstellung an die Versuchspersonen

Risk management is project management for adults.
TIM LISTER

Die Auswahl der konkreten Arbeitsaufträge an die Versuchspersonen ist vermutlich die für den Erfolg und die Glaubwürdigkeit eines Experiments kritischste Entscheidung im ganzen Experimentaufbau. Das vorliegende Kapitel beschreibt die Kriterien, die man dabei verwenden sollte, und macht einige Vorschläge zum Vorgehen.

11.1. Struktur von Aufgaben

Aufgaben bestehen zumeist aus Anweisungen und Startprodukten.

Bei softwaretechnischen Experimenten besteht die Aufgabenstellung in der Regel aus mindestens zwei Teilen:

- einem Anweisungstext, der beschreibt, was zu tun ist, und
- einem oder mehreren Softwareartefakten, die als Ausgangspunkt dienen, z.B. Anforderungsbeschreibungen, Entwurfsdokumente, Handbücher, Programmquellcode, Testfälle, etc.

Als dritter Bestandteil kommen eventuell noch Unterstützungsmaterialien hinzu, z.B. aufgabenunabhängige Methodenbeschreibungen, Handbücher für verwendete Werkzeuge und Ähnliches.

Möglichst viele Eigenschaften der Startprodukte sollten realistisch sein.

Für eine gute Verallgemeinerbarkeit des Experiments müssen die vorgegebenen Artefakte einigermaßen realistische Eigenschaften aufweisen — und diese Forderung bezieht sich durchaus nicht in erster Linie auf die Größe. So ist es mit Ausnahme ganz weniger Anwendungsbereiche völlig unrealistisch, eine mathematisch exakte („formale") Anforderungsbeschreibung zu erhalten. Als Experimentator sollte man also in der Regel der Versuchung lieber nicht erliegen, nur um der Genauigkeit willen eine solche exakte Beschreibung herzustellen, denn damit verliert das Experiment an Qualität anstatt zu gewinnen. Knight und Leveson verwendeten sogar bei [N-Versionen/153], also im Bereich hoch zuverlässiger Software, eine nur teilweise formalisierte Anforderungsbeschreibung [110].

Auch ist es realistischer, wenn bei größeren Artefakten oder Mengen von zusammengehörigen Artefakten gewisse Inkonsistenzen auftreten. Eine gründliche Reinigung der Artefakte von solchen Problemen ist der Verallgemeinerbarkeit also selten dienlich. Allerdings kann es dennoch sinnvoll sein, Inkonsistenzen gezielt zu vermeiden, und zwar dann, wenn konkret zu befürchten ist, dass die Variabilität der Leistung zwischen den Versuchspersonen durch die Inkonsistenzen stark zunehmen könnte.

Die Aufgabenstellung ist Herstellen, Verändern oder Analysieren.

Die Aufgabenstellung selbst kann von dreierlei Art sein:

- Ein zusätzliches Artefakt herstellen
  (z.B. eine Implementierung anhand einer gegebenen Anforderungsbeschreibung wie bei [Cleanroom/115], [Offline/74], [PSP/78], [Robustheit/147]).
- Ein gegebenes Artefakt verändern oder erweitern
  (z.B. zusätzliche Funktionalität in ein gegebenes Programm einbauen wie bei [Musterdoku/80], [Muster/117], [Vererbung1/76], [Vererbung2/77], [Vertrag/131], etc.).
- Ein gegebenes Artefakt analysieren
  (z.B. Verständnisfragen beantworten wie bei [Erkundungswerkzeug/37] oder Defekte aufdecken wie bei [Szenarios/95], [Perspektiven/36], [Testmethoden1/96] oder [Testmethoden2/96]).

Mischformen sind natürlich ebenfalls möglich.

Ein zusätzliches Artefakt herzustellen schränkt die Größe der Artefakte, die im Experiment auftreten, stark ein. Oft kann man jedoch eine Fragestellung, die sich im Rahmen eines Herstellungsauftrags untersuchen lässt, auch in einen Wartungskontext verlagern und durch Veränderungs- oder Erweiterungsaufgaben untersuchen. In diesem Fall können die benutzen Artefakte bei gleichem Aufwand der Versuchspersonen erheblich umfangreicher sein, was der Verallgemeinerbarkeit manchmal hilft, manchmal auch nicht — aber selbst dann vielen Kritikern etwas Wind aus den Segeln nimmt.

Herstellungsaufgaben können nur klein sein.

11.2. Repräsentativität und Verallgemeinerbarkeit

Im Gegensatz zu der weit verbreiteten Meinung, für die äußere Gültigkeit eines Experiments sei die Qualifikation der Versuchspersonen am wichtigsten,

Die stärkste Bedrohung der äußeren Gültigkeit geht von der Aufgabenstellung aus, nicht von den Versuchspersonen.

Experiment 11.1: *[N-Versionen] Versagensunabhängigkeit bei N-Versions-Programmierung (Knight und Leveson [110, 111])*

Experimentfrage: Bei N-Versions-Programmierung werden N (z.B. 3) voneinander völlig unabhängige Implementierungen derselben Spezifikation benutzt, um die Zuverlässigkeit zu erhöhen: Die Ergebnisse werden jeweils verglichen und das Resultat der Mehrheit der Versionen wird ausgegeben, so dass einzelne falsche Ausgaben kein Versagen des Gesamtprogramms verursachen. Dieser Ansatz geht von der Annahme aus, dass die N Versionen selten bei derselben Eingabe versagen. Aber sind die Versagen der Versionen tatsächlich statistisch voneinander unabhängig?

Vorgehen: Im Experiment realisierten 27 studentische Versuchspersonen von zwei verschiedenen Hochschulen ein Programm zur Auswertung von Radarsignalen gemäß einer sehr sauberen Anforderungsbeschreibung. Nachdem jedes Programm einen Akzeptanztest mit 200 zufälligen Beispielen bestanden hatte, wurde es einem Test mit einer Million fester Beispiele unterzogen. Die Häufigkeit gleichzeitigen Versagens mehrerer Programme wurde mit dem Wert verglichen, den man erhielte, wenn die Versagen statistisch voneinander unabhängig wären. Man beachte, dass dieser Versuchsaufbau keine Kontrollgruppe benötigt, weil eine Idealisierung als Vergleich dient.

Ergebnis: Die Annahme der statistischen Unabhängigkeit wird mit $p < 0{,}01$ zurückgewiesen.

Folgerung: Die Zuverlässigkeit steigt durch N-Versions-Programmierung also weniger stark an als bisher angenommen.

ist bei näherer Betrachtung der wichtigste Faktor in Wirklichkeit die zu lösende Aufgabe. Unterschiede zwischen Aufgaben, die eine schlechte Verallgemeinerbarkeit der Ergebnisse mit sich bringen, können zum einen in der grundsätzlichen Natur der Aufgabe liegen (z.B. Größe, Schwierigkeitsgrad, Herkunft/Anwendungsbereich: globale Verallgemeinerbarkeit), zum anderen in den Details der Aufgabenstellung (lokale Verallgemeinerbarkeit).

11.2.1. Lokale Verallgemeinerbarkeit

Eine schlechte Aufgabe kann das Ergebnis stark zugunsten einer Gruppe verzerren.

Eine (gezielt oder versehentlich) falsch gewählte Aufgabe kann das Ergebnis stark zugunsten einer Versuchsgruppe von dem abweichen lassen, was man als typisch oder repräsentativ für die zu untersuchende Klasse von Tätigkeiten ansehen müsste.

Betrachten wir als hypothetisches Beispiel einen Vergleich der Effizienz und Effektivität von Test/Debugging versus Inspektion. Obwohl grundsätzlich jeder Programmdefekt durch Inspektion und fast jeder auch durch Test entdeckt werden kann, gibt es natürlich sowohl Fehler, die wesentlich schneller und zuverlässiger bei Inspektionen entdeckt werden, als auch andere, die mit höherer Wahrscheinlichkeit im Test bereinigt werden.

1. Angenommen, in einem Programm wird bei der Berechnung eines gleich anschließend ausgegebenen Ergebnisses versehentlich multipliziert anstatt dividiert. Ein solcher Fehler führt zu grotesk falschen Resultaten und ist im Test im Nu entdeckt, lokalisiert und bereinigt. Bei einer Inspektion ist hingegen erhebliche Aufmerksamkeit nötig, um nicht demselben Denkfehler zu erliegen, der schon beim Programmieren zu dem Fehler geführt hat.
2. Umgekehrt sind subtile Defekte, die nur unter sehr speziellen Bedingungen zum Versagen führen, im Test schwierig zu entdecken.
3. Defekte, deren Wirkung sich beim Versagen des Programms erst lange im Programm fortpflanzt, bevor sie sichtbar wird, sind beim Debugging schwierig zu lokalisieren.

Enthält das Programm, das für dieses hypothetische Experiment benutzt wird, also aus irgendeinem Grund einen unrealistisch hohen Anteil von Fehlern der ersten Sorte, so wird das Experimentergebnis zugunsten von Test/Debugging verzerrt sein. Enthält es andererseits einen unrealistisch hohen Anteil von Fehlern der zweiten und dritten Sorte, so wird das Ergebnis zugunsten von Inspektion verzerrt sein. Deshalb ist die Wahl der Aufgabe (hier also vor allem des zu untersuchenden Programms) überaus kritisch für die Verallgemeinerbarkeit des Resultats.

Wird das zu untersuchende Programm nicht einem wahren Entwicklungsprozess entnommen, sondern werden die Fehler künstlich eingepflanzt (*defect seeding*), dann steht Aufgabe also einer absichtlichen oder unterbewussten Manipulation durch die Experimentatoren offen. Selbst im günstigsten Fall bleibt zweifelhaft, ob eingepflanzte Defekte ihrer Natur nach realistisch sind; das Experiment wird keine hohe Glaubwürdigkeit erreichen. Wenn möglich, sollte man Fehlereinpflanzung also vermeiden. [Testmethoden2/96] ist ein schönes Beispiel für eine mit sorgfältiger Überlegung durchgeführte Fehlereinpflanzung und die Probleme, die dabei auftreten [107, Seite 15].

Generell muss man eine Experimentaufgabe stets kritisch darauf überprüfen, ob und inwieweit sie als typisch für eine große Klasse echter Programme angesehen werden kann. Damit auch die interessierte Öffentlichkeit dies nachvollziehen kann, sollten die Aufgaben möglichst vollständig mit den Ergebnissen zusammen veröffentlicht werden (siehe Abschnitt 14.5).

11.2.2. Globale Verallgemeinerbarkeit

Die Eigenschaften irgendeiner Aufgabe sind insgesamt nur wenig typisch für die vielen verschiedenen realen Arbeitsfelder.

Eine der deutlichsten Aussagen, die sich aus der Gesamtheit der empirischen Arbeiten in der Softwaretechnik destillieren lassen, lautet: Es gibt verflucht viele Unterschiede! Diese Unterschiede betreffen sowohl die Personen und Teams, die Software bauen, und die Methoden und Prozesse, die sie dazu einsetzen, als auch die Struktur und Eigenschaften der Produkte, die dabei herauskommen. Vor allem aber unterscheidet sich all dies drastisch zwischen unterschiedlichen Anwendungsfeldern von Software: Ein Softwareprojekt zur Herstellung eines Textverarbeitungsprogramms hat wenig Ähnlichkeit mit einem Projekt, das die Software für eine radarbasierte Abstandshalte-Automatik für PKWs realisieren soll. Und leider gibt es nicht nur zwei so verschiedene Anwendungsfelder, sondern Dutzende.

Trotzdem können die relevanten Eigenschaften einer Aufgabe für viele Fälle typisch sein.

Aus dieser Perspektive scheint das Streben nach verallgemeinerbaren Experimentergebnissen eitel und sinnlos zu sein. Genauer betrachtet, ist es das jedoch durchaus nicht. Denn die dramatischen Unterschiede zwischen verschiedenen Anwendungsfeldern stellen sich zum Großteil nur bei einer globalen Betrachtung ein. Untersucht man die einzelnen Elemente eines Softwareprozesses oder die einzelnen Strukturmerkmale von Softwareprodukten, so gibt es zwar immer noch sehr große Unterschiede, aber nicht mehr viele verschiedene Klassen.

Beispielsweise gibt es zwischen der Textverarbeitung und dem Abstandshalter dramatische Unterschiede in den Anforderungen an die Sicherheit (d.h. Gefährdung der Benutzer), mit zahlreichen Konsequenzen für den Softwareprozess: sorgfältige Spezifikation von Sicherheitsbedingungen (oder eben nicht), Entwurf mit Augenmerk auf Einfachheit zwecks Korrektheit (oder auf schnelle Implementierung oder gute Erweiterbarkeit), Implementierung mit möglichst einfacher Technologie (oder mit möglichst mächtiger Technologie), gründliche Prüfung von Entwurf und Implementierung durch mehrfache Begutachtung, teilweise (halb-)formale Verifikation, ausführlichen Modultest, etc. (oder Prüfung nur durch „irgendwie" ausreichenden Test).

Aber auch alle anderen Softwareprojekte fallen ungefähr in eine derselben zwei Klassen: Entweder ist die Sicherheit eine kritische Eigenschaft der Software und steht im Mittelpunkt des Herstellungsprozesses oder sie ist von nur mäßiger Bedeutung und wird dementsprechend leicht genommen, eventuell mit Ausnahme einiger weniger Funktionen der Software (z.B. bei der Textverarbeitung das Speichern von Dateien).

Ähnliche Überlegungen gelten für die meisten Unterschiede in der Softwareherstellung zwischen verschiedenen Anwendungsbereichen: Für jeden einzelnen Aspekt gibt es nur wenige grundsätzlich verschiedene Ausprägungen.

Minimiere also den Einfluss der nicht für die Experimentfrage relevanten Eigenschaften der Aufgabe.

Da man in einem kontrollierten Experiment immer nur einen engen Aspekt untersucht, kann man also im Prinzip durchaus Aufgaben finden, deren Ergebnisse sich auf einen erheblichen Teil aller Softwareprojekte verallgemeinern lassen. Dazu sollte eine Aufgabe

- den untersuchten Aspekt möglichst stark von allen anderen Aspekten isolieren und,
- wo eine solche Isolation nicht möglich ist, für möglichst allgemeine und unspezifische Bedingungen sorgen.

Leider hat dieser Ratschlag zwei Nachteile: Erstens kann ich keine allgemeinen Methoden angeben, wie sich das erreichen lässt; jede Experimentfragestellung erfordert einen anderen Lösungsweg. Zweitens kann gerade diese Isolation eines Aspekts von den übrigen zu einer sehr künstlichen und unrealistischen Situation führen und die Verallgemeinerbarkeit des Experiments beschädigen.

Es muss also in jedem Einzelfall untersucht werden, welche Aufgabenstellung am wenigsten zur Festlegung auf ein bestimmtes Anwendungsfeld führt und so am besten zur Verallgemeinerbarkeit der Experimentergebnisse beiträgt. Eine solche Suche ist aber nicht hoffnungslos und durchaus einiger Mühe wert.

Ein warnendes Beispiel ist [Modularisierung/91]: Um isoliert die Wirkung verschiedener Arten von Modularisierung zu untersuchen, benutzten die Autoren absichtlich Programme mit sinnlosen Variablennamen und ohne jegliche Einrückung — das verletzt die zweite obige Regel und mindert die Verallgemeinerbarkeit erheblich. Ein positives Beispiel liefert [Robustheit/147]: Gerade durch die Einfachheit der gewählten Aufgabe wird das positive Experimentergebnis besonders überzeugend.

11.3. Nötiges Vorwissen

Aufgaben, die wenig Vorwissen benötigen, verringern das Risiko und verbessern die Verallgemeinerbarkeit.

Neben den in Abschnitt 11.2.2 besprochenen Vorteilen für die Verallgemeinerbarkeit gibt es noch einen weiteren Grund, weshalb man Aufgaben möglichst wenig spezialisiert aussuchen sollte: Dies verringert das Vorwissen, das die Versuchspersonen entweder mitbringen müssen oder das man ihnen zu Beginn des Experiments vermitteln muss.

Muss viel Vorwissen vermittelt werden, gibt es zwei Gefahren. Erstens verbraucht diese Vermittlung viel von der begrenzten Zeit und dem knappen Konzentrationsvermögen, das die Teilnehmer mitbringen, und begrenzt dadurch den praktikablen Umfang der eigentlichen Aufgabe. Zweitens ist es schwierig, viel Vorwissen gleichmäßig in die Köpfe aller Versuchspersonen zu transportieren.

Ist also der Umfang des zu vermittelnden Vorwissens groß oder die Vermittlung aus anderen Gründen nicht erfolgreich genug, so riskieren wir, dass manche Teilnehmer schon aufgrund ihres mangelnden Vorwissens erheblich schlechter zurechtkommen als andere. Die Homogenität der Versuchsgruppen wird also beeinträchtigt, die Variabilität der Leistung steigt und die Trennschärfe des Experiments sinkt (siehe Abschnitt 8.2). Deshalb empfiehlt es sich, die Aufgabe aus möglichst leicht verständlichen Anwendungsgebieten zu wählen, für die Terminologie und Anwendungszweck mit wenigen Worten erklärt werden können.

Bei Spezialkenntnissen von Profis sind die Vorkenntnisse bezüglich einer konkreten Aufgabe eventuell besonders inhomogen.

Hat man professionelle Versuchspersonen zur Verfügung, die sich in einem Anwendungsgebiet bereits sehr genau auskennen, weil sie seit Jahren darin arbeiten, so ist das leider nicht unbedingt ein Vorteil. Denn welche konkrete Aufgabe auch immer man aus diesem Gebiet auswählt, meist wird es einige Versuchspersonen geben, die speziell mit den von dieser Aufgabe berührten Aspekten des Gebiets weit genauer vertraut sind als alle übrigen, so dass auch hier wieder eine Verminderung der Homogenität die Folge ist. Das gilt besonders, wenn Ausgangsartefakte aus der täglichen Arbeit der Versuchspersonen zu Grunde liegen. Auch in diesen Fällen ist also eine große Sorgfalt bei der Aufgabenauswahl nötig. Beispielsweise benutzte [Perspektiven/36] sowohl zwei Aufgaben allgemeiner Natur als auch zwei aus dem gewohnten speziellen Anwendungsbereich der professionellen Versuchspersonen. Die Ergebnisse für diese spezielleren Aufgaben waren jedoch absolut gesehen nicht besser und auch im Gruppenvergleich nicht aussagekräftiger als die der allgemeinen.

11.4. Umfang und Skalierung

Der zweite Hauptkritikpunkt, der kontrollierten Experimenten oft entgegengebracht wird (neben der angeblich mangelnden Eignung studentischer Versuchspersonen, siehe Kapitel 8), ist eine zu geringe Komplexität der Aufgaben. Auch bei diesem Aspekt weisen natürliche Experimente (Abschnitt 9.4) also prinzipielle Vorteile auf. Geringe Komplexität, so die Kritiker, ist unrealistisch und zerstört die Verallgemeinerbarkeit der Ergebnisse. Diese Kritik ist manchmal zutreffend, oftmals aber auch unzutreffend. Folgende Argumente sind ihr entgegenzuhalten:

Kleine Aufgaben können, müssen aber nicht schlechtere Verallgemeinerbarkeit zeigen als große.

- Auch in realer Softwareentwicklung kommen massenhaft Aufgaben geringer Komplexität vor.
- Experimentergebnisse, die mit einer einfachen Aufgabe gewonnen wurden, sind qualitativ (jedoch nicht quantitativ) auch für komplexe Aufgaben gültig, solange sich die höhere Komplexität nicht auf die *relative* Eignung der Versuchsbedingungen auswirkt.

- Experimentaufgaben sind in der Regel klein, aber deshalb nicht notwendigerweise wenig komplex.
- Komplexere Aufgabe haben auch mehr Eigentümlichkeiten, die von der Experimentfrage ablenken und die Verallgemeinerbarkeit verschlechtern.

Die ideale Aufgabe ist also ein Destillat der Eigenschaften, die für die Verallgemeinerung wichtig sind.

Damit diese Gegenargumente tatsächlich gültig sind, sollte man bei der Entwicklung einer Aufgabe idealerweise folgendermaßen vorgehen:

1. Ausgangspunkt sind die *vermuteten* Vor- und Nachteile, die die einzelnen Versuchsbedingungen in einer umfangreichen realen Softwareentwicklung aufweisen würden.
2. Die Klasse geeigneter Aufgaben muss nun gedanklich so umrissen werden, dass ihre Vertreter sowohl realistisch sind als auch möglichst alle Vor- und Nachteile aller Versuchsbedingungen berühren.
3. Nun wählt man als Aufgabe einen möglichst kleinen Vertreter aus. „Klein" bedeutet hierbei einen möglichst geringen zu erwartenden Zeitaufwand für die Versuchspersonen.
4. Falls möglich, skaliert man die Aufgabe noch weiter herunter, d.h., man versucht, von ihrem Umfang Teile zu entfernen, die voraussichtlich keinen Einfluss auf das Experimentergebnis haben.
5. Alternativ kann ein minimaler Vertreter von Grund auf konstruiert werden anstatt durch „Abspecken" zu entstehen.

Überlegungen solcher Art sind beispielsweise in den Veröffentlichungen über [Muster/117], [N-Versionen/153] oder [Vertrag/131] nachzulesen. Wenn eine Herleitung einer Aufgabe in dieser Weise möglich ist, kann man später diesen Gedankengang dokumentieren und damit manche Kritiker von einer erheblichen Verallgemeinerbarkeit der Ergebnisse überzeugen. In vielen Fällen funktioniert die Vorgehensweise jedoch kaum, insbesondere bei Aufgaben, die die komplette Neukonstruktion eines Artefakts zum Inhalt haben.

11.5. Verfügbarkeit

Aufgaben (teilweise) wiederzuverwenden senkt Aufwand und Risiko.

Es ist überraschend schwierig, zu einer gewissen Sorte gegebener Versuchspersonen und einem bestimmten Experimentziel eine passende Aufgabe zu entwickeln. Außerdem enthält eine Neuentwicklung bekanntlich immer erhebliche Risiken, die Anforderungen zu verfehlen; das ist bei Experimentaufgaben nicht viel anders als bei Software.

Aus diesen Gründen sollte man nach Möglichkeit auf Wiederverwendung zurückgreifen. Zumindest immer dann, wenn ein Artefakt (z.B. eine Anforderungsbeschreibung, ein Programmentwurf, Programmquellcode) den Kern der Aufgabe bildet, hat man durchaus Chancen, das Artefakt nicht oder zumindest nicht komplett selbst herstellen zu müssen:

- Öffentlich frei verfügbare Programme sind eine umfangreiche Quelle von Programmcode der verschiedensten Anwendungsbereiche, zumindest für einige wenige Programmiersprachen. Beispiel: [Erkundungswerkzeug/37]. Entwurfsdokumente und Anforderungsbeschreibungen sind dazu zwar selten verfügbar, können aber zumindest inhaltlich entsprechend einem frei verfügbaren Programm gestaltet werden.
- Die Organisation, die das Experiment durchführt, hat in der Regel eigene reale Artefakte zur Verfügung, die benutzt werden könnten. Beispiele: [Perspektiven/36], [Vertrag/131]. Hierbei ist zu beachten, dass dann eventuell einige wenige Versuchspersonen extrem viel besser mit dem Artefakt vertraut sein könnten als die übrigen, was das Experiment gefährden würde.
- Frühere Experimente oder Fallstudien haben Artefakte benutzt, die zum Teil ebenfalls öffentlich zugänglich sind. Beispiele: alle externen Replikationen von Experimenten wie bei [Vererbung1/76] oder [Szenarios/95], aber auch das Benutzen von Artefakten aus anderen Studien wie bei [N-Versionen/153] oder dem Originalexperiment von [Szenarios/95]. Experimentatoren sind oftmals zumindest auf direkte Anfrage hin bereit, ihre Artefakte herauszugeben.

11.6. Veröffentlichung der Aufgabe

Da die Wahl der Aufgabe so kritisch ist, ist es für die Leser eines Experimentberichts wichtig, möglichst viel über die Aufgabe zu erfahren, um die Verallgemeinerbarkeit der Ergebnisse beurteilen zu können.

Die beste Lösung ist natürlich die komplette Veröffentlichung der Anweisungen und der vorgegebenen Artefakte. Leider ist das nicht immer möglich. Erstens können die Artefakte gelegentlich schlicht zu groß für eine Veröffentlichung sein, vor allem bei Experimenten, die in einem realen industriellen Softwareprozess angesiedelt sind. Zweitens haben Firmen, denen die Artefakte gehören, oft Bedenken gegen eine Veröffentlichung und stimmen ihr nicht zu.

Falls sich solche Schwierigkeiten nicht ausräumen lassen, müssen sie zumindest abgedämpft werden, indem man als Ersatz für die Artefakte möglichst viele Informationen angibt, die sie charakterisieren, beispielsweise

- eine Beschreibung des Anwendungsbereichs,
- eine Beschreibung der abgedeckten Funktionalität,
- Angaben über die Größe,
- Beschreibung spezieller oder ungewöhnlicher Eigenschaften,
- ein kleiner typischer Ausschnitt.

Der Text der Anweisungen an die Versuchspersonen sollte in jedem Fall komplett veröffentlicht werden.

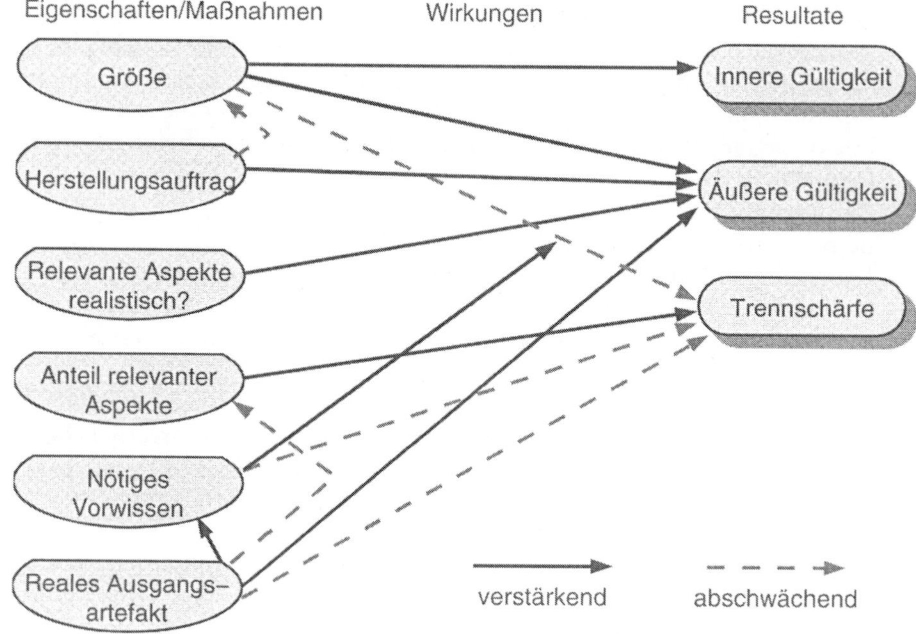

Abbildung 11.2. Einige wichtige Eigenschaften von Experimentaufgaben und die Auswirkungen, die sie auf die Qualität eines Experiments ausüben

Ohne genügende Information bleibt die Glaubwürdigkeit des Experiments beschränkt. Erst die volle Veröffentlichung erlaubt eine Wiederholung des Experiments zur Absicherung des Resultats.

11.7. Zusammenfassung

Diejenigen Aussagen dieses Kapitels, die sich in kurzer Form zusammenfassen lassen, sind nochmals als Übersicht in Abbildung 11.2 dargestellt.

- Zunehmende Größe einer Aufgabe bewirkt zwar tendenziell bessere innere und äußere Gültigkeit, begrenzt aber in den meisten Fällen die Trennschärfe des Experiments, weil dann zunehmend mehr Aspekte in der Aufgabe eine Rolle spielen, die nicht direkt mit der Experimentfrage zusammenhängen. Der letztere Effekt wird um so stärker, je mehr Vorwissen für die Lösung der Aufgabe nötig ist — was auch an sich bereits zu geringerer Trennschärfe führt.
- Ist die Aufgabe ein Herstellungsauftrag (im Gegensatz zu der Modifikation oder gar nur der Analyse eines Artefakts), so verbessert das zwar oft die äußere Gültigkeit, beschränkt aber zugleich erheblich die mögliche Größe der Aufgabe.

- Nur wenn diejenigen Aspekte der Aufgabe, die für die Experimentfrage relevant sind, realistischen Charakter haben, kann man eine gute äußere Gültigkeit erzielen.
- Je höher die Dichte und der Anteil derjenigen Aspekte der Aufgabe ist, die mit der Experimentfrage in Zusammenhang stehen, desto besser wird die Trennschärfe des Experiments ausfallen, denn andernfalls enthalten die Messwerte einen höheren Anteil, der in beiden Gruppen gleich ist.
- Wenn die für die Aufgabe benutzten Ausgangsartefakte einer realen Softwareentwicklung entstammen, erhöht dies zumeist das zur Bearbeitung nötige Vorwissen und vermindert den Anteil experimentrelevanter Aspekte in der Aufgabe. Diese beiden und weitere Effekte führen zu einer Verminderung der Trennschärfe des Experiments.

Implementierung und Durchführung ■ 12 ■

Wenn Du dem Lockruf des Abenteuers folgst,
dann nimm belegte Brote mit.
HÄGAR DER SCHRECKLICHE

Beim konkreten Realisieren eines Experimentaufbaus und bei der Durchführung eines Experiments muss man vor allem den zahllosen Pannen aus dem Wege gehen, die leicht den Erfolg des Experiments vereiteln können. Dieses Kapitel beschreibt die beiden Grundprinzipien, nach denen man dabei seine Maßnahmen auswählen sollte, und diskutiert eine Reihe entsprechender praktischer Überlegungen.

12.1. Prinzipien

Vermeide vor allem Ablenkung der Versuchspersonen sowie Messversagen.

Wenn der Experimententwurf festgelegt ist und die Versuchspersonen ungefähr bekannt sind, geht es an die Realisierung des Experimentaufbaus und dann an die eigentliche Durchführung des Experiments. Das oberste Ziel dieser beiden Phasen lautet, ein Fehlschlagen des Experiments zu verhindern. Soweit ein solches Fehlschlagen nicht durch einen ungeeigneten Experimententwurf vorprogrammiert ist, sind vor allem die folgenden beiden Störungen abzuwehren:

- Viele Versuchspersonen kämpfen mit erheblichen Schwierigkeiten, die nichts mit der Experimentfrage oder den eigentlichen Aufgaben zu tun haben (Verwirrungen), und zeigen dadurch eine ungerechtfertigt schlechte Leistung oder brechen das Experiment vorzeitig ab.
- Es gelingt nicht, die abhängigen Variablen genügend zuverlässig und genau zu beobachten (Messversagen), so dass nicht alle Daten für die Auswertung zur Verfügung stehen.

Da Experimente erstens mit Menschen und zweitens eventuell mit Computern arbeiten, können (und werden!) bei ihrer Durchführung ziemlich viele unvorhergesehene Dinge passieren. Deshalb ist der oberste Grundsatz für den Experimentaufbau maximale Robustheit. Diese wird durch die Anwendung der folgenden zwei Prinzipien erreicht:

- Einfachheit
- Redundanz

Einfachheit kann ein Experimentaufbau sowohl inhaltlich und strukturell als auch technologisch aufweisen. Inhaltliche und strukturelle Einfachheit bedeutet, die Aufgabenstellungen so einfach und klar zu formulieren wie nur möglich und in der Darstellung so aufzubereiten, dass die Versuchspersonen nichts übersehen oder falsch zuordnen. Technologische Einfachheit bedeutet, komplizierten (und damit zerbrechlichen) Messaufbauten möglichst ebenso aus dem Weg zu gehen wie komplexen Arbeitsumgebungen und Hilfsmitteln, die die Versuchspersonen überfordern könnten.

Redundanz kann gelegentlich in der Aufgabenstellung dazu beitragen, Verwirrung oder Versehen zu vermeiden; sie ist aber vor allem im Messaufbau als Schutz gegen stellenweises Messversagen wichtig.

12.2. Infrastruktur für Teilnehmer

Betrachten wir als erstes, wie sich das Experiment aus der Sicht einer Versuchsperson darstellt. Hier gilt es vor allem, Verwirrungen zu vermeiden.

Eine Versuchsperson wird mit den folgenden Bestandteilen eines Experiments konfrontiert (von denen manche fehlen können):

- Fragen zur Person;
- Anweisungen für Aufgaben;
- Software-Artefakte, die als Ausgangspunkt dienen;
- Hilfsmittel (Werkzeuge) zur Bearbeitung der Aufgaben;
- Postmortem-Fragen

Dabei haben wir als Experimentatoren meist die Auswahl unter verschiedenen denkbaren Medien. Die Ausgabe von Fragen, Anweisungen und Ausgangsartefakten kann mit einfachen, papierbasierten Medien erfolgen (Schrift, Bild), mit computerbasierten Medien (Schrift, Bild, Animation, Audio, Video, Hypermedien) oder mit nicht-computerbasierten Audio- und Videoaufzeichungen.

Die Erfassung von Äußerungen der Versuchsperson kann wiederum mit einfachen, papierbasierten Medien erfolgen (Handschrift, Skizze), mit computerbasierten Medien (Schrift, Skizze, Selektion, Audio, Video) oder mit nicht-computerbasierten Audio- und Videoaufzeichnungen.

Eine Sonderstellung nehmen die Hilfsmittel ein, zu denen zum Einen das „Schreibgerät" gehört, für das wir eine Medienauswahl haben (Stift, Tastatur, Mikrofon, etc.), zum Anderen aber auch Softwarewerkzeuge wie Editoren, Suchwerkzeuge, Übersetzer und andere, die in der Regel fest an den Computer gebunden sind und sich nicht in ein anderes Medium verfrachten lassen.

Low-tech-Medien sind weniger fragil, deshalb tendenziell von Vorteil.

Für die Suche nach Robustheit sind nun die folgenden Überlegungen von Bedeutung:

- Die Benutzung irgendeines Softwarewerkzeugs X ist grundsätzlich problematisch, es sei denn, *alle* Versuchspersonen sind damit gut vertraut.
- Allerdings kann es für das zügige Untersuchen eines umfangreichen vorgegebenen Artefakts essentiell sein, über beispielsweise die Suchfunktionen eines Computers zu verfügen.
- Lösungen, die aus Text bestehen, handschriftlich abzuliefern, wird gegenüber einer per Tastatur eingegebenen Lösung viele Versuchspersonen verlangsamen, vor allem wenn die Textmenge erheblich ist.
- Insbesondere, wenn es sich bei dem Text um eine formale Notation handelt (z.B. Programmcode), ist Handschrift problematisch, weil Änderungen an teilfertigen Lösungen damit viel komplizierter vorzunehmen sind.
- Andererseits sind Skizzen meist schneller von Hand auf Papier anzufertigen als mit einem Softwarewerkzeug.

Diese Punkte legen nahe, bei einem Experiment soweit wie möglich lieber auf papierbasierte Medien zu setzen und nur dort Computerhilfe in Anspruch zu nehmen, wo es die Art der Aufgabe oder der Umfang von Ausgangsmaterialien oder Lösungen erfordern.

Allerdings gibt es bei einem vollständig papierbasierten Experimentaufbau eine wichtige Einschränkung: Falls die Aufgabe in der Erzeugung von Programmcode besteht (und auch in manchen anderen Fällen), hat ein Softwareingenieur

Die Medien dürfen den Versuchspersonen nicht die Validierung erschweren.

in der Realität stets die Möglichkeit, diesen sofort zu validieren (durch Übersetzen und Test). Wenn diese Möglichkeit im Experiment nicht gegeben ist, werden die Ergebnisse eine kürzere Arbeitszeit und eine schlechtere Lösungsqualität widerspiegeln, als in einer wirklichen Arbeitsumgebung zu erwarten wäre. Wenn die Lösungen der Versuchspersonen trotz fehlender Validierung fast alle korrekt sind, ist dieser Effekt unproblematisch; andernfalls kann er jedoch zu erheblichen Schwierigkeiten bei der Interpretation der Experimentergebnisse führen (siehe Abschnitt 13.4).

Auch wenn die Entscheidung über die zu benutzenden Medien gefallen ist, bleibt die konkrete Ausgestaltung der Versuchsunterlagen immer noch eine komplizierte Aufgabe. Zur Gestaltung von Fragebögen finden sich ausführliche Hinweise in der psychologischen und soziologischen Methodenliteratur (siehe Literaturangaben in [20, Abschnitt 4.4.2]), zur Gestaltung computergestützter Informationspräsentation in der Literatur über Mensch/Maschine-Kommunikation [59] und Hypermediasysteme [80].

Wiederverwendung von Materialien senkt das Risiko.

Um groben Fehlern aus dem Weg zu gehen, kann man Materialien aus früheren Experimenten teilweise wiederverwenden oder zumindest ihren Aufbau nachahmen. Bei einigen Forschungsgruppen ist es üblich, die Experimentmaterialien in technischen Berichten oder Dissertationen abzudrucken oder sogar in Rohform als Dateien öffentlich zur Verfügung zu stellen (siehe Notiz 12.1).

12.3. Infrastruktur für Datensammlung

Betrachten wir nun die andere Perspektive: der Experimentaufbau aus der Sicht der Experimentatoren. Hierbei gilt es vor allem, Messversagen zu vermeiden, insbesondere Messungenauigkeiten zu minimieren.

Einfache Lösungen sind zuverlässiger, beeinträchtigen aber oft die Versuchspersonen.

■ **Einfachheit.** Die obigen Überlegungen über die Robustheit lassen sich weitgehend auch auf die Zuverlässigkeit der Datensammlung übertragen: Sobald man es mit komplizierteren Softwarelösungen zu tun hat, steigt die Wahrscheinlichkeit stark an, dass irgendetwas schiefgeht.

Das Problem liegt hier vorwiegend darin, dass man nicht alle Teilnehmer in dasselbe Korsett einer genau festgelegten Arbeitsumgebung sperren darf, weil das die Ergebnisse verzerren würde. Sobald jedoch die Versuchspersonen ihre Werkzeuge aus einer großen Palette auswählen können (oder auch nur umfangreiche Parameteränderungen an festgelegten Werkzeugen vornehmen), kann es leicht passieren, dass der vorgesehene Messmechanismus nicht mehr richtig funktioniert.

Ein Beispiel: Um uns die Möglichkeit zu detaillierten Analysen von Zeitverlauf und Fehlerquellen offenzuhalten, wollten wir bei [Vererbung2/77] und bei [PSP/78] jede von einer Versuchsperson übersetzte Programmversion abspeichern. Beide Experimente fanden auf einer Unix-Plattform statt. Die Implementierung funktionierte so, dass wir den Übersetzer im Suchpfad des

Notiz 12.1: *Quellen von Experimentmaterialien und Forschungsergebnissen*

Hier einige Forschungsgruppen, die als Quellen für Experimentaufbauten, Rohdaten, technische Berichte, etc. dienen können. Die genannten Personen sind die Leiter der Gruppen oder langjährige Mitglieder. Die Aufstellung erhebt natürlich keinerlei Anspruch auf Vollständigkeit:

- `http://www.iese.fhg.de/ISERN/pub/isern.html`. ISERN. International Software Engineering Research Network.
- `http://www.fce.unsw.edu.au/caesar/`. CAESAR. Center for Advanced Empirical Software Research, University of New South Wales, Sidney: Ross Jeffery.
- `http://www.cs.strath.ac.uk/research/efocs/index.html`. EFoCS. Empirical Foundations of Computer Science, University of Strathclyde, Glasgow: James Miller.
- `http://wwwipd.ira.uka.de/EIR/`. EIR. Karlsruhe Empirical Informatics Research Group, Universität Karlsruhe: Walter Tichy, Lutz Prechelt.
- `http://dec.bournemouth.ac.uk/ESERG/`. ESERG. Empirical Software Engineering Research Group, Bournemouth University: Martin Shepperd.
- `http://sel.gsfc.nasa.gov/`. SEL. Software Engineering Laboratory, NASA Goddard Space Flight Center und University of Maryland, Victor Basili.
- `http://serlab2.di.uniba.it/serlab/`. SERlab. Software Engineering Research Laboratory, Universita di Bari: Giuseppe Visaggio.
- `http://www.bell-labs.com/org/11359/spr-empirical.html`. Empirical Methods and Process Analysis Group, Lucent Technologies Bell Laboratories, Software Productivity Research Department: Dewayne Perry, Harvey Siy.
- `http://www.cs.umd.edu/projects/SoftEng/tame/`. Experimental Software Engineering Group, University of Maryland: Victor Basili.
- `http://wwwagse.informatik.uni-kl.de/`. Software Engineering Research Group, Universität Kaiserslautern: Hans-Dieter Rombach.
- `http://www.ics.hawaii.edu/~johnson/`. University of Hawaii: Philip Johnson.
- `http://www.cs.umd.edu/~aporter/`. University of Maryland: Adam Porter.

Die Zeitschrift „Empirical Software Engineering" betreibt theoretisch einen FTP-Server, in dem Experimentmaterialien und -resultate archiviert werden sollen [172]. Von 1996 bis Ende 2000 hat allerdings noch niemand dort tatsächlich etwas abgelegt.

Betriebssystems gegen ein Programm austauschten, das zunächst eine Kopie der angegebenen Quellcodedatei abspeicherte und erst dann den eigentlichen Übersetzer aufrief.

Dieses Verfahren versagt aber in einigen Fällen: Erstens, wenn die Versuchsperson per Netzverbindung auf einem anderen Rechner übersetzt; zweitens, wenn die Versuchsperson einen anderen als den oder die erwarteten Übersetzer aufruft; und drittens, wenn weitere Änderungen am Suchpfad dazu führen, dass der originale Übersetzer in der Suchreihenfolge wieder auf eine Position vor dem Pseudo-Übersetzer gerät. Bei [PSP/78] traten zwei dieser Möglichkeiten tatsächlich ein: Zwei der Versuchspersonen benutzten entgegen der ausdrücklichen Anweisungen einen anderen Account zum Übersetzen und durch falsche Durchführung einer Änderung am Versuchsaufbau während des Experiments haben wir (die Experimentatoren!) selbst bei einigen Versuchspersonen den originalen Übersetzer vor den Pseudo-Übersetzer in den Suchpfad gesetzt. Die Änderung war nötig geworden, weil sich im Laufe der 21 Monate, über die das Experiment insgesamt lief, die Struktur der Softwareinstallationen in unserem Rechnernetz änderte.

Die wichtigsten Daten sollte man zur Sicherheit mehrfach erfassen.

■ **Redundanz.** Das obige Beispiel zeigt die Tücken einer technisch komplizierten Messanordnung, wobei die Grenze dafür, was als „kompliziert" gelten muss, offenbar gar nicht mal hoch anzusetzen ist. An dieser Stelle kommt die Redundanz ins Spiel.

Da es unmöglich ist, das Versagen einer Messanordnung — ob einfach oder kompliziert — ganz auszuschließen, sollte man für die wichtigsten Daten alternative Möglichkeiten vorsehen, sie zu erfassen. Das gilt vor allem für Prozessmaße, weil der Prozess flüchtig ist und nach dem Experiment nicht mehr rekonstruiert werden kann; eine fehlgeschlagene Messung am Produkt kann man hingegen ja normalerweise auch später in aller Ruhe reparieren und wiederholen.

Bei Laborexperimenten reicht oft sofortige Validierung.

Das wichtigste Prozessmaß ist für viele Experimente der Zeitbedarf der Versuchspersonen für die Erledigung jeder Aufgabe. Bei Experimenten, die unter Laborbedingungen stattfinden und kurze Laufzeit haben, ist die Zeit zumeist recht einfach zu messen: Handschriftliche Angaben der Versuchspersonen reichen aus, wenn man sie bei Abgabe der Aufgaben sofort auf Vollständigkeit und Konsistenz prüft und eventuelle Mängel unter Mithilfe der Versuchsperson beseitigt. Für alle Fälle ist es allerdings auch hier günstig, eine automatische Messung irgendwelcher Aktivitätsindikatoren als Reserve vorzusehen.

Bei Büroexperimenten ist eventuell ständige Beobachtung nötig.

Bei Experimenten mit langer Laufzeit und erst recht bei Experimenten, die unter normalen Bürobedingungen (mit plötzlichen Telefonunterbrechungen etc.) durchgeführt werden, ist die Zeitmessung jedoch um einiges schwieriger. Hier sind die von der Versuchsperson berichteten Werte oft ungenau oder sogar völlig unzuverlässig und müssen unbedingt durch unabhängige Beobachtungen redundant abgesichert werden. Je nach technischem Aufbau des Experiments können das computerbasierte automatische Messungen sein oder, falls das nicht möglich oder ausreichend erscheint, muss ein Experimentator als Beobachter die Zeiten registrieren.

Notiz 12.2 beschreibt als Beispiel, wie bei [PSP/78] drei(!) separate automatische Zeitmessungen als Ergänzung der Angaben der Versuchsperson benutzt wurden. Trotz recht widriger Umstände konnte dadurch mit wenigen Ausnahmen eine hohe Genauigkeit erreicht werden, wie Abbildung 12.3 zeigt.

Vor allem kann mit dieser Konstruktion die Ungenauigkeit der Zeitmessung *ermittelt* werden, so dass bekannt ist, wie stark Messfehler die innere Gültigkeit des Experiments in Bezug auf den Arbeitszeitvergleich bedrohen. Wenn keine solche Absicherung vorhanden ist, kann man nur schwer abschätzen, wie verlässlich die Experimentergebnisse überhaupt sind (wie zum Beispiel bei [Offline/74]).

■ **Automatisierung des Ablaufs.** Zur Vermeidung von Fehlern bei der Experimentdurchführung kann auch eine Automatisierung des Ablaufs der groben Experimentschritte beitragen. Zum Beispiel passiert es dann nicht so leicht,

Automatisierung kann Fehler vermeiden helfen, birgt aber auch das Risiko zu versagen.

Notiz 12.2: *Genaue Zeitmessung durch Redundanz*

Da die Arbeitszeit der Versuchspersonen bei [PSP/78] stets über viele Stunden, oft sogar mehrere Tage ging und stets nur eine bis drei Versuchspersonen zugleich das Experiment durchführten, konnten wir die Versuchspersonen nicht kontinuierlich beobachten. Da zweitens die Arbeitszeit eine der wichtigsten abhängigen Variablen des Experiments war, bauten wir einen vierfach redundanten Messapparat, um die Zeit zu messen. Wir registrierten: (1) von wann bis wann jede Versuchsperson in ihrem Experimentaccount eingeloggt war; (2) wann an welchen Dateien im Arbeitsverzeichnis jedes Accounts Schreibzugriffe vorgenommen wurden; (3) wann und mit welchem Inhalt der Quelldateien der Übersetzer aufgerufen wurde; (4) von wann bis wann die Versuchsperson nach eigenen, handschriftlichen Angaben an der Aufgabe arbeitete. Die Mechanismen zur Erfassung jeder dieser vier Messungen waren technisch voneinander unabhängig.

Bei der Analyse der Daten stellte sich heraus, dass viele der Versuchspersonen ihre handschriftlichen Aufzeichnungen nicht gründlich geführt hatten: In vielen Fällen waren die eingetragenen Zeiten nur grob notiert, manchmal waren Pausen nicht vermerkt, in einigen Fällen fehlten einzelne Arbeitsphasen komplett, und ein paar der Versuchspersonen hatten *überhaupt keine* Zeitaufzeichnungen abgegeben.

Die redundanten automatischen Zeitaufzeichnungen ermöglichten uns nicht nur, die tatsächliche Arbeitszeit in fast allen Fällen bis auf wenige Minuten zu rekonstruieren, sondern wir konnten aus der gemeinsamen Betrachtung aller vier Datenquellen zudem eine solide Schätzung des verbleibenden Messfehlers gewinnen, die in Abbildung 12.3 gezeigt ist.

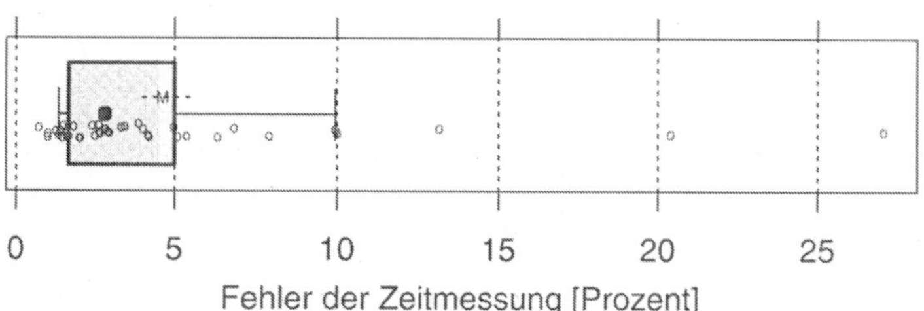

Abbildung 12.3. Restliche Messungenauigkeit (mit mindestens 80% Konfidenz) für die Arbeitszeit der einzelnen Versuchspersonen von [PSP/78]. Für drei Viertel der Versuchspersonen liegt die Ungenauigkeit unter 5%. Die Werte wurden aus den in Notiz 12.2 beschriebenen vierfachen Messungen gebildet, indem zu jeder Diskrepanz die möglichen Gründe und die daraus resultierenden Fehler aufgelistet und nach Plausibilität gewichtet wurden.

dass einer Versuchsperson versehentlich die Aufgabenstellung oder Anleitung für die falsche Versuchsgruppe ausgegeben wird.

Insbesondere, wenn eine große Zahl gleichzeitig arbeitender Versuchspersonen mehrere aufeinander folgende kurze Arbeitsaufträge zu erledigen hat und Versuchspersonen verschiedener Gruppen zugleich anwesend sind, wird das manuelle Ausgeben von Unterlagen heikel.

Mit genügender Sorgfalt in der Vorbereitung (vor allem guter Beschriftung der Unterlagen mit Gruppe und Aufgabe) kann man jedoch auch diese Fälle durchaus ohne Mängel abwickeln. So haben wir beispielsweise bei [Vererbung2/77] mit drei Experimentbetreuern das Beantworten von Zwischenfragen und das Ausgeben und Einsammeln von Unterlagen für 5 Experimentphasen an 57 Versuchspersonen, die in 3 verschiedene Gruppen unterteilt waren und alle zugleich über maximal 5 Stunden im selben großen Rechnerraum arbeiteten, ohne einen Fehler über die Bühne gebracht.

Umgekehrt garantiert auch eine automatische Abwicklung, selbst wenn sie selber ohne Versagen abläuft, nicht die Abwesenheit von Fehlern. So mussten bei [Vertrag/131], einem Experiment mit einer überwiegend automatischen Abwicklung, die Daten einer Versuchsperson bei der Analyse ignoriert werden. Diese Person hatte zu Beginn eine falsche Versuchspersonennummer eingegeben und wurde deshalb vom Rechner der verkehrten Gruppe zugeordnet, so dass ihre auf Papier gedruckten Unterlagen nicht zu den Dateien passten, die der Rechner ihr zur Bearbeitung vorlegte.

Wenn sie ohne solche Entwurfsfehler realisiert ist, ist eine automatische Unterstützung der Abwicklung dennoch eine gute Hilfe für die Experimentdurchführung. Allerdings birgt sie eigene Risiken durch Versagen. Ebenso wie bei den Versuchsunterlagen und den automatischen Messapparaturen empfiehlt sich auch hier eine Wiederverwendung bewährter Aufbauten aus früheren Experimenten.

12.4. Pilottests

Ein Versuchsaufbau muss unbedingt zunächst ausprobiert werden.

Ein fertig aufgebautes Experiment hat anfangs fast immer noch Tücken und Mängel: Die Anweisungen enthalten mehrdeutige Formulierungen, Inkonsistenzen und Schreibfehler; der Messaufbau ist fragil, nicht portabel, hat Lücken oder widerspricht den Arbeitsgewohnheiten der Teilnehmer; manche Aufgaben sind unerwarteterweise zu schwierig oder zu einfach.

Dazu sind eventuell Versuchspersonen „zweiter Wahl" geeignet.

Aus diesem Grund ist es wichtig, nicht sofort die wertvollen „echten" Versuchspersonen der endgültigen Versuchsgruppen auf diesen Aufbau loszulassen — schon gar nicht alle zugleich. Stattdessen sollten die Mängel nach und nach in einer Reihe einzelner Pilottests beseitigt werden. Hierzu kann man Personen verwenden, die aus irgendeinem Grund nicht in die Versuchsgruppen hineinpassen, die nicht genug Zeit mitbringen, um das Experiment vollständig zu bearbeiten, etc. Allerdings sollte zumindest die Person des letzten Pilottests den späteren Teilnehmern genügend ähnlich sein, damit man ein realistisches Bild von der Eignung des Versuchsaufbaus und der Aufgaben erhält.

Um einen Erfahrungsschatz für spätere Experimente aufzubauen und um eventuellen Fehlern bei der Nachbesserung später auf den Grund gehen zu können, empfiehlt es sich, über die entdeckten Mängel und ihre Beseitigung ein Protokoll anzufertigen. Das gilt erst recht, wenn ein Problem erst während des Ablaufs des eigentlichen Experiments beseitigt wird, denn dann muss dieser Eingriff sorgfältig bei der Interpretation der Resultate berücksichtigt werden.

12.5. Gruppeneinteilung

Gezielte Gruppeneinteilung per Vorwissen ist günstig.

Will man sich bei der Einteilung der Gruppen nicht auf sein Glück verlassen, dass die Randomisierung tatsächlich zu gleich kompetenten Gruppen führt, kann man versuchen, durch Vorabbefragung oder gar einen Vortest Informationen über die Kompetenz der einzelnen Versuchspersonen zu erhalten und damit die Gruppen explizit zu balancieren (siehe Abschnitt 9.6).

... aber oft schwierig durchzuführen und empfindlich gegen ausbleibende Versuchspersonen.

Diesem verständlichen Wunsch stehen zwei Schwierigkeiten entgegen:

1. In vielen Fällen ist es organisatorisch schwierig oder unmöglich, vor dem eigentlichen Experimentablauf eine Befragung, geschweige denn einen Vortest durchzuführen.
2. Wenn wir es geschafft haben, eine balancierte Gruppeneinteilung aufzustellen, dann aber beim eigentlichen Experiment manche Versuchspersonen nicht erscheinen oder ausscheiden, so gerät die Balancierung wieder durcheinander.

Für den zweiten Fall empfiehlt es sich, eine Aufstellung vorzubereiten und auszudrucken, aus der sehr schnell und einfach abgelesen werden kann, welche

Versuchsperson Y man unter welchen Bedingungen B beim Ausfall von Versuchsperson X in welche andere Gruppe G umsetzen möchte, um die Balancierung zu retten. Das Verfahren eignet sich aber nur für einfache Fälle, ansonsten wird es schnell sehr kompliziert und führt zu Fehlern.

Die eleganteste Lösung für dieses Problem wäre die Zuweisung der Versuchspersonen durch ein in Software gegossenes Balancierungskriterium unmittelbar beim Experimentstart. Diese Methode birgt aber die Gefahren aller technisch komplizierten Versuchsaufbauten, wie oben diskutiert, und kann auch nicht gut mit dem (seltenen) Fall umgehen, dass eine *zusätzliche* Versuchsperson unerwartet auftaucht — bei [Muster/117] ist uns dieser Fall tatsächlich bereits einmal passiert. Ein Mensch kann in dieser Situation durch eine kurze Befragung eine sinnvolle Gruppenzuweisung zumindest „über den Daumen peilen".

12.6. Datenvalidierung

Eine der wirksamsten Methoden, die Robustheit eines Experiments zu verbessern, besteht im schnellstmöglichen Validieren der gesammelten Daten — idealerweise noch während das Experiment läuft. Selbst wennn die Kontrollen, die man dabei vornehmen kann, nur sehr grob sind, sparen frühzeitige Überprüfungen der Daten oft schmerzhafte Lücken und somit viel Ärger bei der Auswertung und Interpretation.

Die wichtigste und nützlichste Prüfung ist in der Regel die simple Kontrolle auf Vollständigkeit und Lesbarkeit der Angaben, die die Versuchsperson gemacht hat. Eventuelle Lücken lassen sich meist mit Leichtigkeit auffüllen, wenn die Versuchsperson unmittelbar nach der Experimentdurchführung darum gebeten wird; schon wenige Tage später sind die Angaben nur noch selten verlässlich zu rekonstruieren.

Auswertung der Beobachtungen **13**

Far better an approximate answer to the right question,
which is often vague,
than an exact answer to the wrong question,
which can always be made precise.
JOHN TUKEY, „THE FUTURE OF DATA ANALYSIS", 1962

Eine auch nur annähernd vollständige Einführung in alle Aspekte der Auswertung von Experimentdaten sprengt den Rahmen dieses Buches. Deshalb nennt das vorliegende Kapitel nur die zwei Leitprinzipien für das Vorgehen, beschreibt die grobe Abfolge von Auswertungsphasen und diskutiert wenige, besonders wichtige Einzelfragen.

13.1. Prinzipien

Die Datenauswertung sollte mit möglichst einfachen und anschaulichen Methoden erfolgen.

Für die Auswertung der im Experiment gesammelten Daten gelten zwei Grundprinzipien, die der Einfachheit und Redundanz für die Implementierung des Experiments ähneln:

- Bevorzuge einfache Auswertungsmethoden gegenüber komplizierten.
- Bevorzuge anschauliche Methoden gegenüber abstrakten.

Quantitative Daten aus kontrollierten Experimenten haben viele interessante, aber auch überraschende und tückische Eigenschaften und die *korrekte* Anwendung statistischer Methoden wird dadurch noch schwieriger, als sie es ohnehin schon ist. Wer Gelegenheit hat, bei der Auswertung die Dienste eines professionellen Statistikers in Anspruch zu nehmen, sollte sie unbedingt nutzen; häufig jedoch wird sie nicht gegeben sein.

Folglich sollte man einfache Methoden bevorzugen, um die Zahl der Fehlerquellen klein zu halten und vor allem stets Analysen wählen, deren Bedeutung sich leicht nachvollziehen lässt, so dass man eventuelle Fehler leichter entdecken und Schwächen der Analyse leichter bewerten kann. Die Grenze zwischen Schwäche und Fehler ist in der Statistik nämlich fließend, ja sogar vage, weil es völlig korrekte Anwendungsfälle nur selten gibt (siehe z.B. Definition 13.11).

Am anschaulichsten sind Methoden, die diese Eigenschaft im wörtlichen Sinne mitbringen und den leistungsfähigsten Datenanalyseapparat nutzen, den wir für quantitative Information besitzen: das Auge. Ergänzen wir also der Klarheit halber noch ein drittes Prinzip:

- Nutze stets graphische Methoden, um die Analysen oder ihre Ergebnisse zu veranschaulichen.

Viele der Praktiken, die in der empirischen Forschungsliteratur noch immer weit verbreitet sind, stammen aus einer Zeit, als es noch keine Computer gab und jede Datenanalyse von Hand oder mit einer mechanischen Rechenmaschine berechnet und mit Tabellenwerken ausgewertet werden musste.

Heute — zumal für Softwareingenieure — ist es wesentlich angemessener, die Möglichkeiten des Computers auch auszunutzen, anstatt starr an den althergebrachten Schemata festzuhalten. Das bedeutet erstens die Verwendung einer größeren Palette von Analysemethoden, insbesondere auch solcher Methoden, die sehr rechenaufwändig sind, und zweitens, die Darstellung von Datenmengen oder Analyseergebnissen als Graphik.

13.2. Andere Literatur, Software

Eine komplette Einführung in die Statistik oder gar in moderne Methoden zur Datenauswertung sprengt den Rahmen dieses Buches bei weitem. Die nachfolgenden Abschnitte konzentrieren sich deshalb auf grundsätzliche Aspekte der

Vorgehensweise bei der Datenanalyse, gehen aber nur wenig auf technische Details der einzelnen Methoden ein.

Dieses Buch ist keine Einführung in die Statistik.

Wer wenig Vorkenntnisse mitbringt, sollte sich als erstes mit einem guten modernen Einführungsbuch beschäftigen, beispielsweise [139]. Bei der Auswahl eines solchen Buches sollte man vor allem darauf achten, dass es die Verwendung von Visualisierungsmethoden genügend betont. Auch die in Abschnitt 1.6 angeführten Methodiklehrbücher enthalten in der Regel eine mehr oder weniger gründliche und geeignete Einführung in die einschlägigen statistischen Methoden.

Wer Grundkenntnisse mitbringt und gern an praktischen Beispielen lernt, kann eine reale Experimentanalyse nachvollziehen, die zum Beispiel für das Experiment [PSP/78] ausführlich samt einführender Erläuterungen in dem technischen Bericht [166] dokumentiert ist. Die Rohdaten dieses Experiments sind bei [62] öffentlich zugänglich, so dass man die Analyse selbst nachspielen kann, wenn man geeignete Software zur Verfügung hat. Solches Nachspielen ist auch zum Erlernen einer Statistiksoftware zu empfehlen.

Wer sich bereits mit „herkömmlicher" Statistik auskennt und sich schnell über die Vorzüge modernerer statistischer Methoden informieren will, dem sei [207] empfohlen, das in sehr kompakter Form die Bedeutung und Eigenschaften zahlreicher moderner (und auch herkömmlicher) statistischer Methoden diskutiert und ihre konkrete Benutzung in der Statistiksoftware S-Plus beschreibt.

Für eine brauchbare statistische Datenanalyse ist Statistiksoftware notwendig. Einfachere Programme, insbesondere auch die leistungsfähigeren Tabellenkalkulationsprogramme wie MS-Excel oder StarCalc, stoßen zu schnell an die Grenzen ihrer Funktionalität und beschränken deshalb die Datenanalyse unnötig. Ein gutes Statistikprogramm sollte die folgenden Eigenschaften aufweisen:

Statistiksoftware sollte vielseitig, zuverlässig, flexibel und programmierbar sein und viele graphische Darstellungen unterstützen.

- Ein großes Spektrum verschiedener statistischer Analysen beherrschen und die Ergänzung grundsätzlich neuer Analysen zulassen.
  Dieses Kriterium spricht gegen viele der einfacheren oder stark spezialisierten Programme.
- Beliebige Verbindungen aller Analysen ohne Verrenkungen zulassen.
  Dies spricht gegen manche der nur über Menüs bedienbaren Programme.
- Für die Korrektheit und Genauigkeit seiner Implementation bekannt sein.
  Dies spricht gegen noch nicht länger etablierte Programme.
- Eine genügende Auswahl graphischer Darstellungen anbieten.
  Die meisten Programme bieten heute viele Darstellungsformen an, die Flexibilität, mit der man sie an bestimmte Wünsche anpassen kann, ist jedoch erheblich verschieden.
- Beliebige Ergänzung, Modifikation und Kombination aller graphischen Darstellungsformen und die Realisierung grundsätzlich neuer Darstellungsformen erlauben.

Auch dies spricht gegen viele Programme. Am günstigsten sind Programme, bei denen die Routinen für zusammengesetzte graphische Objekte auf allen Ebenen einzeln zugänglich sind.

- Die automatische Wiederholung einer Reihe von Analyseschritten und graphischer Ausgaben (z.B. mit unterschiedlichen Daten) unterstützen.
  Dies spricht gegen alle Programme, die keine Kommandoschnittstelle besitzen oder deren Kommandoschnittstelle nur manche Operationen ansprechen kann.

Nur wenige Programme erfüllen alle dieser Anforderungen. Die bei professionellen Statistikern am weitesten verbreiteten, flexibelsten und insgesamt wohl auch leistungsfähigsten Programme sind SAS [181] und S-Plus [127].

Wir sind seit längerer Zeit mit S-Plus sehr zufrieden. Insbesondere ist die Kommandoschnittstelle eine vollwertige Programmiersprache, die zwar etwas schwierig zu lernen, danach jedoch enorm mächtig und flexibel für die Analyse zu benutzen ist, und mit der man dann schneller zu guten Einsichten kommt, als es mit einer mausbedienten Oberfläche (welche neuere Versionen von S-Plus zusätzlich bieten) möglich wäre. Da einige der besten Statistikforscher dieses Programm verwenden, sind einige der modernsten Verfahren, die andere Programme noch nicht bieten, für S-Plus bereits verfügbar. Insbesondere bietet es eine Graphikbibliothek namens Trellis zur vergleichenden Darstellung fast beliebiger Gruppenzerlegungen eines Datensatzes, die eine extrem handliche Unterstützung für die visuelle Erforschung eines Datensatzes gibt.

13.3. Datenerfassung und -validierung

Wenn man noch nie zuvor ein Experiment mit Menschen durchgeführt hat, dann ist es verblüffend, wie aufwändig es ist, bis man alle Daten in einem ordentlichen, vollständigen und korrekten Datensatz beisammen hat.

Wurden bei der Experimentdurchführung Daten auf Papier erfasst, so sind manchmal Unterlagen nicht gekennzeichnet oder unvollständig, sie enthalten falsche Einträge, Einträge werden falsch beurteilt, falsch in den Rechner übertragen oder der falschen Versuchsperson zugeordnet.

Wurden Daten durch automatische Messung erhoben und liegen deshalb bereits in elektronischer Form vor, so kann es immer noch zu einer falschen Zuordnung zur Versuchsperson kommen. Ausserdem gibt es eventuell Fehler durch Versagen des Messapparats oder durch unerwartetes Verhalten des Messapparats oder der Versuchsperson etc.

Dieser Abschnitt beschreibt den Umgang mit diesen Schwierigkeiten, also denjenigen Teil der Datenanalyse, der zu einem korrekten, in ein Statistikprogramm geladenen Datensatz führt.

13.3.1. Schritt 0: Datenbewertung und Datenerfassung

Vor Beginn der eigentlichen Auswertung sind die Daten erst einmal in den Rechner einzugeben bzw. in ein Format zu überführen, das sich mit dem gewählten Statistikprogramm verarbeiten läßt. Bei der Eingabe von Zahlenangaben per Hand ist dabei offensichtlich besonders auf die Vermeidung von Eingabefehlern zu achten.

Vorsicht bei Handeingabe!

Fast noch wichtiger ist Sorgfalt jedoch bei Daten, die zu einer subjektiven Messgröße gehören (siehe Abschnitt 10.7): Wenn Daten durch ein subjektives Urteil aus nichtquantitativen Daten (z.B. Programmcode) abgeleitet werden, muss von Anfang an ein genaues Beurteilungsschema vorhanden sein, nach dem diese Ableitung peinlichst genau durchgeführt wird. Die Kunst besteht vor allem darin, das Schema so aufzustellen, dass es im Verlauf der Bewertungen nicht mehr geändert werden muss, denn dann könnten frühere Bewertungen falsch werden.

Bei subjektiven Bewertungen in Ruhe ein genaues Bewertungsschema festlegen.

Im Allgemeinen sollte man ein Bewertungsschema zuerst theoretisch „postulieren", als nächstes durch informelle Betrachtung einiger Beispiele vervollständigen und verfeinern, dann durch probeweise Beurteilung einiger weiterer Beispiele validieren („Generalprobe") und schließlich diese Beurteilungen wieder wegwerfen und das Schema durchgängig auf alle Ergebnisse anwenden. Wie gut dieses Vorgehen funktioniert, hängt von der eigenen Fantasie und Vorausschau ab, sowie davon, ob man bei der informellen Betrachtung günstige oder ungünstige Beispiele ausgewählt hat. Es empfiehlt sich insbesondere, Versuchspersonen aus allen Gruppen und vor allem einige der langsamsten Versuchspersonen einzuschliessen, weil bei ihnen erfahrungsgemäß oft diejenigen Ergebnisse vorkommen, die dem Bewertungsschema am meisten abverlangen.

Die technischen Berichte zu [Typcheck/85] und [Musterdoku/80] enthalten Beispiele für solche Bewertungsschemata [160, 162].

Ein ähnliches Vorgehen funktioniert für kontextabhängige Messgrößen, die in einem aufwändigen Versuchsaufbau erst noch gemessen werden müssen. In dem bei [62] verfügbaren Datenpaket zu [PSP/78] gibt es ein ausführliches Protokoll der Datenbewertung und -erfassung, das ein Beispiel für eine ziemlich aufwändige solche Messung darstellt.

Man sollte in derartigen Fällen von Anfang an so sorgfältig arbeiten, dass man keines seiner Urteile und keine seiner Messungen jemals wieder in Frage stellen muss. Erfahrungsgemäß führt der Versuch, einzelne falsche oder schlechte Datenwerte nachträglich noch einmal nachzumessen oder nachzubeurteilen, schnell zu solchem Durcheinander, dass man wieder komplett von vorn beginnen muss, um die Konsistenz der Daten sicherzustellen. Eine gute Hilfe gegen dererlei Konfusion ist ein detailliertes chronologisches Protokoll aller Entscheidungen und Arbeitsschritte bei der Herleitung und der Anwendung eines

Bewertungsschemas. Wenn Zwischenergebnisse der Bewertung (z.B. Fehlercodes) elektronisch erfasst werden, kann man in vielen Fällen sogar nachträgliche Erweiterungen des Bewertungsschemas ohne viel Zusatzarbeit überstehen.

Beispiel. Ein solches Verfahren wurde mit Erfolg zum Beispiel bei [Typcheck/85] angewendet. Hier sollten die Einfüge- und Beseitigungszeitpunkte zu jedem einzelnen Defekt ermittelt werden, den eine Versuchsperson erzeugt hatte. Dazu wurde für jede vorkommende Defektstelle ein Defektcode eingeführt und an die entsprechenden Stellen des fortlaufenden Protokolls aller Programmversionen der Versuchsperson annotiert. Am Schluss wurden die Annotationen mit Hilfe eines Auswertungsskripts analysiert, um zum Beispiel die Defektlebensdauer jedes Defekts zu berechnen. Diese Lebensdauern konnten dann nach Defektarten gruppiert werden etc. Bei dieser Messgröße war es unmöglich, das Bewertungsschema von Anfang an komplett und korrekt herzustellen, weil es zu viele Kategorien benötigte (insgesamt über 200). Deshalb wurden die Kategorien immer dann zugefügt, wenn sie das erste Mal benötigt wurden. In einigen Fällen wurden die Kategorien dabei aber zu grob angelegt. Da die Zwischenergebnisse der Bewertung (die Annotationen) elektronisch vorlagen, konnte dann ein Defektcode jedoch auch nachträglich verfeinert und in mehrere Codes unterteilt werden.

Da die Bearbeitung des Versionenprotokolls jeder Versuchsperson mehrere Stunden in Anspruch nahm, wären ohne diese Vorgehensweise nachträgliche Änderungen des Defektschemas praktisch unmöglich geworden und die Analyse hätte grober ausfallen müssen.

13.3.2. Schritt 1: Konsistenzprüfung

Konsistenzprüfungen testen Zwangsbedingungen an die Daten, um Datenfehler zu entdecken.

Liegen die Rohdaten schließlich komplett in der Form vor, die das benutzte Statistikprogramm verarbeiten kann, so sind die ersten Schritte darauf gerichtet, verbliebene Fehler in den Daten zu entdecken, um sie zu beseitigen.

Die folgenden Untersuchungen sind zu empfehlen:

- Ist in jeder Gruppe die erwartete Anzahl von Datensätzen vorhanden?
- Fehlen Datenwerte bei Variablen, für die das nicht sein kann?
- Sind Werte negativ, die das nicht sein können?
- Sind Werte Null, die das nicht sein können?
- Sind Werte größer als möglich?
  Beispiel: Prozentwerte größer als 100 oder Zeitdauern größer als die Gesamtdauer des Experiments.
- Gibt es bei Variablen mit Aufzählungstyp unerwartete Werte?
  Beispiel: ein falsch geschriebener Name einer Programmiersprache oder ein falscher Gruppenname.
- Sind alle Konsistenzbedingungen zwischen mehreren Variablen erfüllt?
  Beispiel: Ist *Anzahl gegebener Antworten* kleiner als *Anzahl korrekter Antworten*?

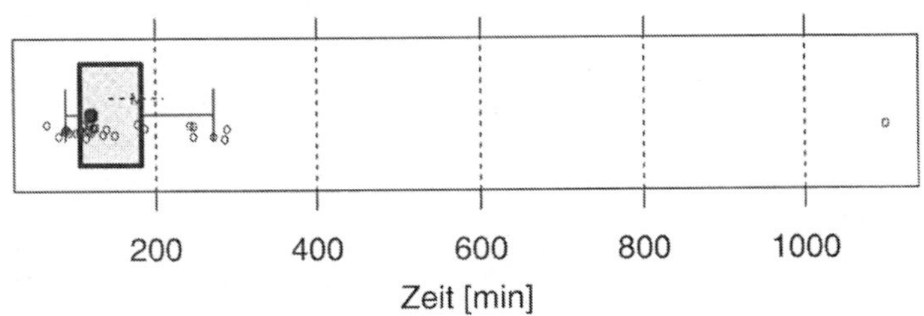

Abbildung 13.1. Entdeckung von Eingabefehlern durch eindimensionalen Punktplot (kleine Kringel): Der Wert 1099 sollte eigentlich 109 sein.

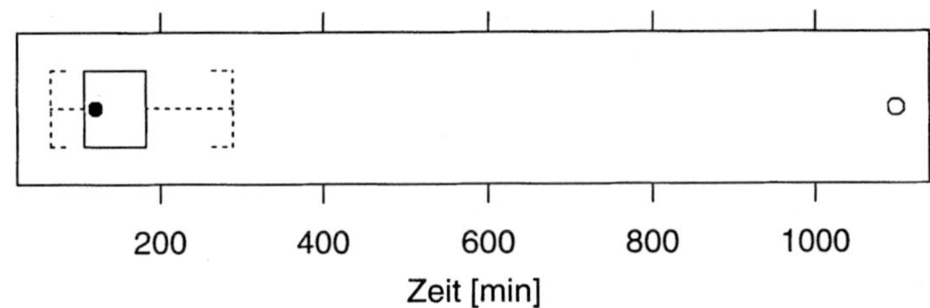

Abbildung 13.2. Entdeckung von Eingabefehlern durch herkömmlichen Boxplot (Werte jenseits von 1,5 Boxbreiten außerhalb der Box werden als mögliche Ausreißer separat angezeigt): Der Wert 1099 sollte eigentlich 109 sein.

Alle diese Prüfungen entdecken Unregelmäßigkeiten, die in jedem Falle einen Fehler anzeigen. Konsistenzprüfungen können um so besser Fehler aufdecken, je mehr Redundanz es in den Daten gibt. Dies sollte man beim Entwurf des Experiments berücksichtigen (siehe Abschnitt 13.3).

13.3.3. Schritt 2: Glaubwürdigkeitsprüfung

Glaubwürdigkeit prüfen heißt, wahrscheinliche Eigenschaften der Daten zu testen, um unplausible Daten zu entdecken. Diese sind machmal korrekt, oft aber falsch.

Die Konsistenzprüfung kann natürgemäß nicht alle Fehler aufdecken. Wenn eine Prozentzahl als 91 anstatt als 19 eingegeben wurde, steht nach wie vor eine legale Prozentzahl da. Aber möglicherweise ist 91 bei geeigneter Betrachtung eine auffällige Zahl und man kann den Fehler durch diese Auffälligkeit entdecken. Das ist das Ziel der Plausibilitäts- oder Glaubwürdigkeitsprüfung. Die folgenden Techniken sind geeignet.

Betrachte eine einzelne Variable:

- Kommen wenige ungewöhnlich hohe Werte vor?
  Mögliche Fehler: Eingabefehler (z.B. 1099 anstatt 109) oder Versagen einer automatischen Messung.
  Geeignete Suchhilfsmittel: Eindimensionale Punktplots („strip plots“, siehe Abbildung 13.1) oder herkömmliche Boxplots, in denen „Ausreißer“ mit Punkten dargestellt werden (siehe Abbildung 13.2).

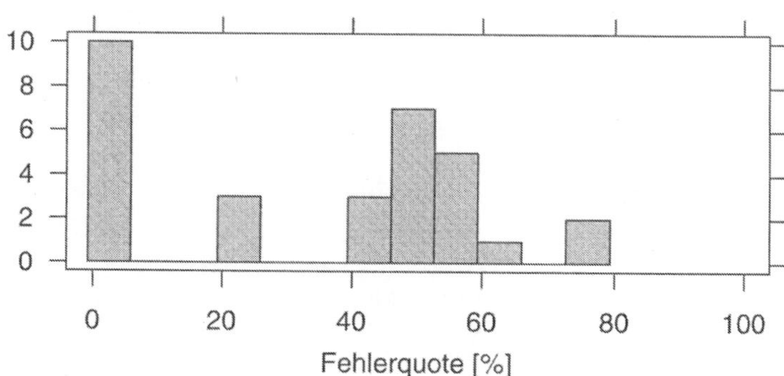

Abbildung 13.3. Entdeckung von Eingabefehlern durch Histogramm: Die zahlreichen Werte zwischen 0 und 1 sollten alle hundertmal so groß sein (Prozentwerte).

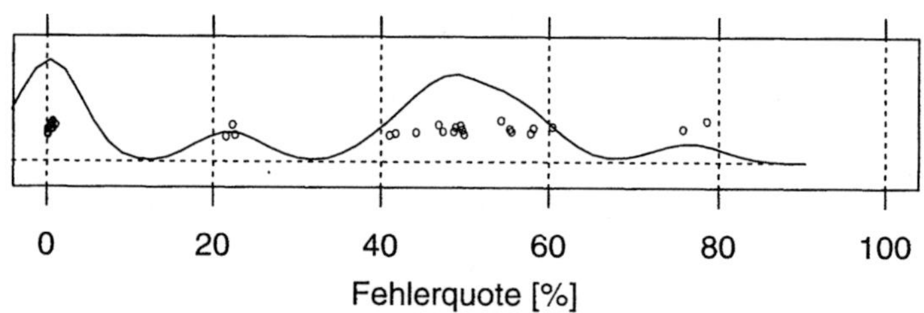

Abbildung 13.4. Entdeckung von Eingabefehlern durch Dichteplots; die Kurve gibt die Wahrscheinlichkeitsdichte an. Die zahlreichen Werte zwischen 0 und 1 sollten alle hundertmal so groß sein (Prozentwerte). Die Daten entsprechen denen von Abbildung 13.3.

- Kommen wenige ungewöhnlich niedrige Werte vor?
  Mögliche Fehler: Eingabefehler (z.B. 19 anstatt 109) oder Versagen einer automatischen Messung.
  Geeignete Suchhilfsmittel: wie oben.
- Kommen viele ungewöhnlich hohe oder niedrige Werte vor?
  Mögliche Fehler: Wechsel der Maßeinheit während der Dateneingabe, z.B. Stunden versus Minuten oder 0 bis 1 versus Prozent.
  Geeignete Suchhilfsmittel: Histogramme (siehe Abbildung 13.3) oder Dichteplots (siehe Abbildung 13.4).
- Kommt ein Wert ungewöhnlich häufig vor?
  Mögliche Fehler: Versagen einer automatischen Messvorrichtung.
  Geeignete Suchhilfsmittel: Histogramme, Dichteplots, eindimensionale Punktplots, Histogrammtabellen.
  Beispielsweise war bei [PSP/78] der häufigste vorkommende Wert für die Programmzuverlässigkeit 10,16%. Das lag daran, dass die Zuverlässigkeit in einem einzelnen Programmlauf mit vielen Eingaben gemessen wurde und nach 10,16% des Tests eine Eingabe auftrat, die viele Programme zum Absturz brachte. In diesem Fall wurden die Messungen dennoch akzeptiert, aber man sollte eine solche Besonderheit zumindest bemerken.

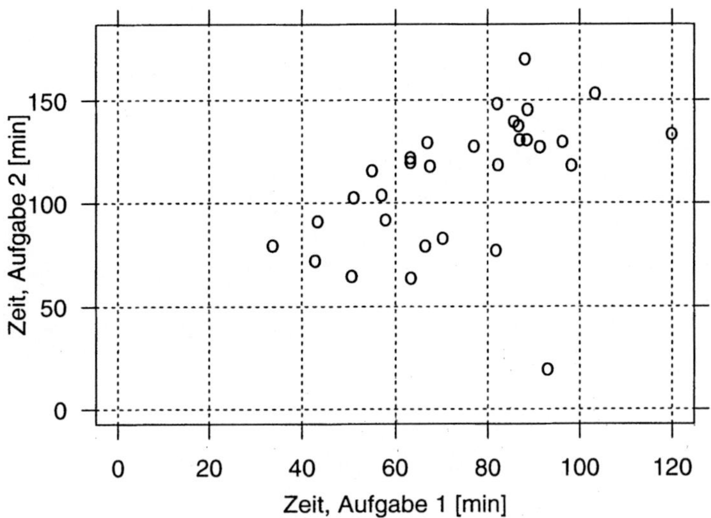

Abbildung 13.5. Entdeckung von Eingabefehlern durch zweidimensionale Punktplots. Wer bei Teilaufgabe 1 (x-Achse) recht langsam war, ist vermutlich nicht bei Teilaufgabe 2 (y-Achse) besonders schnell: Die Versuchsperson beim Punkt (93, 19) sollte eigentlich bei (93, 91) liegen.

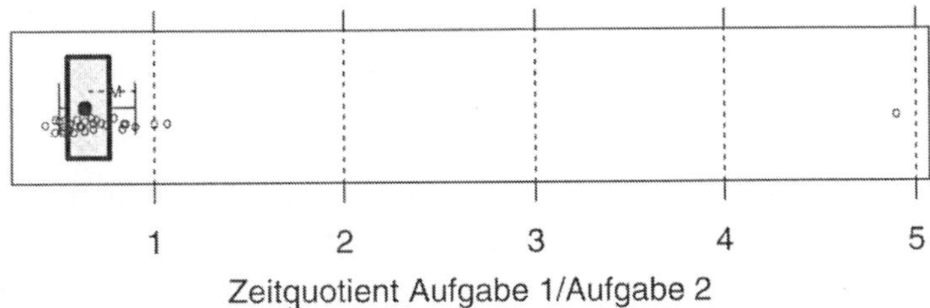

Abbildung 13.6. Entdeckung von Eingabefehlern durch eindimensionale Plots von Quotienten. Der Datenpunkt bei 4,9 sollte eigentlich bei 1,0 liegen. Die Daten entsprechen denen von Abbildung 13.5.

Betrachte Zusammenhänge zwischen zwei Variablen:

- Kommen unwahrscheinliche Kombinationen vor?
  Mögliche Fehler: Eingabefehler oder Versagen einer automatischen Messung.
  Geeignete Suchhilfsmittel: zweidimensionale Punktplots (siehe Abbildung 13.5), eindimensionale Plots von Quotienten oder Differenzen o.ä. (die Daten entsprechen denen von Abbildung 13.6).

Falls die Glaubwürdigkeitsprüfung mehr als eine kleine Zahl von Fehlern aufdeckt, sind viele weitere vermutlich unentdeckt geblieben. Dann sollte man die Dateneingabe noch einmal sorgfältiger wiederholen.

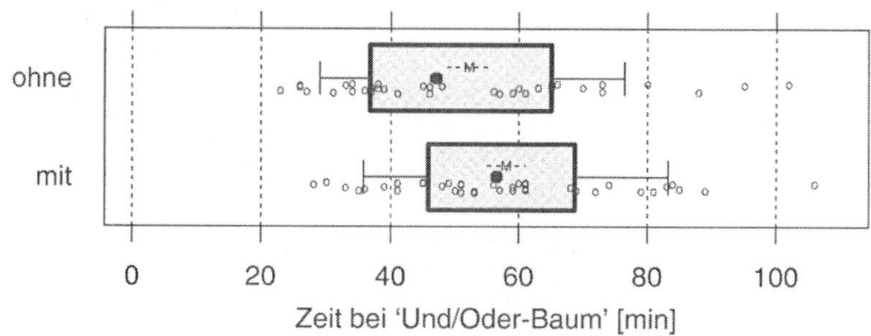

Abbildung 13.7. Zeitvergleich zweier Gruppen von [Musterdoku/80] für die Aufgabe „Und/Oder-Baum“: einmal mit und einmal ohne Musterdokumentation. Jeder Punkt entspricht der Zeit (in Minuten) einer Versuchsperson.

13.4. Erwartungsgetriebene und spekulative Analyse

Ist die Korrektheit der Daten sichergestellt, so begeben wir uns an die eigentliche Analyse. Da sich dabei eine große Vielfalt von Möglichkeiten auftut, die den Rahmen dieses Buches sprengt, behandelt die nachfolgende Darstellung nur ein einzelnes Beispiel, um die Vorgehensprinzipien zu verdeutlichen. Für eine Beschreibung anderer statistischer Techniken siehe die entsprechende Fachliteratur, z.B. [20, 21, 179].

13.4.1. Schritt 3: Phänomene graphisch veranschaulichen

Erster Analyseschritt ist eine graphische Darstellung der Größen, bei denen wir einen bestimmten Effekt erwarten.

Anders als zum Beispiel bei Beobachtungsstudien ohne Eingriff wissen wir bei einem kontrollierten Experiment von vornherein, welches der interessanteste Aspekt ist, den wir untersuchen sollten: Der Unterschied zwischen den einzelnen Versuchsgruppen. Gehen wir mal von dem Fall aus, dass der Hauptzweck des Experiments ein Hypothesentest ist. Für andere Fälle lassen sich die nachfolgenden Anmerkungen sinngemäß übertragen.

Nehmen wir als Beispiel das Experiment [Musterdoku/80]. Dann sind wir konkret hauptsächlich an zwei Vergleichen interessiert:

- Benötigt die Gruppe mit Musterdokumentation wie erwartet im Mittel weniger Zeit als die Gruppe ohne Musterdokumentation?
- Hat die Gruppe mit Musterdokumentation wie erwartet im Mittel bessere Lösungen, d.h. Lösungen mit weniger Defekten, als die Gruppe ohne Musterdokumentation?

Entsprechen die Daten ungefähr den Erwartungen?

Zur Beantwortung der ersten Frage betrachten wir ein Paar von erweiterten Boxplots wie in Abbildung 13.7 zu sehen. Sogleich ergibt sich die erste Überraschung: Die Experimentgruppe (mit Musterdokumentation) ist nicht nur nicht

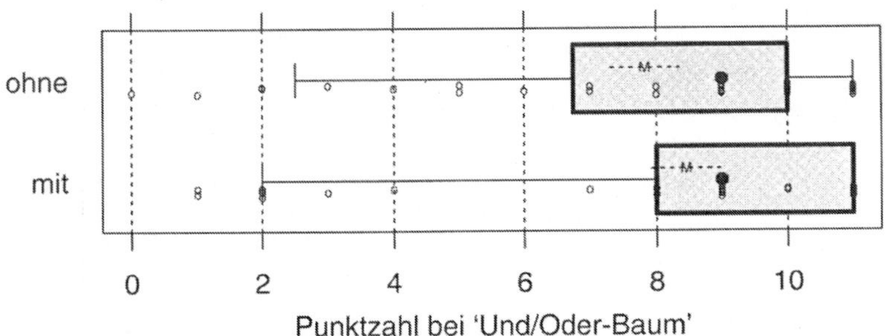

Abbildung 13.8. Punktvergleich zweier Gruppen von [Musterdoku/80]. Jeder Punkt entspricht der Punktzahl einer Versuchsperson. Die höchstmögliche Zahl ist 11.

besser, sondern sogar ein wenig schlechter als die Vergleichsgruppe (ohne Musterdokumentation). Das ist überraschend, weil es unseren plausiblen Erwartungen direkt widerspricht, und wir merken uns vor, den Ursachen für diesen Effekt nachzugehen. Ansonsten sehen die beiden Verteilungen recht harmlos und vernünftig aus, insbesondere sind sie nicht allzuweit von einer Normalverteilung entfernt.

Sind sonstige Überraschungen zu sehen?

Gehen wir derweil zur zweiten Frage, der Korrektheit. Hierfür wurde im Experiment ein subjektives Maß eingeführt: die Punktzahl, bei der für verschiedene Defekte unterschiedlich große Abzüge von der maximalen Punktzahl von 11 gemacht werden. Der Punktzahlvergleich ist in Abbildung 13.8 zu sehen. Hier erkennen wir einige interessante Eigenschaften:

- Beide Gruppen haben im Median genau die gleiche Punktzahl und im Mittelwert fast die gleiche Punktzahl.
- Die weitaus häufigsten Punktzahlen sind 9 und 11.
- Die Experimentgruppe hat häufiger 11 Punkte als die Vergleichsgruppe.
- Die Experimentgruppe hat seltener mittelgroße Punktzahlen (von 4 bis 8).

Diese Betrachtungen geben wesentlich besser Auskunft über die Eigenschaften der beiden Versuchsbedingungen als ein bloßer Vergleich von Mittelwert und Standardabweichung der beiden Gruppen (bei dem es nämlich kaum etwas zu bemerken gibt).

13.4.2. Schritt 4: Phänomene mit Zahlen beschreiben

Erst nachdem wir die Zeit- und Punktverteilungen im Einzelnen verglichen haben, sollten wir statistische Hypothesentests durchführen (siehe Definition 13.11).

Numerische Analyse erst nach der optischen Analyse durchführen.

Der Vergleich der Arbeitszeiten verläuft unspektakulär. Wenn wir *annehmen*, dass die Experimentgruppe schneller sein muss, und einen dementsprechenden

Definition 13.9: „Boxplot"

Boxplots, wie beispielsweise in Abbildung 13.2 gezeigt, dienen zur groben Darstellung der Verteilung von Werten in einer Stichprobe. Der Kasten gibt den Bereich an, in dem die mittlere Hälfte der Daten liegt, d.h. ein Viertel liegt links vom Kasten, zwei Viertel im Kasten und ein Viertel rechts davon. Der Kastenrand wird nötigenfalls zwischen zwei Datenpunkte interpoliert. Die Breite des Kastens heißt auch *Interquartilbereich*. Die Markierung im Kasten kennzeichnet den *Median*, also die Grenze zwischen der oberen und unteren Hälfte der Daten. Die Schwänze rechts und links des Kastens geben bei herkömmlichen Boxplots üblicherweise den äußersten Datenpunkt an, der noch innerhalb von 1,5 Interquartilbereichen außerhalb des Kastens liegt. Alle noch weiter entfernt liegenden Datenpunkte werden als *Ausreißer* betrachtet und entweder durch separate einzelne Punkte im Plot angegeben oder ganz unterdrückt. Boxplots geben für eingipflige Verteilungen angemessen die Lage, Spreizung und ggf. Schiefe der Verteilung wieder und eignen sich insbesondere zum schnellen visuellen Vergleich mehrerer etwa gleich großer Stichproben. Die beschriebene Handhabung der Schwänze und Ausreißer ist nur für Stichproben mit wenigen Datenpunkten sinnvoll.

Definition 13.10: „Erweiterter Boxplot"

Die von mir entwickelten erweiterten Boxplots (z.B. in Abbildung 13.7) liefern auf gleichem Raum deutlich mehr Information als normale Boxplots, ohne jedoch deren Vorteile einzubüßen. Die Datenpunkte werden vollständig als *stripplot* angegeben, was gelegentlich zusätzliche Eigenschaften der Verteilung zu entdecken erlaubt, insbesondere Zweigipfligkeit. Die Punkte werden vertikal etwas „verwackelt", damit auch mehrere Punkte mit demselben Wert sichtbar bleiben. Der Kasten und der dicke Punkt in seiner Mitte geben genau wie beim normalen Boxplot das erste, zweite und dritte *Quartil* (25%-, 50%-, 75%-Quantil) an und die Schwänze das 10%- bzw. 90%-Quantil. Somit ist die Länge der Schwänze weitgehend unabhängig von der Stichprobengröße. Das M im oberen Teil ist der arithmetische Mittelwert und die gestrichelte Linie nach rechts und links markiert plus/minus einen Standardfehler des Mittelwerts. Ungefähr dann, wenn sich diese Linien bei zwei Boxplots gerade nicht mehr überlappen, wird der Mittelwertunterschied statistisch signifikant.

einseitigen Test durchführen, so bestätigt uns dieser, dass das beobachtete (entgegengesetzte) Ergebnis diese Hypothese ganz und gar nicht stützt: Ein t-Test liefert $p = 0{,}90$, ein Wilcoxon-Test $p = 0{,}92$ und ein Bootstrap-Test $p = 0{,}90$. Nehmen wir die Annahme zurück und führen einen zweiseitigen Test durch, so ergibt sich $p = 0{,}20$ für t-Test und Bootstrap-Test (nämlich $2 \cdot (1 - 0{,}90)$) bzw. $p = 0{,}16$ für den Wilcoxon-Test — die Unterschiede sind also vermutlich nur zufälliger Art.

Auch beim Vergleich der Punktzahlen ergibt sich kein klares Ergebnis. Zwar ist hier wie erwartet der Mittelwert für die Experimentgruppe höher als für die Vergleichsgruppe, aber der Unterschied ist nicht statistisch signifikant (t-Test $p = 0{,}21$, Wilcoxon-Test $p = 0{,}089$, Bootstrap-Test $p = 0{,}19$).

Man beachte übrigens, dass hier die Anwendungsvoraussetzungen sowohl für den t-Test (Normalverteilung) als auch für den Wilcoxon-Test (alle Werte verschieden) verletzt sind; beim Wilcoxon-Test wurde eine Approximation benutzt, die auch gleiche Werte zulässt.

Definition 13.11: „Statistischer Hypothesentest"

Ein statistischer Hypothesentest (oder kurz: Test) erhält als Eingabe eine oder mehrere Stichproben von Daten und untersucht diese im Hinblick auf ein bestimmtes Merkmal (die geprüfte Statistik). Er nimmt dazu eine Annahme (die sogenannte Nullhypothese) als gegeben an und berechnet als Ausgabe die Wahrscheinlichkeit (den sogenannten p-Wert), dass die beobachteten Daten aufgetreten sein können, wenn die Annahme stimmt. Ist diese Wahrscheinlichkeit klein, so kann man davon ausgehen, dass die Annahme nicht stimmt, sondern ihr Gegenteil (die sogenannte Alternativhypothese). Die meisten Tests verlangen gewisse Voraussetzungen, damit sie überhaupt angewendet werden dürfen. Sind diese verletzt, ist die Bedeutung des erhaltenen p-Werts unklar. Zur Illustration dieser Definition siehe Notiz 13.13.

***Notiz 13.12:** Statistische Signifikanz*

Wenn ein p-Wert genügend klein ist, so nennt man ihn „statistisch signifikant", (also „statistisch Zeichen gebend"). Die Grenze, ab der man dies tut, heißt Signifikanzschwelle und kann willkürlich gewählt werden. Üblich sind (je nach Anforderungen an die Verlässlichkeit) zum Beispiel Schwellen von 0,01, 0,05 oder 0,1. Man sollte sich klar machen, dass dies lediglich eine Sprachregelung ist und es nichts Magisches daran gibt, wenn ein p-Wert die Schwelle unterschreitet. Man sollte stets den p-Wert direkt angeben, damit sich die Leser selbst ein Urteil bilden können, anstatt nur zu sagen „... ist signifikant für $p < 0{,}05$" o.ä. Die Gewohnheit, keine genauen p-Werte anzugeben stammt noch aus der Vor-Computer-Zeit, als p-Werte nur sehr grob aus Tabellen abgelesen werden konnten.

Notiz 13.13: *Beispiel für einen Hypothesentest*

Der t-Test (siehe Notiz 13.14) vergleicht zwei Stichproben a und b auf Unterschiede im Mittelwert $\bar{a}$ und $\bar{b}$.
Geprüfte Statistik: $\bar{a} - \bar{b}$.
Voraussetzung: Beide Stichproben müssen normalverteilt sein, mit gleicher Varianz.
Nullhypothese: $\bar{a} - \bar{b} = 0$ (die Mittelwerte sind gleich)
Ein kleiner p-Wert besagt, dass die Mittelwerte verschieden sind, der beobachtete Unterschied also statistisch signifikant ist (siehe Notiz 13.12).

Hier ein Zahlenbeispiel: Wir erzeugen zunächst zwei normalverteilte Zufallsstichproben $a = (113, 104, 105, 103, 97, 113)$ und $b = (113, 120, 126, 116, 126, 111)$ und wenden darauf den t-Test an, zum Beispiel mit der Statistiksoftware S-Plus [127]:

```
> t.test(a,b)
Standard Two-Sample t-Test
data:  a and b
t = -3.5138, df = 10, p-value = 0.0056
alternative hypothesis:  true difference in means is not equal to 0
95 percent confidence interval:  -20.9710 -4.6956
sample estimates:
mean of a    mean of b
105.83          118.67
```

Das Ergebnis besagt also, dass die Stichproben höchstwahrscheinlich verschiedene Mittelwerte haben; nur mit einer Wahrscheinlichkeit von etwa einem halben Prozent sind sie gleich ($p = 0{,}0056$). Die wahren Mittelwerte sind übrigens 100 und 120.

Falls wir schon im Vorhinein wissen, dass, falls es überhaupt Unterschiede gibt, $\bar{a}$ kleiner sein muss als $\bar{b}$, können wir den sogenannten „einseitigen" Test benutzen (bei dem die Alternativhypothese nur zu einer Seite weist). In diesem Fall halbiert sich der p-Wert, denn der t-Test geht normalerweise von der vollen Alternativhypothese aus (zweiseitiger Test, doppelseitiger Test).

Notiz 13.14: *t-Test*

Der t-Test vergleicht die arithmetischen Mittelwerte zweier Stichproben. Er setzt voraus, dass jede Stichprobe einer Normalverteilung entstammt und dass diese beiden Normalverteilungen die gleiche Varianz haben. Diese Voraussetzungen sind natürlich niemals exakt erfüllt; der t-Test ist jedoch recht robust gegen Verletzungen dieser Annahmen. Er verhält sich dann konservativ, d.h., er liefert p-Werte, die zu hoch liegen.

In solchen Fällen (und auch sonst) ist es eine gute Idee, die Ergebnisse mehrerer Tests mit unterschiedlichen Voraussetzungen anzugeben und gründlich den Ursachen nachzugehen, falls diese Tests erheblich unterschiedliche Ergebnisse erbringen.

Bei Hypothesentests möglichst mehrere verschiedene Testarten parallel benutzen.

Notiz 13.15: *Wilcoxon-Rangsummen-Test (Mann-Whitney U-Test)*

Der Wilcoxon-Test vergleicht die Mediane zweier Stichproben. Er benutzt nicht die Datenwerte direkt, sondern nur die Größenreihenfolge (Ranginformation), setzt also nur eine Ordinalskala für die Daten voraus, allerdings auf einer kontinuierlichen Verteilung (was in der Praxis bedeutet, dass keine Datenwerte mehrmals auftreten dürfen). Für mehrfache Datenwerte wird üblicherweise stillschweigend eine Annäherung an den exakten Rangsummentest benutzt.

Definition 13.16: „Bootstrap-Mittelwerttest"

Dieser Test verwendet Resampling (siehe Definition 13.17), um die Stichproben x und y zu vergleichen. Er zieht eine große Zahl von Resampling-Stichproben x_i aus x und y_i aus y, berechnet zu jedem solchen Paar die Mittelwertdifferenz $x_i - y_i$ und betrachtet am Ende die Verteilung (genannt „Boostrap-Verteilung") dieser Mittelwertdifferenzen: Sind beispielsweise weniger als 5% der Differenzen negativ, so ist $\bar{x} < \bar{y}$ mit $p < 0{,}05$ (einseitiger Test) und $\bar{x} \neq \bar{y}$ mit $p < 0{,}1$ (zweiseitiger Test). Aus der Bootstrap-Verteilung lassen sich auch direkt beliebige Konfidenzintervalle für die Mittelwertdifferenz ablesen.

Definition 13.17: *„Resampling, Bootstrapping"*

Resampling bedeutet, sich aus einer Stichprobe von Daten zahlreiche (meist gleichgroße) weitere Stichproben zu erzeugen, indem man sie durch „Ziehen mit Zurücklegen" aus den Elementen der gegebenen Stichprobe zusammenstellt.

Bootstrapping ist ein Ansatz, der es erlaubt, die Variabilität irgendeines Merkmals einer Stichprobe zu untersuchen: Das Merkmal wird für zahlreiche *Resampling*-Stichproben berechnet und die Verteilung dieser Werte wird analysiert. Die Ausgangsidee dieses Vorgehens ist, dass die Stichprobe die beste verfügbare Ersatzgröße für die wirkliche Grundgesamtheit darstellt. *Bootstrapping* macht deshalb nur die Annahme, dass die Stichprobe repräsentativ für die Grundgesamtheit ist.

13.4.3. Zwei häufige Fehler bei Hypothesentests

Ein Experiment, in dem keinerlei signifikante Unterschiede zu beobachten sind, ist meist äußerst unbefriedigend. Deshalb haben Experimentatoren stets die Neigung, beim Ausbleiben der erwarteten Ergebnisse so lange weiter zu suchen, bis sie doch noch zu Resultaten kommen. Dabei gibt es zwei typische methodische Fehler: massenhaftes Testen und das rabulistische Uminterpretieren der Daten.

Das blinde Durchführen sehr vieler Tests zur „Suche“ nach Unterschieden liefert irreführende Ergebnisse.

Viele Tests. Ein Signifikanzniveau von beispielsweise 0,05 bedeutet, dass der Test in etwa 5% aller Fälle selbst dann ein positives Ergebnis liefern wird, wenn in Wirklichkeit gar kein Unterschied zwischen den Gruppen vorhanden ist. Deshalb ist das „Fischen“ nach signifikanten Ergebnissen gefährlich: Wenn man nur genügend viele verschiedene Variablen oder Gruppen zu testen hat, wird man früher oder später auch irgendwo Unterschiede finden — diese sind aber nicht unbedingt real [42]. Deshalb sollte man Tests nur an den Stellen einsetzen, wo man ausdrücklich Unterschiede erwartet. Sind tatsächlich viele Tests notwendig, so muss die Signifikanzschwelle mit der sogenannten Bonferroni-Korrektur entsprechend verschärft werden [21, 179].

Das Zerreden nichtsignifikanter Testresultate führt zu zweifelhaften Ergebnissen.

„Herbeiargumentieren“ von Unterschieden. Ähnlich gefährlich wird es, wenn man beim Ausbleiben signifikanter Testergebnisse durch verbale Argumentation zu erklären sucht, warum *doch* Unterschiede zwischen den Gruppen bestehen. Bei [26] werden beispielsweise zwei besonders extreme Datenpunkte gesondert diskutiert und dann die Effektgröße zusätzlich zum p-Wert in der Analyse herangezogen — beim Leser stellt sich dabei aber ein gewisser Widerwillen ein und die Glaubwürdigkeit des Ergebnisses bleibt begrenzt. Immerhin begehen die Autoren nicht den Fehler, die beiden Datenpunkte als „Ausreißer“ rundweg zu ignorieren; die Probleme eines solchen Vorgehens sind im nachfolgenden Abschnitt 13.4.4 beschrieben. Auch bei [Musterdoku/80] ist an einer Stelle eine komplizierte Diskussion und geänderte Betrachtung der Daten nötig (siehe Abschnitt 13.4.5), aber zumindest stellt sich an deren Ende ein statistisch signifikantes Ergebnis ein. Wenn ein Sigifikanztest kein klares Ergebnis liefert, muss auch die Schlussfolgerung entsprechend vorsichtig sein.

13.4.4. Anmerkung über Normalverteilung und Ausreißer

Der (verständliche) Wunsch, statistische Methoden wie den t-Test zu benutzen, die eine Normalverteilung der Daten voraussetzen, verleitet zu zwei Verhaltensweisen:

- Benutzung von Anpassungstests (Tests auf Normalverteiltheit), um nachzuweisen, dass die Normalverteilungsannahme gerechtfertigt ist.
- Ausschluss von Ausreißern aus einer Stichprobe, um eine hinreichend normalverteilte Stichprobe zu erhalten.

Beide Verhaltensweisen sind gefährlich und sollten nach Möglichkeit vermieden werden.

Tests auf Normalverteilung sind wenig hilfreich.

Wie jeder statistische Test macht auch ein Anpassungstest nur dann eine klare Aussage, wenn die Nullhypothese abgelehnt wird. Beim Test auf Normalverteilung kann man also zwar eventuell nachweisen, dass eine Stichprobe *nicht* normalverteilt ist, erhält aber niemals das erwünschte Ergebnis, nämlich eine Bestätigung für das Vorliegen einer Normalverteilung. Schlimmer noch, ein solcher Test ist genau dann unempfindlich (lehnt also die Normalverteilung nicht ab), wenn die Annahme einer Normalverteilung am gefährlichsten ist: bei nur wenigen Datenpunkten in der Stichprobe. Umgekehrt ist er sehr empfindlich und lehnt die meisten Stichproben ab, wenn die Annahme völlig harmlos ist, weil die Glockenkurve zwar leicht verbeult ist, aber sehr viele Datenpunkte vorliegen. In solchen Fällen funktioniert der t-Test jedoch tadellos.

Allenfalls mit sehr guten inhaltlichen Gründen darf man Datenpunkte weglassen.

Das Ausschließen sogenannter „Ausreißer" ist bei Experimenten allenfalls dann zulässig, wenn man schwerwiegende *inhaltliche* Gründe dafür anführen kann, warum dieser Datenpunkt nicht zur gewünschten Stichprobe gehören darf. Macht man den Ausschluss nämlich allein aufgrund des ungewöhnlich hohen oder niedrigen Datenwerts, so besteht die Gefahr, dass man genau die entscheidende Information wegwirft, die zu einer wichtigen Einsicht führen könnte. Dies wird drastisch durch die Geschichte der Entdeckung des Ozonlochs illustriert, die in Notiz 13.18 skizziert ist.

Bei kontrollierten Experimenten in der Softwaretechnik ist die Zahl der Datenpunkte oft so klein, dass das Ausschließen extremer Datenpunkte einer will-

Notiz 13.18: *Die Entdeckung des Ozonlochs*

Im Jahr 1974 erschien eine Untersuchung, die zeigte, dass Fluor-Chlor-Kohlenwasserstoffe bei UV-Einwirkung katalytisch Ozon zerlegen können. Diese Substanzen werden seit 1930 kommerziell hergestellt und für viele Anwendungen benutzt, vor allem als Verdampfungsmittel in Kühlgeräten und als Treibmittel in Aerosol-Sprays. Wir wissen heute, dass das „Ozonloch" über der Antarktis, also eine *erhebliche*, jahreszeitliche Absenkung des Ozongehalts der Atmosphäre, mindestens seit 1979 existiert, vermutlich sogar einige Jahre länger. Seit 1978 überwachte der NASA-Satellit Nimbus-7 den Ozongehalt der Atmosphäre über der gesamten Erdoberfläche und sandte ständig Messdaten zur Erde. Dennoch wurde das Ozonloch über der Antarktis erst 1985 bekannt — durch eine Studie englischer Forscher, die auf Bodenmessungen basierte [66].

Was war passiert? Die Software, mit der bei der NASA die Daten von Nimbus-7 ausgewertet wurden, markierte alle Ozonmessungen als dubios, deren Wert unter 180 DU lag, weil so kleine Werte nie zuvor bekannt geworden waren. Anscheinend wurden bei der NASA all die Jahre bei Auswertungen diese markierten Daten ignoriert [195].

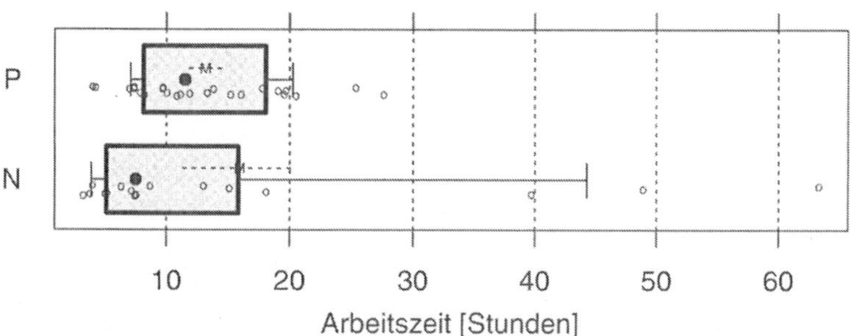

Abbildung 13.19. Zeitbedarf der Versuchsgruppe (P, oben) und der Kontrollgruppe (N, unten) von [PSP/78]. Die drei hohen Werte von N sind *keine* Ausreißer und dürfen keinesfalls ignoriert werden. Sie entsprechen etwa den zwei hohen Werten von P; der unterschiedliche Abstand ist ein wichtiger Effekt der unabhängigen Variablen.

kürlichen Manipulation der Ergebnisse gleichkommt.

Beispielsweise gibt es bei [PSP/78] drei Personen in der Kontrollgruppe, die mit einem Zeitbedarf von 40, 50 und 63 Stunden so weit über dem Rest ihrer Gruppe lagen, dass man sie als Ausreißer einstufen könnte — das dritte Quartil liegt bei 16 Stunden (siehe auch Abbildung 13.19). In diesem Fall ist es aber plausibel, dass diese drei hohen Werte nicht nur zufällig ausgerechnet in der Kontrollgruppe auftreten, sondern die entsprechenden Personen in der Versuchsgruppe durch ihre PSP-Ausbildung ihre Probleme zumindest so weit im Griff hatten, dass ihr Abstand zum Rest nicht so groß ausfiel. In der Versuchsgruppe liegen die beiden langsamsten Versuchspersonen mit 26 und 28 Stunden weitaus näher am dritten Quartil von 18. In den „Ausreißern" der Kontrollgruppe liegt also wichtige Information über die Versuchsvariable verborgen; diese Datenpunkte zu entfernen würde bedeuten, diese Information zu verschenken und das Ergebnis zu verzerren.

13.4.5. Schritt 5: Mögliche Erklärungen untersuchen

Suche nach Hinweisen auf den Mechanismus, mit dem erwartete oder unerwartete Resultate zustande kamen.

Aber selbst wenn der „verkehrte" Unterschied im Zeitbedarf beim obigen Beispiel nicht signifikant ist, sollten wir versuchen, seine Ursachen aufzuklären. Schließlich haben wir mit gutem Grund mit dem gegenteiligen Effekt gerechnet.

Als ersten Versuch betrachten wir den Zusammenhang zwischen Zeitbedarf und erzielter Punktzahl (Abbildung 13.20). Der Graph gibt in diesem Fall keinen wichtigen Hinweis, außer vielleicht einer Erneuerung der Einsicht, dass man einer Regressionsgeraden bei Datenmengen mit schlechter Korrelation lieber nicht trauen sollte.

Neuer Versuch: Vielleicht ist die Betrachtung der Punktzahlen vollkommen irreführend? Schließlich kann man eine falsche Lösung ja *beliebig* schnell anfertigen. Betrachten wir also nur die ganz korrekten Lösungen separat und

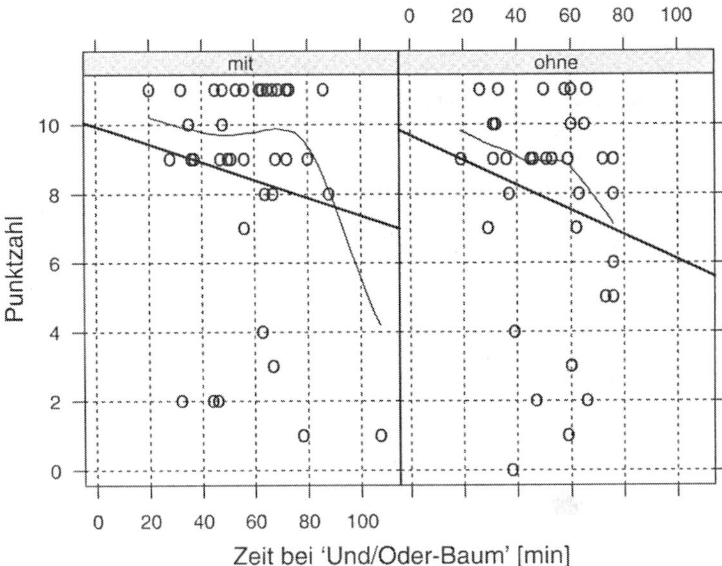

Abbildung 13.20. Punktzahl in Abhängigkeit vom Zeitbedarf für [Musterdoku/80]. Die gerade Linie ist eine gewöhnliche Regressionsgerade, die gebogene Linie ist eine nichtparametrische Glättungsfunktion (Loess lokale lineare Regression).

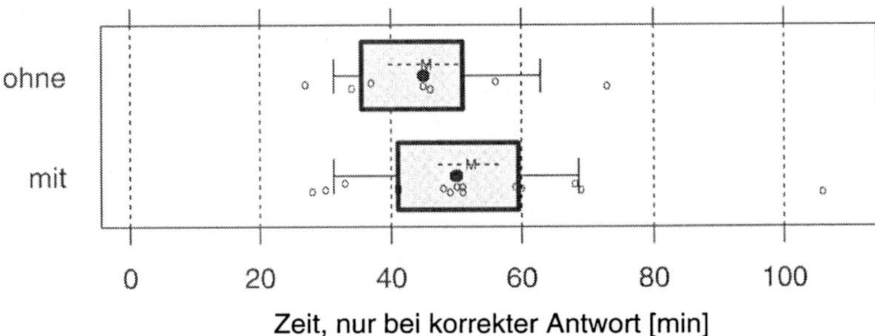

Abbildung 13.21. Zeitvergleich zweier Teilgruppen von [Musterdoku/80]. Jeder Punkt entspricht der Zeit (in Minuten) einer Versuchsperson mit einer komplett korrekten Lösung. Siehe Abbildung 13.7 für die Zeit der vollständigen Gruppen.

ignorieren den Rest; die entstehenden Boxplots für die Arbeitszeit sind in Abbildung 13.21 dargestellt. Wir machen zwei Beobachtungen. Erstens ist die Variabilität des Zeitbedarfs erheblich geringer als bei den kompletten Gruppen; offenbar verunreinigt die Hinzunahme unkorrekter Lösungen den Zeitvergleich. Zweitens ist die Zahl korrekter Lösungen in der Experimentgruppe mehr als doppelt so groß wie in der Kontrollgruppe (15 gegenüber 7). Der erwartete Vorteil der Experimentgruppe wurde also anscheinend durch die Wahl unserer Punkteskala verwischt und kommt wieder zum Vorschein, wenn man die Korrektheit nur noch mit einem einzigen Bit bewertet. Der gegebene Unterschied von 15 gegen 7 ist bei der Gruppengröße von 38 bzw. 36 Personen statistisch signifikant (exakter Test für Proportionen von Fisher $p = 0{,}05$, χ^2-Test

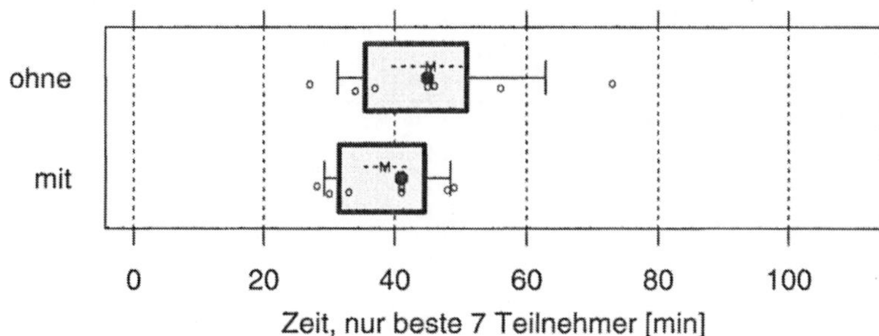

Abbildung 13.22. Zeitvergleich der besten 7 Teilnehmer zweier Teilgruppen von [Musterdoku/80]. Jeder Punkt entspricht der Zeit (in Minuten) einer Versuchsperson mit einer komplett korrekten Lösung.

$p = 0{,}06$) und stellt das eigentliche Ergebnis in diesem Teil des Experiments dar.

Allerdings ist die Kontrollgruppe hartnäckig immer noch tendenziell schneller. Das ist dadurch zu erklären, dass ein Vergleich der besten 7 der Kontrollgruppe mit den besten 15 der Experimentgruppe die letztere benachteiligt (nämlich auf ihren Rängen 8 bis 15). Vergleichen wir also fairerweise nur die besten 7 aus beiden Gruppen, wie in Abbildung 13.22 gezeigt. Nun gerät die Welt endlich wieder ins Lot; theoretische Erwartung und empirische Wirklichkeit schütteln sich aufs Herzlichste die Hände: Der Unterschied ist zwar auch hier nicht signifikant (t-Test $p = 0{,}16$, Wilcoxon-Test $p = 0{,}22$, Bootstrap-Test $p = 0{,}11$), aber zumindest ist die Experimentgruppe jetzt in der Tendenz tatsächlich schneller als die Kontrollgruppe.

Dieses ausführliche Beispiel zeigt ein wichtiges Prinzip der Experimentation: Ein Experiment sollte in der Regel mit theoretisch begründeten Erwartungen (Hypothesen) hinsichtlich der Ergebnisse durchgeführt werden. Die Analyse beginnt dann anhand dieser Erwartungen (erwartungsgetriebene Analyse) und setzt sich anschließend mit der Suche nach Belegen für mögliche Mechanismen fort, die zu den Ergebnissen geführt haben könnten (spekulative Analyse). Letzteres ist vor allem dann wichtig, wenn die Ergebnisse den Erwartungen widersprechen.

Ein schönes Beispiel für eine Entdeckung von Mechanismen durch spekulative Analyse bietet [Vererbung2/77], nachzulesen in [168]. Hier bestand scheinbar ein Widerspruch zwischen den Ergebnissen von [Vererbung1/76] und denen von [Vererbung2/77]. Die spekulative Analyse löste diesen Widerspruch auf. Sie fand nämlich eine Variable (die Anzahl wartungsrelevanter Methoden), die die Unterschiede zwischen Versuchsgruppen *weitaus* mehr beeinflusst als die im Experiment untersuchte unabhängige Variable „Vererbungstiefe". Die Experimente hatten gewissermaßen einem Phantom nachgejagt.

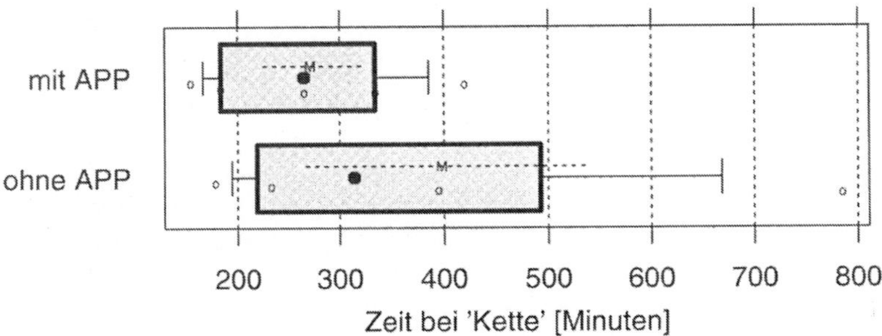

Abbildung 13.23. Arbeitszeitvergleich von zwei Gruppen aus [Vertrag/131] für die Aufgabe „Kette": einmal mit und einmal ohne Zusicherungen. Der Unterschied ist nicht signifikant, weil die individuelle Variabilität hoch und die Gruppengröße niedrig ist.

13.4.6. Anmerkung über Varianzreduktion

Varianzanalyse zerlegt Unterschiede in Teile mit bekannter Herkunft.

Zu den wichtigsten statistischen Ideen für die Erforschung der Ursachen von Unterschieden gehört die sogenannte Varianzanalyse (*analysis of variance, ANOVA*). Ihre Grundidee besteht darin, die Schwankungen, die in den Datenwerten einer Stichprobe auftreten (Varianz), in Teile zu zerlegen, die dann einzeln analysiert und beurteilt werden können, so dass selbst bei großen Schwankungen noch Aussagen möglich sind. In der Sprache der Varianzanalyse sagt man, man möchte einen möglichst großen Teil der gesamten Varianz durch zusätzliche Variablen, deren Werte bekannt sind, „erklären". Dann wird die verbleibende, auf die unabhängige Variable entfallende Varianz klein und man erhält eine scharfe Aussage.

Vortestergebnisse bieten eine gute Grundlage für Varianzzerlegung.

Beispiel. Für eine ausführliche Diskussion der Varianzanalyse verweise ich auf einschlägige Statistikliteratur (zur Einführung beispielsweise [139]) und gebe hier nur ein Beispiel für eine einfache und informelle Anwendung des Prinzips: Bei [Vertrag/131] erbrachte der Hypothesentest zunächst keinen Unterschied zwischen den Versuchsgruppen. Die individuellen Unterschiede waren für die gegebene sehr geringe Gruppengröße von letztlich nur fünf bzw. vier Personen einfach zu groß (siehe Abbildung 13.23). Allerdings hatten in diesem Experiment alle Versuchspersonen denselben Vortest absolviert, und dieser hatte direkt mit dem Thema des Experiments zu tun. Deshalb war die Annahme plausibel, dass der Vortest ungefähr die gleichen Unterschiede zwischen den Versuchspersonen „vorhersagen" würde, wie man sie auch im eigentlichen Experiment geboten bekommt. Und tatsächlich: Die Korrelation zwischen Dauer des Vortests und Dauer des Hauptexperiments betrug 0,84. Nun kann man folgenden Trick anwenden: Man benutzt für den Vergleich der Arbeitszeiten der Versuchspersonen als Skala nicht die Zeit in Minuten (wie in Abbildung 13.23), sondern die Zeit gemessen in Vielfachen der Dauer des Vortests *dieser* Person (wie in Abbildung 13.24). Auf diese Weise verschwindet der überwiegende Teil der Unterschiede zwischen den Personen, weil er in die Maßskala verlegt wird. Da der Vortest für alle gleich war, bedeutet diese Konstruktion keine

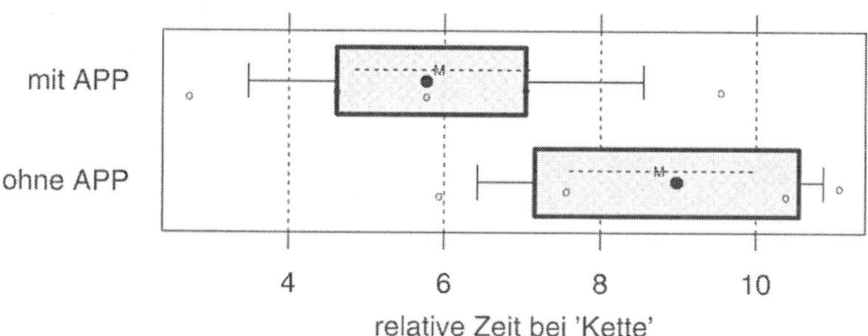

Abbildung 13.24. Arbeitszeitvergleich von zwei Gruppen aus [Vertrag/131]. Das Bild entspricht 13.23, nur dass die Arbeitszeit in der Einheit „Dauer des Vortests für diese Person" ausgedrückt ist, so dass ein großer Teil der individuellen Variabilität verschluckt wird. Der Unterschied zwischen den Gruppen ist signifikant.

Verzerrung der Ergebnisse. Wir verringern durch diese Berechnung lediglich die für das Experiment störende Varianz zwischen Versuchs*personen*, so dass die für das Experiment relevante Varianz zwischen den Versuchs*gruppen* klarer hervortritt. Die so normierten „Arbeitszeiten" weisen nun tatsächlich einen signifikanten Unterschied zwischen Versuchs- und Kontrollgruppe auf, sogar einen erheblichen: Er beträgt mit 80% Konfidenz mindestens 1,47 Vortestdauern, also ein Viertel der mittleren Arbeitszeit der schnelleren Gruppe.

Befragungsergebnisse bieten nur selten eine leistungsfähige Zerlegungsgrundlage.

Nutzung von Hintergrundinformation. Am angenehmsten wäre es, wenn man einfach mit einem Fragebogen etwas Hintergrundinformation über die Versuchsperson abfragen und dann einen großen Teil der Varianz mit diesen Werten abspalten könnte. In einer Studie im Jahr 1980 hatten Moher und Schneider mit diesem Ansatz recht guten Erfolg [138]: Sie konnten etwa die Hälfte der Varianz mit nur zwei oder drei Variablen erklären (Anzahl absolvierter Informatikkurse, Notendurchschnitt, Jahre Programmiererfahrung). Vermutlich sind diese guten Ergebnisse aber nur bei den aus heutiger Sicht geringen Fähigkeiten möglich, die die damaligen 160 Versuchspersonen hatten. Das mag auch der Grund sein, warum es keine aktuellere Studie gibt, die ähnliche Ergebnisse erbracht hat. Nach unserer Erfahrung ist zumindest Information über den Umfang der Programmiererfahrung zur Vorhersage der Leistung weitgehend unbrauchbar. Da es den Aufwand für ein Experiment kaum erhöht, sollte man solche Informationen aber dennoch in jedem Falle abfragen. Manchmal kann man damit beispielsweise Versuchspersonen mit ungewöhnlichen Eigenschaften leichter identifizieren und angemessen behandeln.

Eine gute Varianzzerlegung ergibt sich oft durch Paarung von Datenpunkten.

Gepaarte Tests. Eine der einfachsten (und oftmals effektivsten) Ausprägungen der Varianzanalyse ist in gepaarten Hypothesentests verborgen, bei denen die Varianz einer Stichprobe zerlegt wird in die Varianz zwischen verschiedenen Versuchspersonen einerseits (inter-individuelle Variabilität) und die Varianz innerhalb einer jeden Versuchsperson andererseits (intra-individuelle Variabilität und Variabilität aufgrund der Experimentvariablen). Solche Tests sind immer dann empfehlenswert, wenn eine gute Paarung der Versuchspersonen gefun-

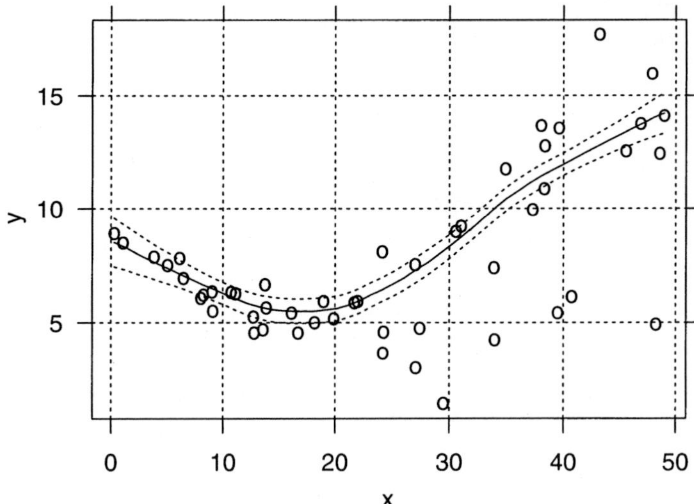

Abbildung 13.25. Zusammenhänge zwischen zwei Variablen werden leichter sichtbar, wenn eine nichtparametrische Trendlinie eingezeichnet ist. In diesem Beispiel besteht ein parabelförmiger Zusammenhang zwischen den Daten, der ohne die Trendlinie (Loess lokale lineare Regression) in den Zufallsschwankungen untergegangen und vermutlich nicht bemerkt worden wäre.

den werden kann und die intra-individuelle Variabilität nicht allzu groß ist (siehe Abschnitt 9.6).

13.5. Explorative Analyse

Falls man genügend viele verschiedene Variablen gemessen hat, lohnt es sich abschließend, in den Daten zu stöbern, um eventuell zusätzlich völlig unerwartete Zusammenhänge zu entdecken.

13.5.1. Schritt 6: In den Daten stöbern

Abschließend kann man noch nach sonstigen Erkenntnissen suchen, die in den Daten stecken.

Ein brauchbarer erster Schritt hierzu ist die Betrachtung eines zweidimensionalen x/y-Plots zwischen jedem Paar von Variablen. Ein sehr gutes Hilfsmittel hierbei ist eine nichtparametrische Glättungsfunktion, die eine nicht notwendigerweise gerade Trendlinie liefert, wie zum Beispiel ein Supersmoother, eine lokale lineare Regression (Loess, siehe Abbildung 13.25) oder eine Splinefunktion. In vielen solcher Plots sieht man überhaupt keinen Zusammenhang (vor allem, wenn die Zahl der Versuchspersonen gering war), in vielen anderen Fällen sieht man Zusammenhänge, die bereits bekannt sind. Gelegentlich kommt jedoch ein Zusammenhang zum Vorschein, den man eindeutig *nicht* erwartet hätte. In diesem Fall sollte man ähnlich wie in Abschnitt 13.4.5 die übrigen

Variablen heranziehen, um zu entscheiden, ob man den Zusammenhang für wirklich oder für zufällig hält.

Beispielsweise haben wir bei [PSP/78] mit dieser Vorgehensweise entdeckt, dass die Teilnehmer der PSP-Gruppe stärker als die der Vergleichsgruppe dazu neigten, recht bald nach Ablauf der zuvor von ihnen geschätzten Arbeitszeit einen Akzeptanztest anzufordern — ohne dass ihre Programme jedoch dafür reifer gewesen wären als in der Vergleichsgruppe. Die PSP-Teilnehmer verspürten also offenbar den in dieser Situation unvernünftigen Drang, ihre geplante Zeit einzuhalten, während das der Vergleichsgruppe weniger wichtig war [166, Abschnitt 3.12.3].

Wenn man einen Datensatz hat, der sowohl viele Variablen als auch zahlreiche Datenpunkte aufweist, kann man eine erforschende Analyse auch mit Verfahren des maschinellen Lernens versuchen [23, 132, 185]. Dieser Ansatz eignet sich aber in der Regel eher für Feldstudien; bei kontrollierten Experimenten sind nur selten genügend Daten vorhanden.

Linear models, for all their genuine simplicity
can be a tricky and subtle business,
and in my (highly opinionated) view,
trying to find your way round a linear model
using sums of squares and ANOVA tables
is to run a real risk of missing the whole point.
BILL VENABLES

For one unfamiliar with the niceties of statistical analysis
it is difficult to view with any feeling other than awe
the elaborate edifice which the authors have erected
to protect their data from the cutting winds of statistical insignificance.
BUTLER W. LAMPSON (ÜBER [82])

Beschreibung und Dokumentation des Experiments

Es gibt zwei Regeln, um im Leben Erfolg zu haben:
Regel 1: Verrate nicht immer alles, was Du weißt.
PATRICK DOCKHORN

Kontrollierte Experimente lassen sich nach einem festen Schema beschreiben. Dieses Kapitel stellt ein solches Schema vor und diskutiert einige Einzelfragen. Die letzten beiden Abschnitte gehen auf die Frage ein, warum erst eine vollständige und detaillierte Dokumentation dazu führt, den vollen Nutzen aus einem Experiment zu ziehen.

14.1. Ziele

Wie jede wissenschaftliche Untersuchung wird auch ein kontrolliertes Experiment erst dadurch für andere nützlich, dass man es dokumentiert. Eine solche Dokumentation sollte für ein Experiment die Form eines ausführlichen, technisch detaillierten, schriftlichen Berichts annehmen, der die folgenden Ziele erreichen soll:

- Das Experiment und seine Ergebnisse beschreiben.
- Die Ergebnisse interpretieren und dabei diskutieren, wie weit sie sich auf andere Situationen verallgemeinern lassen und wo das vermutlich nicht mehr gegeben ist.
- Genügend Informationen liefern, damit sich Leser eine eigene Meinung über die Gültigkeit des Experiments und die Bedeutung der Resultate bilden können.

14.2. Aufbau

Experimente lassen sich meist recht schematisch beschreiben.

Zur Beschreibung eines Experiments eignet sich erfreulicherweise ein schematisch immer fast gleicher Aufbau des Berichts. Die Abschnitte sollten ungefähr folgendermaßen strukturiert sein:

1. Einleitung
   — Was ist das Forschungsthema? Was weiß man bisher und wo fehlt Wissen? Was wollen wir hier erreichen? Warum ist *dieses* Experiment relevant?
2. Experimentbeschreibung
   (die sinnvollste Reihenfolge dieser Punkte variiert im Einzelfall)
   — Experimentidee und Kurzübersicht
   — Versuchspersonen
   — Randbedingungen
   — Aufgaben
   — Technischer Aufbau
   — Durchführungsprozedur
   — Erwartete Effekte, Hypothesen
   — Besondere Ereignisse
   — Bedrohungen der inneren Gültigkeit
   — Bedrohungen der äußeren Gültigkeit
3. Ergebnisse
   — Untersuchung der erwarteten Effekte (z.B. Prüfung von Hypothesen)
   — Sonstige Beobachtungen (z.B. andere abhängige Variablen, subjektive Kommentare der Versuchspersonen, etc.)
4. Schlussfolgerungen

- Was sind die wichtigsten Ergebnisse?
- Welche Erkenntnisse ergeben sich daraus? Wie weit lassen sie sich verallgemeinern und wo liegen Schwächen und Grenzen des Experiments? In welchem Verhältnis stehen Kosten und Nutzen der untersuchten Technik?
- Was ist als Nächstes zu tun?

5. Anhang
   - Details über die Versuchspersonen
   - Details über Aufgabenstellung, Versuchsmaterialien und den technischen Aufbau
   - Rohe Ergebnisdaten

Zum Detaillierungsgrad sind zwei Bemerkungen zu machen. Erstens sollte man Details, die nur sehr wenig Platz brauchen, auch dann mit aufnehmen, wenn man sie für unwichtig hält, denn jemand anderes könnte sie wichtig finden. Beispiele könnten Uhrzeit, Wochentag und Monat der Versuchsdurchführung sein, die Seitenzahl von Papierunterlagen und vieles mehr; die Grenze ist natürlich schwierig zu ziehen. Zweitens muss von den Aufgaben und Ausgangsartefakten zumindest so viel gezeigt werden, dass die Leser ein Gefühl dafür bekommen können. Ein Negativbeispiel ist der Artikel [189] über [Flussdiagramm1/51]: Es geht um Flussdiagramme, aber es wird nirgends eines gezeigt, so dass man Mühe hat, das Experiment zu beurteilen.

Die nachfolgenden Abschnitte diskutieren einige wichtige Einzelaspekte von Experimentbeschreibungen separat.

14.3. Erläuterungen zu Methodik und Statistik

Brooks nennt es zwar in seinem Artikel über Experimentmethodik [32] unvermeidlich, „dass Experimente in der Softwaretechnik mit den Maßstäben gemessen werden, die in der Psychologie in den letzten 100 Jahren gebildet worden sind", aber eine Erwartung, die dieser Aussage zu Grunde liegt, hat sich nicht erfüllt: Die Informatiker, die unsere Artikel lesen, sind auch heute, zwanzig Jahre nach Brooks' Aussage, nicht ausreichend in Experimentmethodik ausgebildet, von Statistik ganz zu schweigen. Selbst grundlegende Terminologie oder ein Verständnis für fundamentale Konzepte wie einen statistischen Hypothesentest darf man nicht einfach als gegeben voraussetzen.

Setze nur wenig Vorwissen über Experimententwurf und Statistik voraus.

Dies hat zwei wichtige Konsequenzen:

- Man sollte Standardterminologie aus dem Experimententwurf und der Statistik nur mit Vorsicht verwenden und sie lieber ganz vermeiden, wo man ebenso gut „normale" Informatik-Sprache benutzen kann.
- Man muss die Bedeutung (und Konsequenzen) wichtiger Kernkonzepte des Experiments und seiner Analyse stets aufs Neue erläutern.

Anwendungen vor allem des letzteren Prinzips kann man in vielen guten Experimentbeschreibungen finden, z.B. bei [110, 166].

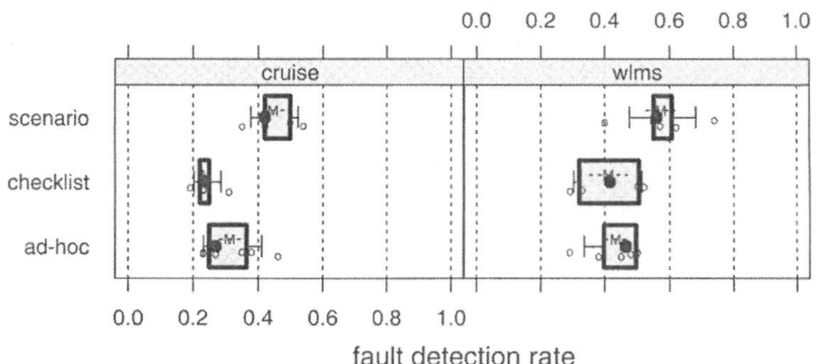

Abbildung 14.1. Defektentdeckungsquote jedes Inspektionsteams von [Inspektionsteam/128] für die verschiedenen inspizierten Produkte und Inspektionsmethoden. Vergleiche die Übersichtlichkeit dieser Darstellung mit der von Tabelle 14.2.

14.4. Präsentation der Ergebnisse

Sei genügend detailliert; trenne Beschreibung von Interpretation.

Für die Präsentation der Ergebnisse sind vor allem zwei Qualitätsmerkmale wichtig:

- Ausreichende Informationsmenge für eine Beurteilung durch den Leser.
- Klare Trennung von objektiver Beschreibung und subjektiver (meinungsbehafteter) Interpretation.

■ **Informationsmenge.** In manchen Artikeln wird auch heute noch nur ein einziges Bit angegeben, um die Ergebnisse des Experiments zu charakterisieren: Hat der Hypothesentest den vermuteten Unterschied der Gruppen bestätigt oder nicht? Als Leser kann man also weder beurteilen, ob man den Daten und der Anwendung des benutzten Tests trauen möchte oder nicht, noch, ob man den gefundenen Unterschied relevant oder vernachlässigbar findet.

Gib möglichst alle Datenpunkte an, am besten graphisch.

Als absolutes Minimum sollte für einen Test der konkrete p-Wert angegeben werden, sowie Lage und Streuung (z.B. Mittelwert und Standardabweichung) der verglichenen Gruppen. Besser ist eine graphische Darstellung, die erstens Lage und Streuung optisch erfassbar macht und zweitens die Daten jeder einzelnen Versuchsperson sichtbar werden lässt, beispielsweise ein Paar von Boxplots mit Stripplots wie in Abbildung 13.23 gezeigt. Dabei muss man der Versuchung widerstehen, die Ergebnisse durch eine irreführende Form der Präsentation schönzufärben. Zahlreiche Beispiele für solche irreführenden Maßnahmen sind in Huffs Klassiker „How to Lie with Statistics“ [96] und der amüsanten Polemik von Globus und Rable über Visualisierung [79] beschrieben.

Schon bei recht kleinen Informationsmengen ist es für Leser meist sowohl bequemer als auch angemessener, die Daten nicht durch Zahlen im Text oder in einer Tabelle, sondern lieber graphisch darzustellen. Tabelle 14.2 und Abbildung 14.1 geben ein Beispiel; beide enthalten dieselben Rohdaten, die [Inspektionsteam/128] entnommen sind.

Tabelle 14.2. Defektentdeckungsquote jedes Inspektionsteams von [Inspektionsteam/128] für die verschiedenen inspizierten Produkte und Inspektionsmethoden. Diese Tabelle entspricht ungefähr der tatsächlich im Artikel [156] abgedruckten Tabelle III. Vergleiche die Übersichtlichkeit dieser Darstellung mit der von Abbildung 14.1: Die graphische Darstellung wäre für die Leser des Artikels trotz der geringen Datenmenge günstiger gewesen.

Spezifikation	Entdeckungsmethode		
	Ad hoc	Checkliste	Szenario
WLMS	.5 .38 .29 .5 .48 .45	.29 .52 .5 .33	.74 .57 .55 .4 .62 .55
(Mittelwert)	.43	.41	.57
Cruise	.46 .27 .27 .23 .38 .23 .35	.19 .31 .23 .23	.5 .42 .42 .54 .35
(Mittelwert)	.31	.24	.45

Experiment 14.3: *[Entwurfsdokumentation] Dokumentation von Entwurfsentscheidungen als Wartungshilfe (Abbattista, Lanubile, Mastelloni und Visaggio [1])*

Experimentfrage: In der Wartung muss bei gegebenem Änderungswunsch als erstes bestimmt werden, welche Programmteile überhaupt betroffen sind (also geändert werden müssen). Dieser Schritt heißt Einflussanalyse (*impact analysis*). Wie hilfreich ist es, wenn dabei Dokumentation vorliegt, die jede Entwurfsabwägung und -entscheidung (samt Begründung) beschreibt und explizit auf die betroffenen Anforderungen und Codeteile verweist?

Vorgehen: 23 studentische Versuchspersonen führten eine Einflussanalyse für je drei verschiedene Wartungsaufträge an drei verschiedenen Programmen (6000–9000 LOC) aus, wobei je eine von drei verschiedenen Arten von Dokumentation zur Verfügung stand: 1. nur Quellcode, 2. zusätzlich eine Beschreibung von Anforderungen und Entwurf oder 3. zusätzlich die oben genannte Dokumentation der Entscheidungen und betroffenen Teile. Gemessen werden die Vollständigkeit der Liste angeblich zu ändernder Module, die Korrektheit (überzählige Module) und die benötigte Arbeitszeit.

Ergebnis: Obwohl die Experimentatoren 13 der 69 Ergebnisse als „zu unvollständig oder ungenau" aus der Analyse ausschlossen, ergaben sich keine signifikanten Unterschiede, sondern nur Trends: Gruppe 3 benötigte tendenziell mehr Zeit, hatte aber auch geringfügig vollständigere und etwas korrektere Ergebnisse — sofern die benötigte Information auch tatsächlich in der Dokumentation enthalten war. Die geringen Unterschiede kommen vermutlich daher, dass die Versuchspersonen im Ausnutzen der Zusatzdokumentation wenig geübt waren.

Auch bei [Entwurfsdokumentation/201] ist die Wahl der Darstellung unglücklich: Obwohl die Ergebnisse statistisch nicht signifikant sind, zeigen die Autoren ausführlich Varianzanalysetabellen. Diese sind nicht nur schwer zu lesen, sondern enthalten auch fast keine wirklich wichtige Information. Graphische Darstellungen der Daten, mit deren Hilfe man sich einen eigenen Eindruck von der Bedeutung der Ergebnisse verschaffen könnte, fehlen hingegen.

Die nützlichste Information für einen Leser und oftmals beste Grundlage zur Beurteilung der Ergebnisse ist ein Konfidenzintervall für den Unterschied der Gruppen bei jeder der untersuchten abhängigen Variablen. Beispiele für solche Angaben findet man etwa in [7, 166, 169].

Analoge Anmerkungen gelten natürlich erst recht für Experimente, deren Ziele höher liegen als ein reiner Hypothesentest.

■ **Trennung von Beschreibung und Interpretation.** Um nicht versehentlich die Beschreibung von Ergebnissen durch Anteile von Interpretation zu verseuchen, muss man vor allem auf eine richtige Benennung der untersuchten abhängigen Variablen und der daraus abgeleiteten Größen achten.

Keine voreiligen Schlüsse, bitte!

Angenommen, wir messen bei einem Experiment wie [Muster/117] die Anzahl von Defekten in den abgelieferten Lösungen und entdecken, dass Gruppe A signifikant weniger Defekte hat als Gruppe B. Dann wäre eine Formulierung wie „Gruppe A macht weniger Fehler als Gruppe B“ voreilig — keine reine Beschreibung, sondern eine Interpretation. Denn erstens messen wir ja gar nicht die Fehler, sondern nur deren Wirkung (die Defekte) — und es tritt nicht bei jedem Fehler ein Defekt ein. Zweitens sehen wir nicht alle Defekte, sondern nur die, die nicht vor Abgabe der Lösung entdeckt und bereinigt wurden. Die Formulierung macht also ungerechtfertigt eine Aussage über den Prozess, obwohl nur Daten über das Produkt vorliegen.

Noch schlimmer wäre offensichtlich eine Formulierung wie „Gruppe A macht bessere Lösungen als B“, denn „besser“ ist eine viel zu weitreichende Bezeichnung und sollte mehr Aspekte umfassen als nur die Anzahl von Defekten.

14.5. Rohdaten und Experimentmaterialien

Es gibt ein Gebiet, auf dem die Softwaretechnik bereits heute *nicht* schlechter dasteht als andere Disziplinen, in denen das Experimentieren bereits besser etabliert ist: die genaue Dokumentation erstens des Experimentaufbaus durch Veröffentlichung der benutzten Materialien und zweitens der Experimentergebnisse durch Veröffentlichung der unbearbeiteten Resultatdaten (Rohdaten).[1]

[1] Im Idealfall umfassen die Rohdaten nicht nur die quantitativen Messwerte, die die Experimentatoren während des Experiments und durch die Auswertung der abgelieferten Antworten der Versuchspersonen ermittelt haben, sondern zusätzlich auch diese Antworten selbst (also z.B. neue Teile von Softwareartefakten) — auch wenn es aus heutiger Sicht unwahrscheinlich erscheint, dass diese Antworten jemals wieder jemand anschauen will.

Das heißt leider nicht, dass eine solche Veröffentlichung gang und gäbe wäre, sondern nur, dass sie in anderen Disziplinen ähnlich häufig vernachlässigt wird. In der Softwaretechnik gibt es einige Forschungsgruppen, die in vielen oder allen Fällen die Experimentmaterialien veröffentlichen (siehe Notiz 12.1) und es gibt auch immer einmal wieder Veröffentlichungen, die die Rohdaten (oder zumindest Teile davon) mit abdrucken, z.B. [82], aber viele Experimente bleiben ganz ohne solche Detailinformation. Die routinemäßige, vollständige, elektronische Veröffentlichung sowohl aller Experimentmaterialien als auch aller Resultate wird meines Wissens bisher ausschließlich von der Karlsruher Forschungsgruppe praktiziert [62].

Idealerweise sollten sämtliche Experimentmaterialien und alle Antworten der Versuchspersonen veröffentlicht werden.

Aus Sicht des Erkenntnisfortschritts ist diese Situation bedauerlich, denn sobald eine gewisse Menge von Experimentergebnissen zu einem Thema vorliegt, könnten Metaanalysen über diese Ergebnisse erheblichen Erkenntniszuwachs bringen. Solche Metaanalysen können aber nur in sehr verkrüppelter Form durchgeführt werden, wenn nicht genug Informationen über die einzelnen Ergebnisse vorliegen [91, 134]. Es sollte uns kein Trost sein, dass solche Zustände in anderen Disziplinen ebenfalls (noch immer) vorherrschen, obwohl ihre negativen Konsequenzen ausführlich beschrieben wurden (siehe z.B. [20, Abschnitt 9.4] und Literaturhinweise dort).

Ein zweiter Vorteil der Veröffentlichung der Experimentmaterialien besteht darin, dass damit *andere* Forschungsgruppen das Experiment (oder eine Variante davon) leichter wiederholen könnten, um so zur Absicherung der Ergebnisse beizutragen. Eine solche *externe Replikation* wird bislang viel zu selten praktiziert [29, 49]. Bislang gibt es nur wenige Beispiele dafür; etwa wurde [Vererbung1/76] in Teilen sowohl von Cartwright [33] als auch mit Veränderungen von Harrison, Counsell und Nithi [88] wiederholt; [Szenarios/95] wurde ebenfalls von zwei anderen Forschungsgruppen wiederholt.

Es dürfte sich von selbst verstehen, dass die Identität der einzelnen Versuchspersonen in den Rohdaten geheimzuhalten ist. In der Regel sollte spätestens bei der Erfassung der Daten eine Anonymisierung erfolgen; oft ist sogar bereits die Experimentdurchführung ohne namentliche Identifikation der Personen möglich.

14.6. Aber ich als Praktiker...?

Eine (ggf. interne) Veröffentlichung ist immer sinnvoll, denn viele Erkenntnisse kommen erst beim Berichtschreiben.

Wenn ein Experiment von Praktikern durchgeführt wird und nicht das Ziel hat, den Wissensstand der Fachöffentlichkeit zu erhöhen, sondern nur den Softwareprozess der eigenen Organisation verbessern helfen soll, so kann man doch gewiss auf den Aufwand einer ausführlichen Beschreibung verzichten und lediglich die Essenz der Resultate mündlich weitergeben?

Besser nicht, denn leider kann ein solches Vorgehen den Nutzen des Experiments weitgehend zunichte machen:

- Wenn man nicht vorhat, eine gründliche Beschreibung des Experiments zu verfassen, wird man sich wahrscheinlich auch zu wenig Zeit für eine gründliche Auswertung der Ergebnisse nehmen. Dann bleiben eventuell wertvolle Informationen, die das Experiment hätte liefern können, unentdeckt.
- Eine nur mündliche Weitergabe ist flüchtig und provoziert außerdem Missverständnisse, Fehlinformation und Übervereinfachungen, die zwar auch in der Schriftform vorkommen, dann aber zumindest stets aufgeklärt werden können.

Außerdem ist mündliche Überlieferung zu ungenau.

- Mündliche Weitergabe liefert nicht genug Informationen, als dass ein Empfänger sich ein solides eigenes Urteil über den Gültigkeitsbereich der Ergebnisse bilden kann. Manche Empfänger werden die Ergebnisse dann lieber gleich ganz verwerfen.
- Vor allem aber gewährleistet nur die Schriftform die nötige Neutralität. Fast immer ist man ja einem bestimmten Ausgang des Experiments mehr zugeneigt als anderen. Vergleicht man A mit B und erwartet, dass A besser ist, so ist einem ein dazu passendes Ergebnis meist lieber als eines, das keine Unterschiede findet oder B als besser erkennt. Selbst mit viel gutem Willen wird man in solchen Fällen stark dazu neigen, spätestens bei der Interpretation der Ergebnisse eine gefärbte Brille zu tragen und die Resultate ein wenig in die erwünschte Richtung zu verzerren. Dies geschieht im einfachsten Fall, indem man aus einer Palette von Teilergebnissen zur gleichen Frage all diejenigen ignoriert, die nicht ins Bild passen, und nur die übrigen beachtet. Nur eine vollständige schriftliche Aufstellung aller Resultate und aller Interpretationsschritte stellt sicher, dass solche Verfälschungen entdeckt werden können.

Gutachter von guten Fachzeitschriften tragen oft viel zur Erkenntnis bei!

Und man sollte auch möglichst nicht bei einem internen schriftlichen Bericht stehen bleiben: Wer noch nie einen Artikel über ein Experiment bei einer guten wissenschaftlichen Zeitschrift eingereicht hat, dem sei gesagt, dass die Gutachter eines solchen Beitrags oft ganz *erheblich* zu den Einsichten (und deren Korrektheit) beitragen, die man aus einem Experiment gewinnt — zumindest, wenn man sich bemüht, ihrer Kritik gründlich gerecht zu werden.

■ **Veröffentlichungserlaubnis.** Bei Experimenten, die in einem kommerziellen Umfeld durchgeführt worden sind, erheben die übergeordneten Manager häufig gegen eine Veröffentlichung von Detailinformationen Einspruch. Sie befürchten einen Nachteil, wenn Wettbewerber zu tiefe Einsichten in den Softwareprozess, die Struktur der Artefakte oder die Fähigkeiten der Softwareingenieure erhalten.

Ist die Veröffentlichung von Leistungsangaben verboten, so kann man relative Skalen benutzen.

Diesem Problem kann man an drei Stellen entgegentreten: In manchen Fällen sind die Befürchtungen schlicht überzogen und lassen sich durch gute Argumentation ausräumen. Betrifft das Veröffentlichungsverbot die benutzten Ausgangsartefakte, so ist das zu verschmerzen, wenn man die Eigenarten und die Größe dieser Artefakte im Experimentbericht genügend gut durch verbale Beschreibung und ein paar Messwerte charakterisiert. Geht es hingegen um die Leistungsdaten, also abhängige Variablen des Experiments, so wäre es vernichtend für die Nützlichkeit und Vertrauenswüdigkeit des Experiments, auf eine Veröffentlichung ganz zu verzichten. In diesem Fall kann man sich mit einem Trick helfen: Man skaliert alle Daten so um, dass keine *absolute* Information über die Leistungsfähigkeit aus der Hand gegeben wird, aber dennoch alle Details der *relativen* Leistung der verschiedenen Versuchsgruppen voll erhalten bleiben. Für jede einzelne kardinalskalierte Variable (z.B. die Zeit, Fehleranzahl, Größe und vieles mehr) kann man beispielsweise alle Daten so umskalieren, dass der kleinste vorkommende Wert genau 100 ist; man drückt also alle Werte in Prozent des niedrigsten Wertes aus. Gegen die Herausgabe selbst detaillierter Informationen in dieser Form haben Manager in der Regel keine Einwände.

Teil III

Fazit

Mach' nicht lange rum.
JERRY COTTON

Zusammenfassung und Ausblick

Mitnichten entzaubert die Wissenschaft die Welt,
sie verzaubert sie vielmehr.
Sie reißt uns aus dem Dahertrödeln und Dummglauben,
wirft alltagskompatible Vorstellungen um und führt,
wie es der Maler René Magritte für die Kunst forderte,
das Bekannte auf das Unbekannte zurück und nicht etwa umgekehrt.
Sie ist kontraintuitiv.
Wir brauchen sie ja gerade deshalb, weil unsere Intuition Grenzen hat.
GERO VON RANDOW

Dieses Kapitel fasst zusammen, warum es (nicht nur für Forscher, sondern auch für Praktiker) sinnvoll ist, kontrollierte Experimente durchzuführen, welches die schwierigsten Probleme sind, die man dabei überwinden muss, und welche Fragestellungen aus der Methodik kontrollierter Experimente einer Erforschung bedürfen, um die Softwaretechnik schneller als bisher voranbringen zu können. Die Abschnitte verweisen dabei jeweils auf die vorangegangenen Teile des Buches, in denen diese Fragen ausführlicher behandelt sind.

15.1. Zu Teil I: Sind kontrollierte Experimente nützlich?

Das gegenwärtig geringe Ansehen, das kontrollierte Experimente als Forschungsmethode haben, ist überwiegend auf das für die Softwaretechnik typische Missverständnis zurückzuführen, eine empirische Bewertung der erfundenen Techniken und Werkzeuge sei nicht nötig (siehe Abschnitt 2.1).

Ein Ingenieurfach darf sich nicht immer nur auf Intuition verlassen.

Das führt zu der faszinierenden Situation, dass sich die Softwaretechnik als einziges Ingenieurfach den Luxus erlaubt, seit mehreren Jahrzehnten umfangreiche und riskante Projekte durchzuführen, dabei häufige Fehlschläge in Kauf zu nehmen (nicht selten im Umfang mehrerer Millionen Euro) und sich dennoch nicht um eine solide wissenschaftliche Grundlage zu kümmern, die solche Fehlschläge verringern könnte (siehe Abschnitt 2.5).

Sobald man sich klar macht, wie wichtig eine systematische empirische Bewertung softwaretechnischer Methoden ist, erscheint die Nützlichkeit kontrollierter Experimente in einem anderen Licht, denn keine andere Forschungsmethode kann in der Softwaretechnik so eindeutige Aussagen liefern (siehe Kapitel 3). Wenn ein Experiment geschickt durchgeführt wird, lassen sich die gegen Experimente üblicherweise vorgebrachten Einwände durchaus entkräften, wie in Teil II, insbesondere den Kapiteln 8 und 11, gezeigt ist.

Es sind also in jedem Einzelfall zwei Entscheidungen zu treffen: erstens grundsätzlich für oder gegen eine empirische Untersuchung und zweitens für oder gegen ein kontrolliertes Experiment als Forschungsmethode.

15.1.1. Was ist billiger: eine empirische Bewertung oder keine?

Dass eine gründliche empirische Untersuchung einer jeden neuen Technik angezeigt ist, dürfte inzwischen klar geworden sein. Rein kostenseitig ist es natürlich billiger, keine Bewertung durchzuführen, aber wenn wir den Nutzen mit betrachten, wird klar, dass eine empirische Bewertung so etwas ist wie eine Versicherung: eine moderate Investition, die ein großes Risiko zu beherrschen gestattet.

Empirische Bewertung kann eine ganz pragmatische Maßnahme sein.

Diese Überlegung gilt sowohl für Praktiker, bei denen das Risiko monetärer Natur ist, als auch für Forscher, denen es um Absicherung der Grundlagen ihrer Disziplin geht. Dieses Buch enthält eine Reihe von Beispielen, wie Experimente zu diesen verschiedenen Zwecken eingesetzt wurden. Ein schönes Beispiel für pragmatische Nutzung durch Praktiker bietet [NAH/84]. Die Schwelle zur erwarteten Amortisation eines Experiments kann durch die Gestaltung als „natürliches Experiment“ gesenkt werden, wie in Abschnitt 9.4 beschrieben ist. Gute Beispiele für eine wissenschaftliche Anwendung von Experimenten sind das Paar [Vererbung1/76]/[Vererbung2/77] oder auch das sehr grundsätzliche Experiment [N-Versionen/153].

15.1.2. Was ist billiger: ein kontrolliertes Experiment oder eine andere Methode der Bewertung?

Bleibt also die Auswahl der Forschungs*methode*. Diese Entscheidung kann nur im Einzelfall getroffen werden. Als Vorbedingung für ein Experiment sollten in der Regel deutliche Hinweise darauf vorhanden sein, dass es tatsächlich einen nennenswerten Effekt gibt. Diese können aus Fallstudien, aus anekdotischen Berichten oder aus anderen Quellen stammen.

Aus Forschersicht ist dann ein Experiment vor allem in zwei Fällen interessant:

Ob ein kontrolliertes Experiment die beste Methode ist, hängt vom Einzelfall ab.

- wenn es um eine grundlegende Frage geht und der Effekt möglichst verlässlich nachgewiesen werden soll (siehe Abschnitt 5.1);
- wenn es gilt, den Mechanismus aufzuklären, durch den der Effekt zustande kommt (siehe Abschnitt 5.4).

Aus Praktikersicht gibt es ebenfalls mehrere denkbare Hauptgründe, die allerdings völlig anders aussehen:

- wenn sichergestellt werden soll, dass ein Forschungsergebnis für die eigene Softwareorganisation gültig ist;
- wenn die Größe eines Effekts gemessen werden soll, um eine solide Grundlage für eine technisch-betriebswirtschaftliche Entscheidung zu bekommen (siehe Abschnitt 5.3);
- wenn die Eindeutigkeit eines Experimentergebnisses notwendig ist, um zu motivieren oder um Widerstände gegen eine Verbesserung zu überwinden (siehe Abschnitt 5.7).

Auch in diesen Fällen kann bisweilen eine andere Forschungsmethode die bessere Alternative sein (siehe Kapitel 3), aber zumindest sollte man ein Experiment ernsthaft in Erwägung ziehen.

15.2. Zu Teil II: Wie macht man kontrollierte Experimente?

Dieses Buch soll nicht den Eindruck hinterlassen, kontrollierte Experimente wären einfach, denn das ist leider nicht der Fall. Experimentatoren müssen drei Hauptzutaten mitbringen, wenn sie erfolgreich ein kontrolliertes Experiment durchführen wollen, und jede dieser Zutaten gibt reichlich Gelegenheit für Fehler und Probleme.

15.2.1. Problem 1: Auswahl der Experimentfrage

Ausgangspunkt für die Durchführung eines Experiments ist die Wahl der konkreten Frage, die es beantworten soll. Diese wird durch Konkretisierung und Einengung aus einer allgemeineren Forschungsfrage hergeleitet (siehe Abschnitt 4.2). Nur mit einer gut gewählten Experimentfrage lässt sich vermeiden, dass das Experiment entweder irrelevant wird (siehe Abschnitte 4.7 und 9.1) oder sich gar nicht mehr oder zumindest nicht mehr glaubwürdig durchführen lässt (siehe Abschnitte 4.7 und 9.2).

In der Praxis wird die genaue Experimentfrage zwar meist erst im Laufe des Experimententwerfens festgelegt, aber sie nimmt im Vergleich zu den zahlreichen anderen Entscheidungen, die dabei getroffen werden müssen, eine herausragende Stellung ein.

15.2.2. Problem 2: Experimentmethodik

Auch abgesehen von der Wahl der Experimentfrage müssen viele Details richtig gemacht werden. Wie das geht, ist in Teil II dieses Buches beschrieben: Die Versuchspersonen dürfen nicht unterfordert und nicht überfordert werden (siehe Abschnitte 8.1 und 11.3); die Aufgabe sollte Eigenschaften aufweisen, die die Ergebnisse zu verallgemeinern gestatten (siehe Abschnitt 11.2); die Messung der abhängigen Variablen muss geeignet sein und ohne Pannen ablaufen (siehe Kapitel 10) und so fort.

15.2.3. Problem 3: Überzeugen

Der tollste Experimententwurf hilft aber überhaupt nichts, wenn man keine Versuchspersonen hat. Wir brauchen also als dritte Zutat die Fähigkeit, potentielle Versuchspersonen davon zu überzeugen, dass die Teilnahme am Experiment sinnvoll ist — am besten sogar für sie persönlich. Abschnitt 8.4 zeigt die grundsätzlichen Methoden, aber die wichtigste Basis ist in jedem Fall die Persönlichkeit der Experimentatoren.

Bei Experimenten in einem professionellen Umfeld gibt es noch eine zweite Hürde: die Zustimmung der Manager, die für die Zeit der Versuchspersonen zu bezahlen haben. Für diese Gruppe sollte man zusätzlich Argumente aus Kapitel 5 heranziehen, um die Zustimmung zu erhalten. Wenn es gelingt, Manager dazu zu bewegen, dass sie selbst bei den potentiellen Versuchspersonen für die Teilnahme werben, so ist der Erfolg nicht mehr fern. In den Organisationen, in denen Entwickler ihre Manager als Gegner betrachten, ist es ohnehin so gut wie unmöglich, die Zustimmung eines Managers zu einem Experiment zu bekommen [212].

15.2.4. Aber dennoch!

Carpe diem!

Andererseits gibt es keinen Grund, sich von diesen Schwierigkeiten entmutigen zu lassen. Ob man eine geeignete Experimentfrage finden kann, lässt sich in der Regel beurteilen, *bevor* man viel Aufwand in die Planung eines Experiments stecken muss, und die Methodik und das Anpreisen des Experiments bekommt man hin, wenn man sich nur sorgfältig und engagiert darum bemüht. Genau für diese Aspekte liefert das vorliegende Buch ja die Ausrüstung. Also: Nur Mut!

15.3. Künftige Forschungsaufgaben

Um erstens kontrollierte Experimente in der Softwaretechnik in Zukunft einfacher als bisher durchführen zu können und um zweitens mehr Nutzen aus ihren Resultaten zu ziehen, sollten eine Reihe von Problemen gelöst werden. Folgendes sind die meiner Ansicht nach wichtigsten Stoßrichtungen einer solchen Methodikforschung für die experimentelle Softwaretechnik.

15.3.1. Methodik: Experimente erleichtern

Varianzreduktion. Wie an verschiedener Stelle in den Kapiteln 8 und 9 angemerkt, ist eines der wesentlichen Hindernisse auf dem Weg zu eindeutigen und scharfen Aussagen die hohe Variabilität zwischen verschiedenen Versuchspersonen (siehe Kapitel 16).

Wir brauchen Modelle und Vortests zur Beherrschung der Leistungsunterschiede zwischen Personen.

Die wirksamste Bekämpfung dieser Variabilität geschieht durch ihre rechnerische Abtrennung vom Experimenteffekt durch die Methode der Varianzanalyse (siehe Abschnitt 13.4.6). Diese funktioniert am besten, wenn man für jede Versuchsperson das Ergebnis eines über alle Gruppen hinweg gleichen Vortests zur Verfügung hat, der die zu erwartende Leistung jeder Person möglichst genau vorhersagt. Eine wichtige Aufgabe ist also die Entwicklung solcher Vortests, die zudem möglichst wenig Aufwand bei der Durchführung verursachen sollten.

Solche Vortests können natürlich nicht für die gesamte Softwaretechnik gleich aussehen. Vielmehr brauchen wir verschiedene Vortests für unterschiedliche Anwendungsgebiete (Dialogsysteme, verteilte Systeme, Echtzeitsysteme, etc.) und unterschiedliche Tätigkeiten (Entwurf, Kodierung, Inspektion, Test, Wartung, etc.).

Damit keine Verfälschungen auftreten, wenn bestimmte Personen an mehreren Experimenten (und somit mehreren Vortests) teilnehmen, ist sogar innerhalb jedes einzelnen Bereichs eine ganze Reihe verschiedener Vortests nötig.

Sobald zunehmend auch Experimente mit Teams anstatt Einzelpersonen durchgeführt werden, benötigen wir auch Vortests, die die Leistung von Teams charakterisieren.

Wiederverwendung. Als zweites wäre eine öffentliche Sammlung von Experimentaufbauten nützlich, die einen Fundus bietet, aus dem man sich bei der

Vorbereitung eines neuen Experiments bedienen kann. Eine solche Wiederverwendung ist nicht nur zur kompletten Replikation eines Experiments interessant, sondern vor allem für einzelne Teile eines Experimentaufbaus, zum Beispiel:

Wir brauchen Sammlungen wiederverwendbarer Experimentmaterialien.

- Personenfragebögen
- Vortests
- Ausgangsartefakte
- Aufgabenstellungen
- Merkblätter zur Durchführung (für Versuchspersonen)
- Postmortem-Fragebögen
- Merkblätter zur Durchführung (für Experimentatoren)
- Software zur Steuerung eines Experiments
- Software zur Datensammlung während des Experiments
- Software zur Messung nach einem Experiment
- Software zur statistischen Auswertung eines Experiments (z.B. für spezielle Visualisierungen)

15.3.2. Interpretation: Nutzen von Experimenten erhöhen

Das zweite wichtige Thema der Methodikforschung ist die bessere Nutzung der Ergebnisse vergangener ebenso wie künftiger Experimente.

Wissen über Verallgemeinerbarkeit. Um die Ergebnisse kontrollierter Experimente optimal nutzen zu können, bräuchten wir Wissen darüber, in welcher Weise sich ein Ergebnis ändern würde, wenn wir die Randbedingungen änderten:

Wir brauchen Modelle für die Übertragung von Ergebnissen.

- andere Versuchspersonen,
- andere Aufgabe (größer/kleiner, anderer Anwendungsbereich, andere Einbettung in vorhergehende oder nachfolgende Aufgaben, andere Formulierung, Begründung oder Darstellungsform, etc.),
- andere Ausgangsartefakte (größer/kleiner, anderer Anwendungsbereich, bessere/schlechtere Qualität, andere Darstellungsform, etc.),
- andere Bewertungsmaßstäbe (Zeit versus Qualität, Qualitätskriterien, etc.),
- andere Arbeitsumgebung (Werkzeuge, Informationsressourcen, Einflüsse von außen, etc.),
- ... nicht zu vergessen: mögliche Wechselwirkungen zwischen mehreren dieser Faktoren.

Leider sind wir für fast alle dieser Faktoren noch weit davon entfernt, auch nur ein halbwegs brauchbares Verständnis ihrer Wirkungen zu haben. Offensichtlich muss noch eine große Menge von Ergebnissen kontrollierter Experimente oder anderer empirischer Forschungsmethoden zusammengetragen werden, bevor solches Wissen in nennenswerter Menge zur Verfügung steht.

Die realistischste Form solchen Wissens wären vermutlich Ähnlichkeitssätze, also Aussagen über Fälle, in denen gute Belege dafür vorhanden sind, dass gewisse Unterschiede bei Versuchspersonen, Anwendungsdomänen, Aufgabengrößen, Aufgabentypen, etc. keinen oder nur geringen Einfluss auf die Gültigkeit von Experimentergebnissen haben. Mit Ausnahme weniger bewußt vorsichtig formulierter Aussagen über manche Eigenschaften von Versuchspersonen (siehe Kapitel 8) und Arbeitsaufgaben (siehe Kapitel 11) fehlen solche Sätze jedoch bislang weitgehend.

Metaanalyse. Einen weiteren guten Beitrag zur besseren Nutzung von Experimentergebnissen können Metaanalysen leisten (siehe Abschnitt 3.8). Diese sind zugleich die Vorgehensweise, mit der sich am sichersten Verallgemeinerungswissen finden läßt. Dazu brauchen wir zweierlei: erstens Kriterien dafür, wann und in welcher Weise Ergebnisse verschiedener Experimente miteinander kombiniert werden dürfen oder sollten. Solche Kriterien sind bislang so gut wie überhaupt nicht bekannt. Sie wären eng mit den oben diskutierten Kriterien für die Verallgemeinerbarkeit von Ergebnissen verwandt [91, 134].

Wir brauchen öffentliche Datensammlungen für Metaanalysen.

Zweitens sind öffentliche Sammlungen von Rohdaten erforderlich, aus denen sich eine Metaanalyse einigermaßen bequem und vor allem detailliert mit Informationen versorgen kann. Auf eine zentralisierte Sammlung zu hoffen ist wohl vermessen, aber zumindest sollte jede Forschungsgruppe ihre eigenen Ergebnisse verfügbar machen. Die Karlsruher EIR macht es vor: Sie veröffentlicht für alle ihre Experimente sowohl vollständige Versuchsunterlagen als auch sämtliche Rohdaten [62]. Bislang ziehen allerdings andere Forschungsgruppen leider nicht in vergleichbarer Konsequenz nach. Aber immerhin sind bei einigen Forschern die Rohdaten zumindest auf direkte Anfrage hin zu erhalten — wenigstens wenn das Experiment noch nicht allzu lange zurückliegt. Beim Sammeln der Daten aus Kapitel 16 wechselten Erfolge und Pleiten einander jedenfalls stetig ab.

Das ist es, was Lernen bedeutet:
Plötzlich versteht man etwas,
das man schon sein ganzes Leben lang verstanden hat,
aber auf eine neue Art.
DORIS LESSING

There is nothing new under the sun,
but there are lots of old things we don't know yet.
AMBROSE BIERCE

Teil IV

Anhang

We just finished a software development project
and discovered some curious metrics.
This was a project in which we had good domain experience
and about six years of metrics, both team productivity
and other analogous software of similar scope and functionality.
The difference with this project was that we switched from
a functional design methodology to OO.
First the good news: the overall team productivity (SLOC/person-month)
was almost three times our previous rate.
Now for the bad news: the delivered SLOC
was almost three times greater than estimated,
based on the metrics from our previous projects.
We completed the project on time and on budget,
but the radical departure from what we have been used to is unnerving.
STEVE WALTERS

Der Anhang beschreibt die im Hauptteil des Buches mehrfach erwähnte Studie über die Variabilität des Zeitbedarfs verschiedener Versuchspersonen. Er enthält ferner das Literaturverzeichnis und den Stichwortindex.

Über die Variabilität im Zeitbedarf

16

Time is nature's way of making sure
that not everything happens at once.
ANONYMUS

Dieses Kapitel präsentiert die Analyse eines Datensatzes, der Zeitinformationen aus zahlreichen kontrollierten Experimenten zusammenträgt: Wie lange hat jede einzelne Versuchsperson für die Erledigung einer Aufgabe benötigt? Die Analyse fasst jeweils die Daten jeder Aufgabe und jeder Versuchsgruppe zusammen.

Die Daten geben Aufschluss über die Stärke der individuellen Variation für verschiedene Arten von Aufgaben — eine für den Erfolg von Experimenten sehr wichtige Größe. Insbesondere stellen sie die seit 1968 durch die Softwaretechnik-Literatur geisternde Zahl von individuellen Unterschieden der Größe 28 zu 1 zwischen den besten und schlechtesten Programmierern richtig.

Weitere Analysen der Daten betrachten typische Effektgrößen, d.h. die Unterschiede im Mittelwert zwischen Versuchs- und Kontrollgruppen sowie die Wirksamkeit verschiedener statistischer Hypothesentests.

16.1. Das Experiment von Grant und Sackman von 1966

In ihrem 1966 durchgeführten Experiment [Offline/74] verglichen Grant und Sackman den Zeitaufwand für das Austesten (Debuggen) zweier selbstgeschriebener Programme (*algebra* und *maze*) interaktiv am Terminal (*online*) mit dem Aufwand bei Stapelbetrieb (*batch, offline*); siehe die Kurzbeschreibung auf Seite 74. Sie heben in der Beschreibung der Ergebnisse die großen Unterschiede in der Leistung zwischen den einzelnen Versuchspersonen hervor, die für damalige Verhältnisse allesamt recht erfahren waren — Studierende ließ man zu dieser Zeit natürlich ohnehin noch nicht direkt an Computer heran. Sie erwähnen in ihren Veröffentlichungen [82, 180] ein Verhältnis im Zeitaufwand des Langsamsten zum Schnellsten von 28 zu 1 (nämlich 170 Stunden gegen 6 Stunden).

Bei [Offline/74] brauchte die langsamste Versuchsperson 28-mal so lange wie die schnellste.

Dieser Zahlenwert wurde offenbar auf der berühmten ersten Softwaretechnik-Konferenz 1968 in Garmisch-Partenkirchen (auf der der Begriff *software engineering* geprägt wurde) von einem Teilnehmer einer Podiumsdiskussion populär gemacht und wird seitdem immer wieder in der Literatur zitiert; Dickey erwähnt 1981 allein 9 konkrete solche Zitate aus den Jahren 1971 bis 1980 [57].

Seitdem wird diese Zahl immer wieder zitiert. Leider ist sie irreführend.

Es gibt mit dem Zahlenwert drei Probleme:

1. Er ist falsch.
2. Vergleichen des Besten mit dem Schlechtesten ist unangemessen.
3. Eine breitere Datenbasis wäre wünschenswert.

Diskutieren wir diese Probleme der Reihe nach.

16.1.1. 28:1 stimmt gar nicht!

Die Originalveröffentlichung [82] enthält eine komplette Tabelle der Rohdaten, ist aber in einer nicht sehr weit verbreiteten Zeitschrift erschienen. Die leichter zugängliche Quelle [180] enthält diese Daten nicht.

Das ist wohl (hoffentlich!) der Grund, weshalb zwei methodische Fehler in der Berechnung des Wertes 28:1 lange unbeachtet blieben. Dickey hat 1981 dann darauf hingewiesen [57], konnte aber das Zitieren der falschen Zahl nicht mehr ausrotten; sie ist bis in die heutige Zeit gebräuchlich.

Was ist falsch an dem Wert? Nun, zum einen bezieht er sich auf die Vereinigung der beiden Gruppen *debug Maze online* und *debug Maze offline* — da es systematische Gruppenunterschiede gibt, treibt das den Wert in die Höhe. Betrachtet man die Gruppen getrennt, ist der maximale Unterschied nur noch 14:1. Zum anderen haben drei der zwölf Versuchspersonen nicht wie empfohlen die Hochsprache JTS eingesetzt, sondern in Assembler programmiert. Zwei dieser drei zeichnen prompt für die langsamsten Zeiten verantwortlich.

In Wirklichkeit ist das Verhältnis 14:1.

Man könnte sich zwar auf den Standpunkt stellen, dass die Konsequenzen dieser Sprachentscheidung sehr wohl zur individuellen Variation der Versuchspersonen zu rechnen sind, aber in einem kontrollierten Experiment sollte man das doch besser vermeiden — die meisten Menschen würden wohl nicht zustimmen, dass die Assemblerprogrammierer „dieselbe Aufgabe" haben wie die JTS-Programmierer. Ignoriert man die Assemblerprogrammierer, sinkt das Verhältnis weiter auf 9,5:1.

Auch die anderen drei Gruppenpaare des Experiments zeigten spektakuläre Zeitverhältnisse, nämlich 26:1, 16:1 und 25:1. Bereinigt man die Gruppenvermischung, belässt jedoch die Sprachvermischung, so sinken diese auf 12,5:1, 12,6:1 und 12,5:1. Die wirklichen Unterschiede sind also nur halb so groß wie behauptet, entsprechen aber durchaus dem häufig behaupteten „um eine Größenordnung verschieden".

16.1.2. Wie charakterisiert man Variabilität?

Man sollte nicht die äußersten zwei Punkte vergleichen.

Das zweite Problem ist weitaus offensichtlicher: Den Besten mit dem Schlechtesten zu vergleichen kann zu beliebig hohen Verhältnissen führen, wenn nur genügend Versuchspersonen vorhanden sind — irgendjemand wird sich immer *noch* ein wenig ungeschickter anstellen.

Sinnvoller ist die Benutzung der Standardabweichung s und des Mittelwerts m einer Gruppe: Das Verhältnis s/m charakterisiert die Variabilität von Arbeitszeiten unabhängig von der Gruppengröße. Diese Methode hat aber zwei Nachteile: Sie wird immer noch von einzelnen Extremwerten in der Gruppe beeinflusst und der Zahlenwert hat keine sehr leicht verständliche (anschauliche) Bedeutung.

Teilen wir hingegen die Gruppe in zwei Teile, nämlich die langsamere und die schnellere Hälfte, so können wir für jeden den Median bestimmen und erhalten mit dem Verhältnis dieser Mediane eine sowohl gegen Ausreißer robuste als auch leicht interpretierbare Maßzahl: Wie viel Mal länger brauchte die mittlere „langsame" im Vergleich zur mittleren „schnellen" Versuchsperson? Diese Zahl kann man das Langsam-Schnell-Verhältnis (LS) nennen. Mathematisch ausgedrückt ist LS das Verhältnis von 75-Percentil zu 25-Percentil: $LS = LS_{50} = q_{75}/q_{25}$. Man kann auch die mittelschnellen Versuchspersonen quasi herausschneiden und beispielsweise den Median des langsamsten Viertels mit dem Median des schnellsten Viertels vergleichen: $LS_{25} = q_{87,5}/q_{12,5}$. In dieser Notation wäre das Verhältnis von Maximum zu Minimum $LS_0 = q_{100}/q_0$.

Ich schlage als robuste und gut interpretierbare Messzahlen für die Variabilität der Arbeitszeit in einer Gruppe von Versuchspersonen LS_{50} und LS_{25} vor. Siehe auch Abbildung 16.1 für eine Veranschaulichung der Bedeutung von LS_{25} bei 9 Datenpunkten.

Die Werte dieser Maße für die Teilaufgaben von [Offline/74] sind in Tabelle 16.2 angegeben.

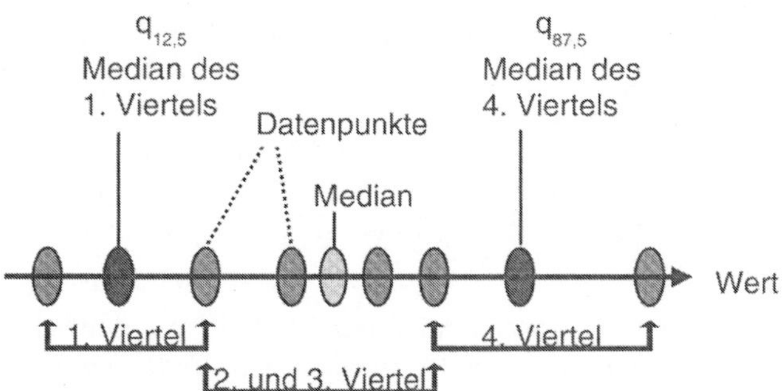

Abbildung 16.1. Veranschaulichung der Bedeutung von LS_{25} (also dem Quotienten aus den Medianen des vierten und des ersten Viertels der Daten) für 9 Datenpunkte.

Tabelle 16.2. Unterschiedliche Kennzahlen für Variabilität in [Offline/74] für jedes der vier Paare von Gruppen. Die Rohdaten stammen aus [82]. Es ist jeweils der Wert der Gruppe mit der höheren Variabilität angegeben; das ist manchmal *online* und manchmal *offline*.

Wert	D Algebra	D Maze	C Algebra	C Maze
aus [82]	28	26	16	25
LS_0	14,2	12,5	12,6	12,5
LS_{25}	5,8	4,2	7,0	8,0
LS_{50}	3,3	2,4	3,7	7,2

Vergleicht man langsamere und schnellere Hälfte, ist das Verhältnis 3,3:1.

Wie wir sehen, ist der typische Vertreter der schnelleren Hälfte der Versuchspersonen „nur" ungefähr zwei- bis siebenmal so schnell wie der typische Vertreter der langsameren. Man beachte, dass in diesem Fall LS_{25} bereits nicht mehr ganz robust (selbst gegen nur einen einzigen Ausreißer) ist, denn bei der Gruppengröße von 6 Personen markiert z.B. deren zweite bereits $q_{16,67}$, wir rechnen aber mit $q_{12,5}$, so dass Anteile der langsamsten (und entsprechend auch der schnellsten) Person in das Resultat eingehen. Erst ab 9 Personen ist LS_{25} von Einflüssen der schnellsten und langsamsten Person frei (siehe Abbildung 16.1).

Abbildung 16.3 zeigt die einzelnen Datenpunkte jeder Gruppe samt zugehörigem Boxplot. Man erkennt deutlich, dass die hohen Werte für das Minimum/Maximum-Verhältnis oft nur dadurch zustande kommen, dass eine einzige Versuchsperson weitaus langsamer ist als alle anderen.

16.1.3. Auch nach 30 Jahren nur 12 Programmierer?

Das vielleicht Verblüffendste ist aber, dass sich trotz des Rummels um die Zahl 28:1 bis heute niemand daran gemacht hat, mal eine größere Menge von Daten zusammenzutragen, um zu genaueren Aussagen zu kommen. Alle Welt verweist seit über 30 Jahren immer nur auf den Einzelfall, der mit nur 12 Programmierern berechnet wurde.

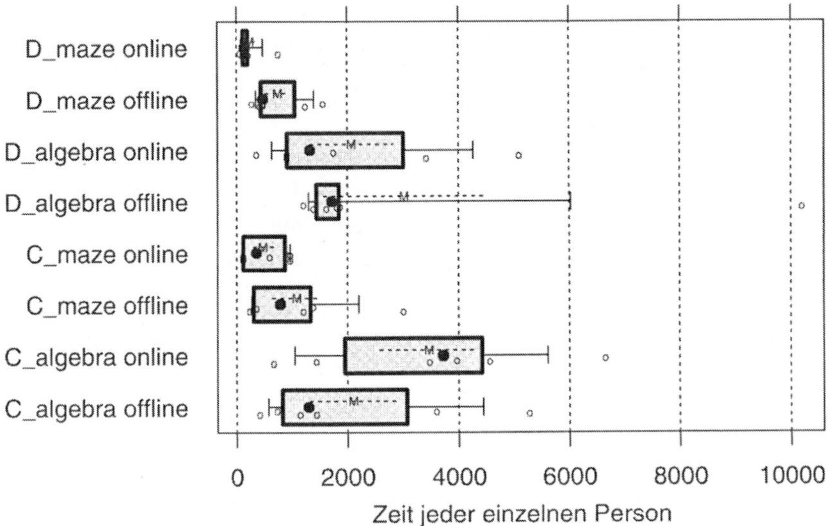

Abbildung 16.3. Arbeitszeiten der einzelnen Versuchspersonen in den Versuchsgruppen von [Offline/74]

Zwar spricht hin und wieder ein Experimentbericht die Variabilität für seine jeweiligen eigenen Versuchsgruppen an — Curtis tut dies sogar einmal in einem separaten Kurzartikel nur für diesen Zweck [45] — aber eine Untersuchung, die die Daten aus mehreren Experimenten in einer Zusammenschau betrachtet, fehlte bis heute meines Wissens völlig.

Wir brauchen endlich mehr Daten über diese Schwankungen.

16.2. `variance.data`: Ein umfangreicherer Datensatz

Die nachfolgenden Abschnitte beschreiben die Analyse von Zeitdaten, die ich aus zahlreichen verschiedenen Experimenten zusammengetragen habe. Naturgemäß sind nur solche Experimente vertreten, deren Zeitdaten entweder im entsprechenden Artikel oder technischen Bericht mit abgedruckt sind, elektronisch im Internet verfügbar waren oder mir auf persönliche Anfrage von den Autoren zur Verfügung gestellt wurden. Ferner liegt die Anforderung zu Grunde, dass nur Daten aufgenommen wurden, die von kontrollierten Experimenten stammen, bei denen alle Personen einer Gruppe dieselbe Aufgabe unter vergleichbaren Bedingungen bearbeitet haben — [Offline/74] ist in dieser Hinsicht durch seine zwei vermischten Programmiersprachen ein eher ungewöhnliches Beispiel.

`variance.data` *enthält, nach Gruppen geordnet, Daten von Versuchspersonen zahlreicher kontrollierter Experimente.*

16.2.1. Inhalt und Aufbau

Der Datensatz enthält die Daten fast aller in diesem Buch erwähnter Experimente, an deren Durchführung ich selbst beteiligt war, nämlich [Typcheck/85], [Musterdoku/80], [Vererbung2/77], [Muster/117], [Protokoll/79], [Vertrag/131], [Erkundungswerkzeug/37] und ferner die Daten von [Offline/74], [Vererbung1/76] (auch [33]), [Perspektiven/36], [Szenarios/95] (nur [72]), [45] [49] und [120].

Vielen Dank an alle Forscher, die mir ihre Daten zur Verfügung stellten. Es sei allerdings angemerkt, dass meine Anfrage in vielen Fällen die Antwort „Nein, diese Daten habe ich nicht mehr." hervorrief, was kein gutes Licht auf die wissenschaftliche Reife unserer Disziplin wirft: Daten sind Forschungsergebnisse und sollten archiviert werden.

Der Datensatz enthält für jede Zeitmessung, die an einer Versuchsperson vorgenommen wurde, einen Datenpunkt. Dieser enthält als abhängige Variable die benötigte Arbeitszeit dieser Versuchsperson in Minuten. Jeder Datenpunkt ist durch die folgenden unabhängigen Variablen beschrieben:

- Quelle (*source*), der Artikel, in dem das Experiment beschrieben ist.
- Personenbezeichnung (id), eine symbolische Bezeichnung der Versuchsperson, so dass man ggf. mehrfache Messungen für dieselbe Person einander zuordnen kann.
- Gruppe (*group*), die Bezeichnung der Versuchsbedingungen für diese Messung. Die Werte sind spezifisch für jedes Experiment. Im einfachsten Fall ist dies entweder die Experimentgruppe oder die Kontrollgruppe. In anderen Fällen kann es mehr als zwei zu vergleichende Gruppen geben.
- Aufgabe (*task*), die Bezeichnung der Aufgabe, die gelöst werden sollte. Die Werte sind spezifisch für jedes Experiment. Die direkt miteinander vergleichbaren Versuchsgruppen sind also jeweils bezüglich Quelle und Aufgabe gleich und bezüglich Gruppe verschieden.
- Aufgabentyp (*type*), die Art der Aufgabe. Dieser Wert ist stets für alle Personen einer Aufgabe identisch. Folgende Werte kommen vor:

  Die Daten unterscheiden mehrere Aufgabenarten.

  — Wartung (Verstehen und Ändern/Erweitern),
  — Verstehen (d.h. Beantwortung von Verständnisfragen),
  — Test/Debugging,
  — Begutachtung (Inspektionen etc. zur Fehlersuche),
  — Programmieren (Entwurf, Implementation, Debugging),
  — Entwurf,
  — Kodierung (Implementation).

  Zweifelsfälle wurden unter Programmieren oder unter Wartung eingeordnet. Bei der Analyse werden wir meist Entwurf und Kodierung mit Programmieren zusammenfassen, damit die Kategorien nicht zu klein werden.
- Reihenfolge (*seq*) ist eine natürliche Zahl. Sie gibt an, die wie vielte Aufgabe dies für die gegebene Person in diesem Experiment war. Hiermit kann man Reihenfolgeeffekte untersuchen.

Insgesamt umfasst der Datensatz 1451 Beobachtungen von 574 verschiedenen Versuchspersonen in 135 Versuchsgruppen mit einer Größe zwischen 2 und 38 Personen. Die 14 Gruppen mit weniger als 5 Personen werden im Folgenden ignoriert. Die Daten stammen von insgesamt 9 verschiedenen Forschungsgruppen.

16.2.2. Warnung zur Interpretation der Zeiten

Bei der Interpretation dieser Daten müssen einige Einschränkungen beachtet werden, um Fehlschlüsse zu vermeiden:

Vorsicht: Die meisten der Zeitdaten sind eher weniger aussagekräftig als bei [Offline/74].

- Es wurden nur Daten aus Experimenten aufgenommen, bei denen keine explizite Zeitbeschränkung für die Bearbeitung der Aufgaben durch die Versuchspersonen erwähnt ist. Es könnte jedoch sein, dass eine solche Beschränkung zwar bestand, aber im Artikel über das Experiment nicht vermerkt ist oder ich das übersehen habe.
- Falls mehrere Versuchspersonen zur selben Zeit im gleichen Raum gearbeitet haben, könnte es über sozialen Druck zu einer Angleichung von Arbeitszeiten gekommen sein („Oh, da wird ja schon jemand fertig. Ich sollte mich beeilen.“).
- Für die allermeisten der Experimente war die Arbeitszeit nicht die einzige Variable, die die Leistung der Teilnehmenden beschreibt. Eventuelle Qualitätsmaße, die eine besonders lange oder kurze Arbeitszeit rechtfertigen oder erklären könnten, finden aber hier keine Berücksichtigung.
- Für manche Experimente war die Arbeitszeit nicht einmal eine wichtige Variable.
- Die Auflösung und Verlässlichkeit der Zeitmessung ist in den meisten Fällen nicht bekannt. Die Auflösung beträgt meist eine Minute oder fünf Minuten; die Verlässlichkeit ist oft schwer abzuschätzen, zum Beispiel weil die Zeitdaten von den Versuchspersonen selbst aufgezeichnet wurden.

Die wichtigste Nachricht der obigen Liste: Es ist eher ein seltener Fall, dass (wie bei [Offline/74]) alle Teilnehmer so lange arbeiten, bis die Aufgabe korrekt gelöst ist und deshalb die Zeit das einzige Maß ist, das zur Charakterisierung der Leistung benötigt wird. Stattdessen werden viele Experimente Zeitdaten enthalten, bei denen die Versuchsperson ihre Arbeitszeit auf Kosten der Qualität reduziert hat — ob bewusst oder nicht. Allerdings besteht diese Möglichkeit ja meist auch in der realen Softwareentwicklung, so dass man die beobachteten Zeitunterschiede wohl als einigermaßen realistisch betrachten kann.

16.3. Individuelle Unterschiede

Betrachten wir also die Verteilung des Verhältnisses der langsamsten zur schnellsten Zeit, wie von Grant und Sackman angegeben. Dies ist, getrennt nach Aufgabentypen, in Abbildung 16.4 gezeigt.

Wie wir sehen, kommen also individuelle Unterschiede zwischen Einzelperso-

Das Verhältnis langsamste zu schnellste Zeit ist meist weniger als halb so groß wie bei [Offline/74].

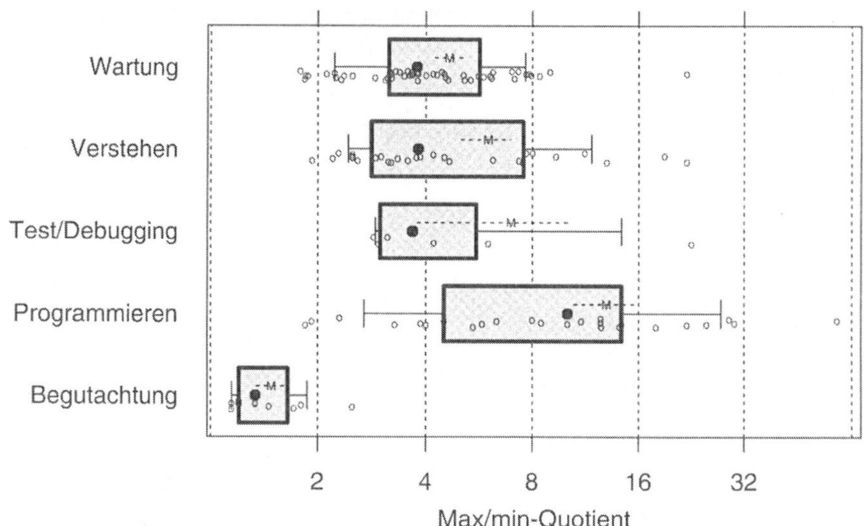

Abbildung 16.4. Verhältnis LS_0 des langsamsten zum schnellsten Gruppenmitglied für alle Gruppen, getrennt nach Aufgabentyp. Jeder Punkt repräsentiert eine Gruppe von Messungen zur selben Aufgabe unter denselben Versuchsbedingungen. Achtung: Die Skala ist logarithmisch.

nen von der Größe wie in [Offline/74], also 12 bis 14 oder mehr, durchaus vor, sind aber alles andere als typisch. Wenn man vom breitesten Aufgabentyp „Programmieren" einmal absieht, sind Unterschiede von mehr als Faktor 8 selten. Und bevor wir nun zu viel in dieses Bild hineininterpretieren, kommen wir gleich zu einer aussagekräftigeren Darstellung: dem Verhältnis des langsamsten zum schnellsten Viertel (Abbildung 16.5).

Offensichtlich ist zwei bis drei ein typischer Bereich für diesen Unterschied. Lässt man also die krassesten Einzelfälle einer Gruppe außer Acht, so bewegen sich die Unterschiede der Schnellsten und Langsamsten meistens in einem gar nicht so dramatischen Bereich. Die hohen Werte von [Offline/74] (siehe Tabelle 16.2), sind hier also vermutlich irreführend und nicht repräsentativ für eine breitere Palette von Aufgaben und Versuchsgruppen. Es ist allerdings denkbar, dass auch die relativ große Dauer der Aufgaben von [Offline/74] und das Alter des Experiments (uneinheitliche Ausbildung der Programmierer) eine Rolle spielen.

Interessant ist die sehr schmale Verteilung bei Begutachtungen. Offenbar schlagen sich individuelle Unterschiede in der Qualifikation hier ausschließlich in der Qualität der Arbeit nieder, aber nicht in der Zeit, die sich die meisten Personen wohl mehr oder weniger fest vorgeben[1] — im Gegensatz zu anderen Aufgabentypen kann man ja eine Begutachtung zu jedem beliebigen Zeitpunkt für erledigt erklären.

[1] Bei manchen Experimenten war eine bestimmte Begutachtungsrate (in Zeilen oder Seiten pro Stunde) empfohlen.

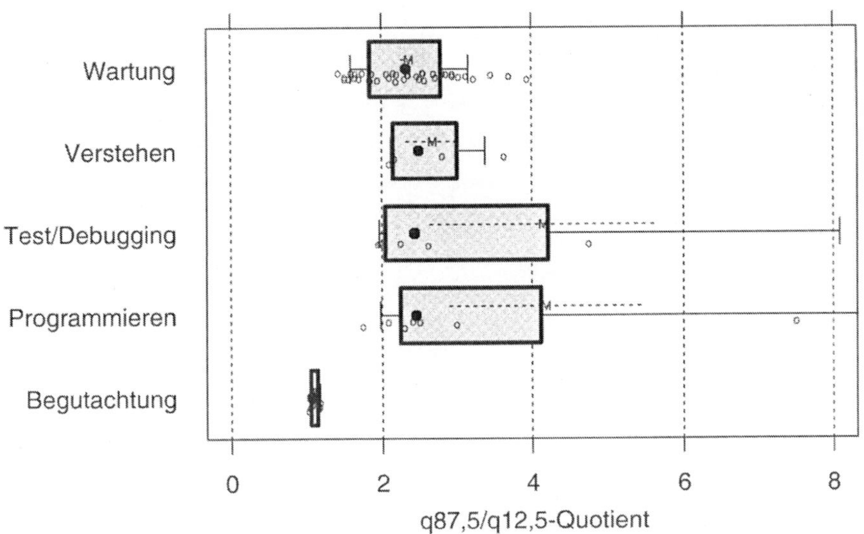

Abbildung 16.5. Verhältnis LS_{25} der Mediane des schnellsten und langsamsten Viertels für alle Gruppen mit mindestens 9 Personen. Ein Punkt von „Test" liegt mit einem Wert von 11,4 außerhalb der Darstellung, ebenso ein Punkt von „Programmieren" mit einem Wert von 12.

Betrachtet man anstatt der extremen Viertel der Schnellsten und Langsamsten die beiden Hälften der Verteilung, so relativieren sich die Unterschiede nochmals (siehe Abbildung 16.6).

Langsame und schnellere Hälfte unterscheiden sich meist nur halb so sehr wie in [Offline/74].

Die langsamere und schnellere Hälfte unterscheiden sich meist um weniger als Faktor zwei, wiederum mit Ausnahme des Aufgabentyps „Programmierung". Auch in dieser Betrachtung sind die hohen Werte von [Offline/74] irreführend. Ein Median von etwa 2 passt gut mit den Ergebnissen der wundervollen Feldstudie von DeMarco und Lister von 1984 zusammen [54]. Dort hatten 166 Profis aus 35 Firmen unter völlig unterschiedlichen Arbeitsbedingungen die gleiche Aufgabe gelöst und LS_{50} betrug 1,9.

Der Vollständigkeit halber sei noch das Verhältnis von Standardabweichung zu Mittelwert angeführt, das ebenfalls die Variabilität kennzeichnet, auch wenn es nicht so leicht interpretierbar ist wie die anderen Werte. In Abbildung 16.7 sehen wir, dass dieses Verhältnis typischerweise bei circa 0,5 liegt.

„Typische Unterschiede sind 2:1" ist eine bessere Faustregel als „Extreme Unterschiede sind 28:1".

Zusammenfassend kann man sagen, dass sich typische Unterschiede von langsamen und schnellen Personen eher im Bereich 2:1 abspielen als bei dem so gern zitierten eindrucksvollen Wert von 28:1. Dennoch sind diese Unterschiede zwischen Personen erheblich größer als die mittleren Unterschiede zwischen Versuchsbedingungen (siehe Abschnitt 16.5) und das erschwert es, in Experimenten zu klaren Aussagen zu gelangen.

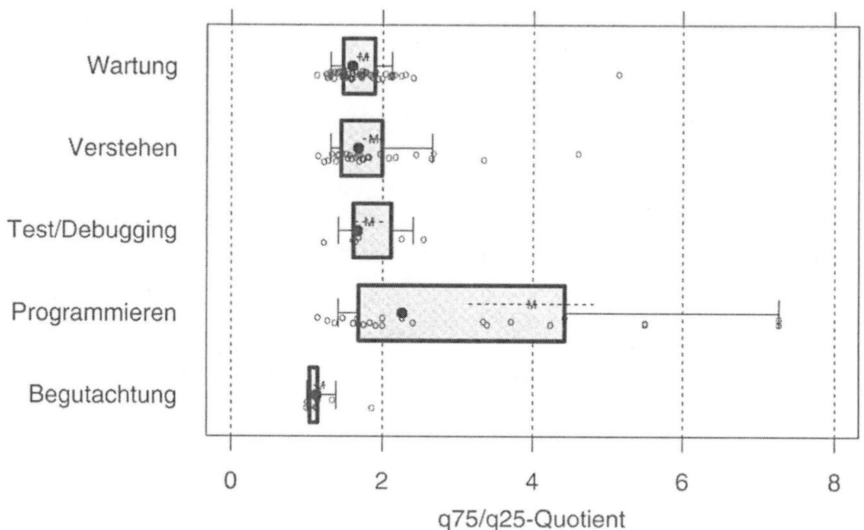

Abbildung 16.6. Verhältnis LS_{50} der Mediane der schnelleren zur langsameren Hälfte für alle Gruppen

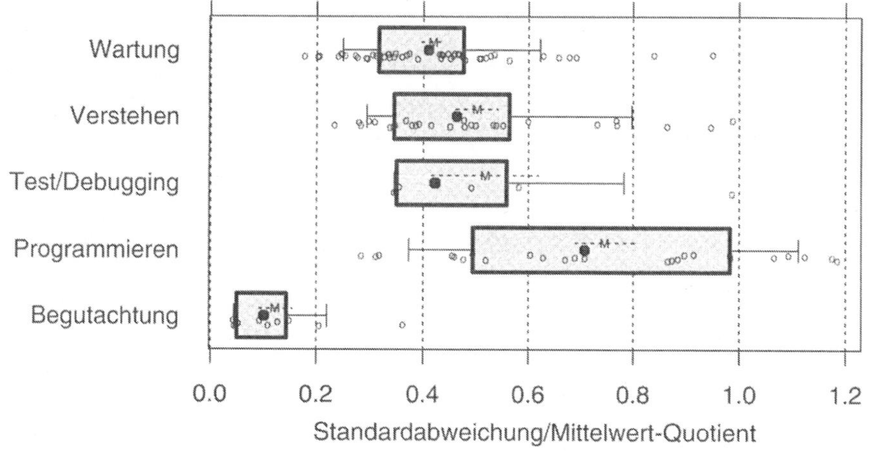

Abbildung 16.7. Verhältnis von Standardabweichung zu Mittelwert aller Gruppen

16.4. Die Form von Zeitverteilungen

Die meisten Zeitverteilungen weichen erheblich von einer Normalverteilung ab.

Für jede Gruppe von Werten lässt sich aus ihrer Standardabweichung und ihrem Mittelwert berechnen, wie groß LS_{25} wäre, wenn diese Gruppe exakt normalverteilt wäre. Abbildung 16.8 trägt diese theoretischen Werte gegen die tatsächlichen auf. Wie wir sehen, überschätzt die Normalverteilungsannahme die wirkliche LS_{25}-Variabilität in der Gruppe meistens — oft sogar drastisch. Offensichtlich ist die Normalverteilungsannahme häufig unzutreffend.

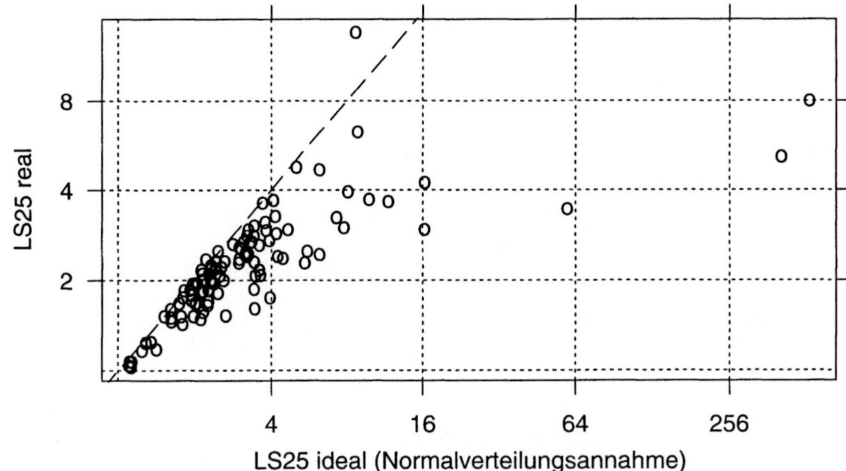

Abbildung 16.8. Vergleich des tatsächlichen Werts von LS_{25} für jede Versuchsgruppe mit dem theoretischen Wert, der aus Mittelwert und Standardabweichung mit Hilfe einer Normalverteilungsannahme berechnet ist. Die Achsen sind logarithmisch skaliert.

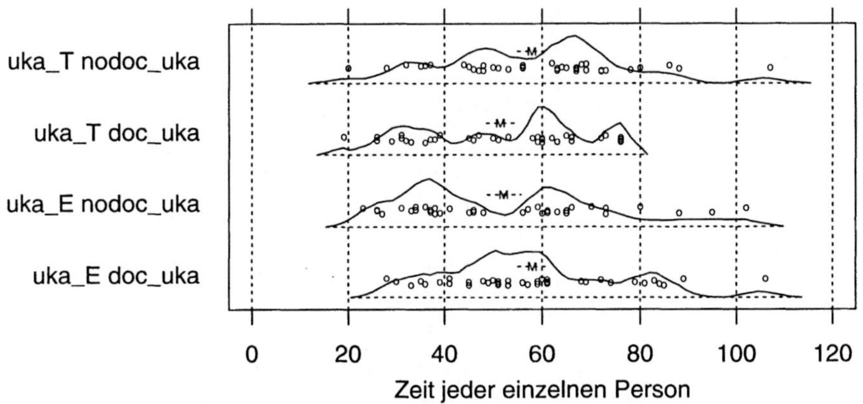

Abbildung 16.9. Mit Kernschätzern rekonstruierte Wahrscheinlichkeitsverteilungen für vier Gruppen von [Musterdoku/80] mit je 36 bis 38 Personen. Jeder Punkt repräsentiert eine Person.

Schauen wir uns doch einmal ein paar Beispiele dafür an, wie solche Verteilungen tatsächlich aussehen. Bei kleinen Versuchsgruppen geben die Daten natürlich nur sehr ungenau Auskunft, aber aus den größeren Gruppen kann man die Verteilung mit einem Glättungsverfahren[2] halbwegs rekonstruieren. Abbildung 16.9 zeigt die Verteilungen in vier Gruppen von [Musterdoku/80].

Wenn man, wie hier, die Glättung nicht übertreibt, sondern mit einer verbrei-

[2]Für Experten: Ein Kernschätzer mit Gaußfunktionen.

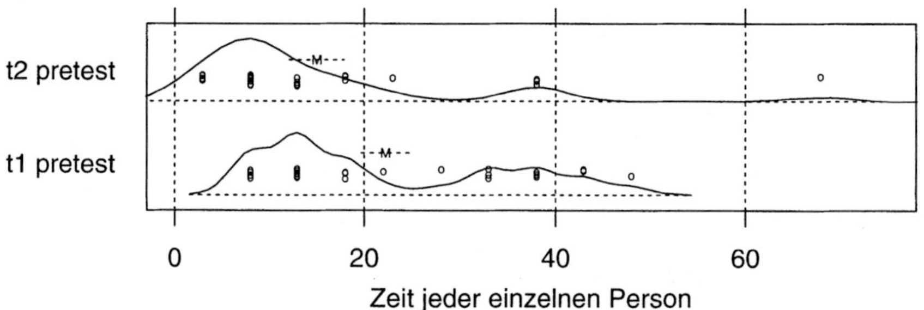

Abbildung 16.10. Rekonstruierte Wahrscheinlichkeitsverteilungen für die beiden Gruppen aus [45] mit je 27 Personen. (Die Zeiten wurden nicht minutengenau angegeben.)

Zum Beispiel sind manche Verteilungen möglicherweise mehrgipflig.

teten Faustformel[3] nur so weit glättet, dass die Verteilungskurve keine „Ecken" mehr hat, dann treten recht abenteuerliche Dinge zu Tage — und vor allem recht unterschiedliche: Während die erste (oberste) und die vierte Verteilung notfalls als Normalverteilungen durchgehen können, hat die zweite zu viel Gewicht links des Gipfels und die dritte macht sogar den Eindruck, sie könne vielleicht zweigipflig sein. Allerdings kann das alles auch reiner Zufall sein; bei Stichproben dieser Größe sehen auch Daten, die wirklich einer Normalverteilung entstammen, gelegentlich so aus.

Die zwei Gruppen in Abbildung 16.10 zeigen einen zu langen rechten Schwanz, also zu viel Gewicht rechts der Häufung (auch genannt Linkssteilheit oder positive Schiefe (*positive skewness*)). Dies ist ein häufiges Phänomen bei Zeitdaten, weil man zwar beliebig lange brauchen kann, um eine Aufgabe zu lösen, aber nicht beliebig kurz. Die zweite Verteilung ist ebenfalls wieder verdächtig, vielleicht zweigipflig zu sein. Dies könnte zum Beispiel darauf hindeuten, dass die verschiedenen Versuchspersonen zwei unterschiedlich gut geeignete Vorgehensweisen bei der Lösung der Aufgabe benutzt haben: Innerhalb jeder solchen Teilgruppe ergibt sich eine Glockenkurve, das Zentrum dieser Kurve für die ungünstigere Arbeitsweise liegt aber bei höheren Werten als das andere.

Es ist plausibel, dass Rechtsschiefe für Zeitdaten in der Softwaretechnik typisch ist; bisher war das aber nur eine Vermutung. Mit der großen Datenmenge unseres Datensatzes können wir sie nun prüfen. Wir normalisieren dazu die Zeitwerte, indem wir sie durch den jeweiligen Gruppenmittelwert dividieren. Die resultierenden Zeitwerte haben also den Mittelwert 1 und eine gewisse, „natürliche" Variabilität — falls es so etwas gibt.

Insgesamt zeigen die Zeitverteilungen einen etwas verlängerten rechten Schwanz.

Abbildung 16.11 zeigt die Zeitverteilung der resultierenden virtuellen Gruppen, wieder getrennt nach Aufgabentyp. Wir können festhalten:

- Ein langer rechter Schwanz ist in der Tat ein typisches Phänomen für Verteilungen von Zeitdaten in der Softwaretechnik.

[3]Die Standardabweichung der dabei benutzten Gaußfunktionen für eine Stichprobe X beträgt $2 \cdot (\max(X) - \min(X))/\log_2(|X|)$.

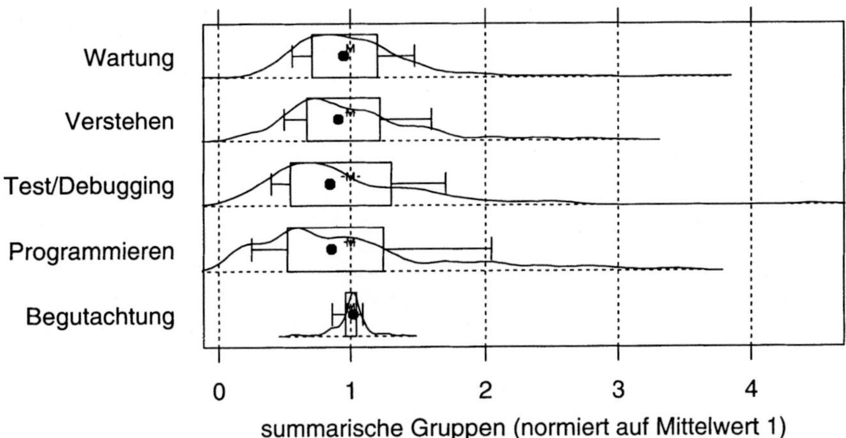

Abbildung 16.11. Rekonstruierte Wahrscheinlichkeitsverteilungen für virtuelle Gruppen, die durch Normieren jedes Gruppenmittelwerts auf 1 entstehen. Die virtuellen Gruppen enthalten (von oben nach unten) 780, 238, 94, 220 und 86 Datenpunkte, die jeweils eine Zeitmessung für eine Person repräsentieren. Wegen dieser großen Anzahlen ist anstelle der einzelnen Datenpunkte nur ein Boxplot angegeben.

- Die Variabilität ist für Test ($LS_{50} = 2,4$, $LS_{25} = 3,2$) und besonders für Programmieren ($LS_{50} = 2,4$, $LS_{25} = 7,1$) tendenziell größer als für Wartung ($LS_{50} = 1,7$, $LS_{25} = 2,4$) und Programmverstehen ($LS_{50} = 1,8$, $LS_{25} = 2,9$).
- Inspektionen fallen auch hier wieder aus dem Rahmen ($LS_{50} = 1,1$, $LS_{25} = 1,3$, fast keine Neigung).

16.5. Effektgrößen

Aus Ingenieursicht besteht der Sinn von Experimenten ja darin, bessere Wege für die Softwareherstellung zu finden. Demnach interessiert bei einem Experiment jedoch nicht nur, welche Gruppe besser abschneidet, sondern auch, wie groß der Unterschied ist, denn bei sehr kleinen Unterschieden lohnt sich der Aufwand für die Einführung der besseren Technik eventuell gar nicht. Um einen Eindruck von den Unterschieden zu gewinnen, die in verschiedenen Experimenten gefunden wurden, fragen wir also: Wie stark unterscheiden sich denn nun eigentlich die Mittelwerte zu vergleichender Gruppen? Mit anderen Worten: Wie groß ist der Effekt der Experimentvariablen auf die Arbeitszeit?

Aus Vorüberlegungen ließe sich Folgendes erwarten:

- Zum einen findet manch ein Experiment einen erwarteten Effekt nicht vor und bei vielen Experimenten liegt der Effekt nicht oder nicht hauptsächlich in der Arbeitszeit. Deshalb sollte sich in der Verteilung der Effektgrößen ein erheblicher Anteil kleiner und sehr kleiner Effekte finden.

Eigentlich müssten wir weit überwiegend kleine bis mäßige Effektgrößen vorfinden.

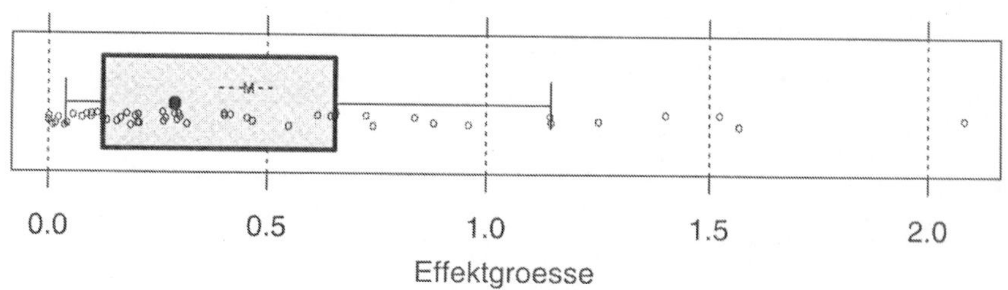

Abbildung 16.13. Effektgrößen: Jeder Punkt stellt den Quotienten-minus-1 aus den mittleren Zeiten der langsamsten und der schnellsten Gruppe einer Experimentaufgabe dar.

- Zum anderen braucht man bei gigantischen Effekten kein kontrolliertes Experiment durchzuführen, um sie zu untersuchen. Niemandem, der noch ganz bei Trost ist, würde beispielsweise einfallen, zu vergleichen, ob sich eine Datenbankabfrage schneller in SQL oder in Assembler kodieren lässt. Folglich können wir erwarten, dass die größten Effekte in der Verteilung recht moderat sind. Effekte von 10 bis 40 Prozent erscheinen realistisch, wesentlich größere müssten selten sein.

Aus dieser Erwartung heraus betrachtet, ist die tatsächlich vorgefundene Ver-

Definition 16.12: „Effektgröße"

Die Effektgröße E ist ein Maß dafür, wie stark der Einfluss einer unabhängigen Variablen x auf eine abhängige Variable y ist. Betrachten wir die Werte A und B für x und nehmen wir an, der Mittelwert von y sei bei B größer ($\overline{y_{x=A}} \leq \overline{y_{x=B}}$). Dann gibt es zwei mögliche Definitionen für die Effektgröße: erstens der relative Unterschied der Mittelwerte

$$E_1 : E = \frac{\overline{y_{x=B}}}{\overline{y_{x=A}}} - 1,$$

zweitens die Mittelwertdifferenz relativ zur Standardabweichung

$$E_2 : E = \frac{\overline{y_{x=B}} - \overline{y_{x=A}}}{\sigma(y)}.$$

In der Literatur ist E_2 weiter verbreitet. Ich benutze im Folgenden jedoch E_1, weil es nicht explizit auf die Variabilität in der Versuchsgruppe Bezug nimmt und deshalb einfacher zu interpretieren ist. Außerdem kann E_2 beim Vergleich von Studien irreführen (siehe [177, S. 671f]). Allerdings muss man sich darüber klar sein, dass die Variabilität bei E_1 den stochastischen Fehler beim Messen der Effektgröße beeinflusst. E_1 benötigt eine Verhältnisskala, E_2 kommt mit einer Differenzskala aus; dieser Unterschied ist aber in der Praxis meist belanglos.

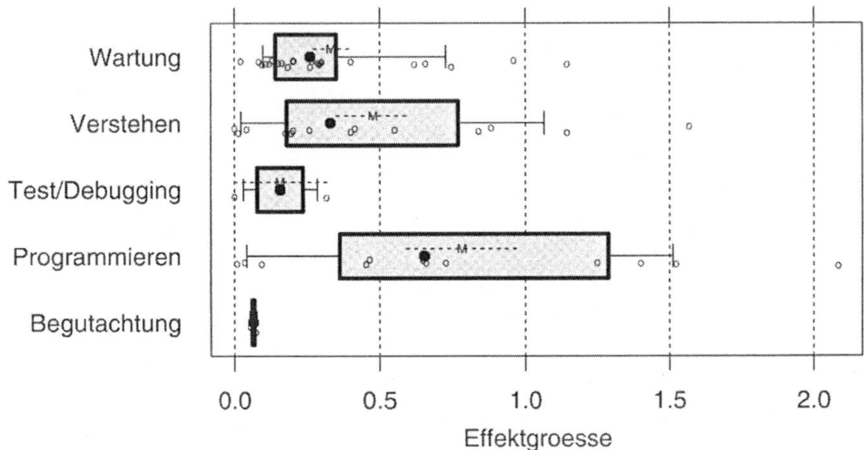

Abbildung 16.14. Effektgrößen, getrennt nach Aufgabentyp. Achtung: Test/Debugging und Begutachtung haben nur je zwei Datenpunkte.

teilung von Effektgrößen (Abbildung 16.13) überraschend: Die erwarteten kleinen Effekte gibt es zwar, sie sind aber nicht sehr häufig. Zugleich liegt ein gutes Drittel aller Effekte über 0,5, und 10 Prozent der Effekte sogar über 1,0. Abbildung 16.14 zeigt dieselbe Darstellung aufgeschlüsselt nach Aufgabentypen.

Was ist davon zu halten? Die geringe Zahl kleiner Effekte erklärt sich zum Teil aus den oft recht kleinen Versuchsgruppen. Die empirisch beobachtete Effektgröße ist die Summe aus dem wirklichen Effekt (durch die Änderung der Experimentvariablen) und einem zufälligen Effekt (durch zufällige Gruppenunterschiede). Der zufällige Effekt wächst mit steigender Variabilität innerhalb jeder Gruppe und mit sinkender Gruppengröße, weil sich die individuellen Unterschiede dann immer weniger ausbalancieren. In der Tat kann man in den Daten den Trend finden, dass der Effekt bei kleinen Gruppen größer ist (Abbildung 16.15).

Zieht man den mittleren zufälligen Anteil (Standardfehler der Effektgröße) ab, so ergibt sich näherungsweise die in Abbildung 16.16 gezeigte Verteilung, die unseren Erwartungen wesentlich besser entspricht. Das Beispiel zeigt, wie wichtig es ist, bei einem Experiment nicht einfach Mittelwerte zu vergleichen, sondern mit einem Hypothesentest zu prüfen, wie aussagekräftig diese sind, und ggf. die Mittelwertdifferenz durch ein Konfidenzintervall zu charakterisieren.

Die sehr großen Effekte sind auch nach dieser Korrektur noch recht beeindruckend. Ein solcher sehr großer Effekt legt die Vermutung nahe, dass die Experimentaufgabe entweder verzerrend zugunsten einer der Versuchsbedingungen ausgewählt war oder so eng gestellt ist, dass ein sehr schmaler Aspekt in übertrieben reiner Form gemessen wurde.

Es gibt aber tatsächlich recht viele sehr große Effekte. Diese Experimente sind dubios.

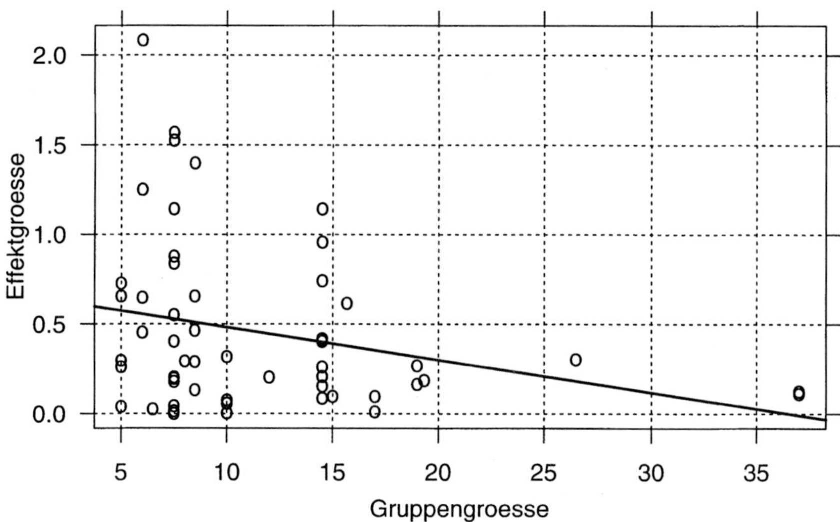

Abbildung 16.15. Abhängigkeit der Effektgröße von der Gruppengröße. Der Effekt hat einen zufälligen Anteil, der bei kleinen Gruppen größer ist, wie die Regressionsgerade anzeigt.

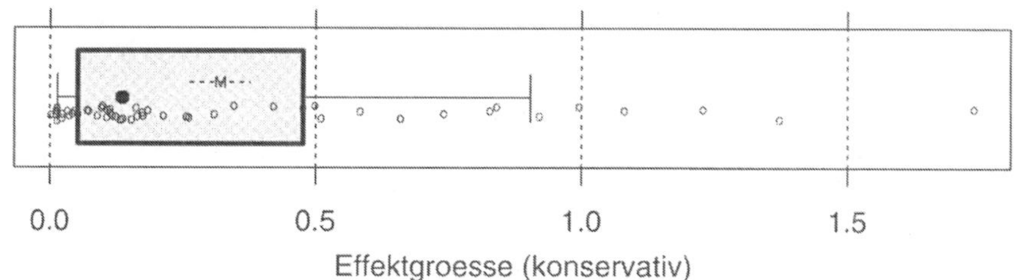

Abbildung 16.16. Angenäherte Effektgrößen nach rechnerischer Entfernung des zufälligen Anteils

Der Median der Effektgröße über alle Aufgabenarten liegt bei etwa 14%.

Mit was für einer Effektgröße sollte man nun als Experimentator rechnen bzw. zufrieden sein? Als Daumenregel bietet sich hierfür der Median aus Abbildung 16.16 an: Nur die Hälfte aller Experimente haben einen größeren wahren Effekt bei der Arbeitszeit. Dieser Wert liegt bei 14%.

16.6. Wie erfolgreich sind die Hypothesentests?

Vorbemerkung: In diesem und dem nachfolgenden Abschnitt stehen einige Detailbetrachtungen über Hypothesentests auf den Zeitdaten, die vermutlich nur für diejenigen von Interesse sind, die sich bereits ausführlicher mit Statistik befasst haben.

Für die allermeisten kontrollierten Experimente bildet ein statistischer Hypothesentest auf Unterschiede im Mittelwert eines geeigneten Leistungsmaßes den Kern der statistischen Auswertung. Auch wenn, wie oben bereits erwähnt, die Arbeitszeit nicht immer das wichtigste, geschweige denn das einzige Leistungsmaß ist, bieten unsere Daten eine gute Gelegenheit, die Verteilung von p-Werten zu betrachten, die in zahlreichen ganz verschiedenartigen Experimenten aufgetreten sind. Wie viele Tests zeigen Unterschiede und wie viele zeigen gar nichts?

Wir betrachten im Folgenden immer fünf verschiedene Tests. Dies sind:

- der normale t-Test, angewendet ohne Prüfung seiner Voraussetzungen (siehe Notiz 13.14),
- der „optimiert" angewendete t-Test (siehe Definition 16.17),
- der Wilcoxon-Rangsummen-Test, auch bekannt als Mann-Whitney U-Test (siehe Notiz 13.15),
- der Bootstrap-Mittelwerttest (siehe Definition 13.16),
- der „optimiert" angewendete Bootstrap-Mittelwerttest (siehe Definition 16.18).

Vergleichen wir als erstes einmal die beiden meistbenutzten Tests direkt, den t-Test und den Wilcoxon Test (Abbildung 16.19). Wie wir sehen, gibt es zwar in vielen einzelnen Fällen große Unterschiede im p-Wert, im Mittel über alle Gruppenvergleiche schneiden die beiden Tests aber sehr ähnlich ab.

Die p-Werte verschiedener Tests weichen nicht selten stark voneinander ab.

In Abbildung 16.20 sehen wir die Verteilung der p-Werte für alle unterschiedlichen (doppelseitigen) Tests, jeweils durchgeführt zwischen all denjenigen Paa-

Nur etwa ein Drittel der Tests ist signifikant.

Definition 16.17: „Der „optimiert" angewendete t-Test"

Dieser Test entspricht dem normalen t-Test (siehe Notiz 13.14) mit zwei Modifikationen. Erstens: Falls das zu einer besseren Annäherung an eine Normalverteilung führt, werden anstatt der Rohdaten deren Quadratwurzel oder deren Logarithmus in den Test gefüttert, je nachdem, was zum kleineren p-Wert führt. Zweitens: Falls die Varianzen dieser (ggf. transformierten) Eingabedaten sich um mehr als Faktor 2 unterscheiden, wird ein modifizierter t-Test durchgeführt, der eine Welch-Korrektur für ungleiche Varianzen anbringt[a], denn der t-Test setzt voraus, dass beide Stichproben aus Verteilungen mit gleicher Varianz stammen.

[a] In diesem Fall ist für zwei Stichproben x und y: $t = \frac{\bar{x}-\bar{y}}{\sqrt{\sigma(x)/|x|+\sigma(y)/|y|}}$

Definition 16.18: „Der „optimiert" angewendete Bootstrap-Mittelwerttest"

Dieser Test funktioniert wie der Bootstrap-Mittelwerttest, wendet aber gegebenenfalls zuvor die gleiche Transformation der Eingabedaten an, wie es der „optimiert" angewendete t-Test täte; dessen Korrektur für ungleiche Varianzen entfällt.

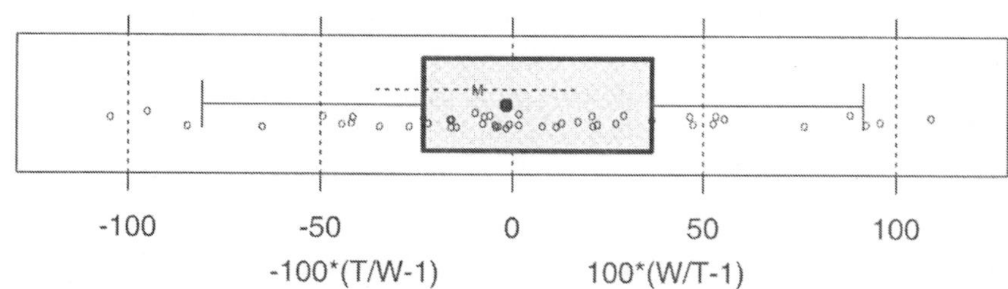

Abbildung 16.19. Vergleich der p-Werte, die der t-Test (T) und der Wilcoxon-Test (W) liefern. Prozentualer Unterschied des größeren und kleineren Werts. Positiv, falls W>T, andernfalls negativ. Ein paar extreme Werte liegen außerhalb des gezeigten Bereichs.

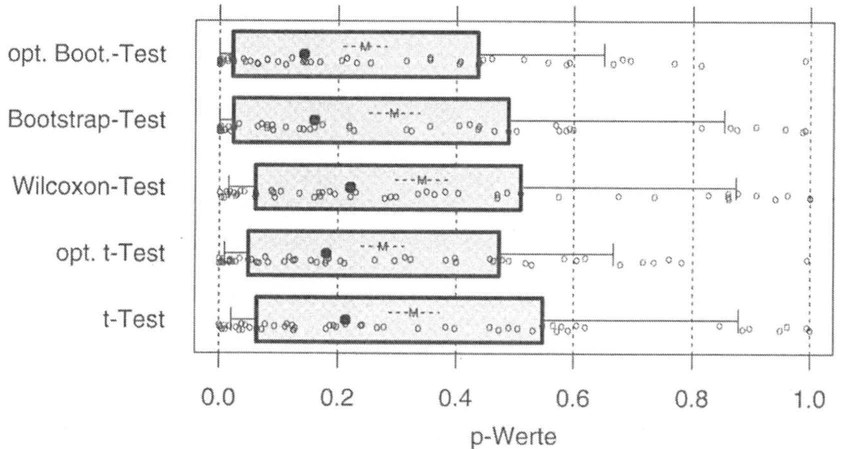

Abbildung 16.20. Verteilung der p-Werte, die die verschiedenen Tests liefern. Jeder Punkt entspricht einem Paar verglichener Gruppen.

ren von Gruppen, deren Effektgröße in Abbildung 16.13 gezeigt ist. Offensichtlich ist die Erfolgsquote nicht sehr groß: Nur ca. 20% bis 30% aller Tests unterschreiten den zumeist benutzten Schwellenwert von $p < 0,05$. Können einseitige Tests vorgenommen werden, so ist der p-Wert zu halbieren und etwa 30% bis 40% aller Tests wären erfolgreich.

Die Bootstrap-Tests liefern im Mittel etwas niedrigere p-Werte als die t-Tests und der Wilcoxon-Test und zeigen dementsprechend auch häufiger signifikante Ergebnisse an. Dies lässt sich in Abbildung 16.21 genauer erkennen: Bei jeder der betrachteten Signifikanzschwellen lehnen die Bootstrap-Tests die Nullhypothese etwas häufiger ab als die t-Tests. Der Wilcoxon-Test zeigt fast dieselben Erfolgsquoten wie der normale t-Test. Anders als oft unterstellt wird, verlieren die vorliegenden Experimente also bei Benutzung des Wilcoxon-Tests kaum an Trennschärfe.

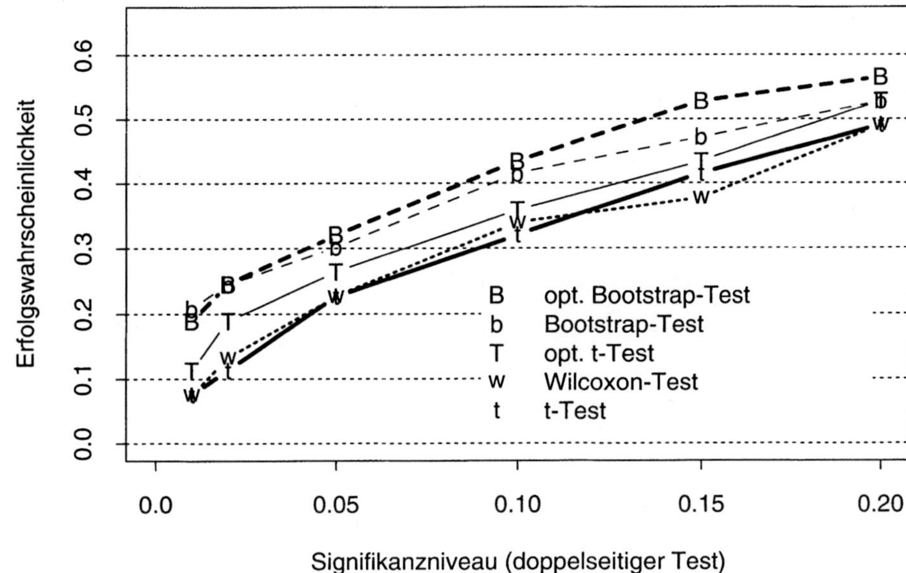

Abbildung 16.21. Anteil der Tests, die bei verschiedenen Signifikanzniveaus (0,01; 0,02; 0,05; 0,1; 0,15; 0,2) erfolgreich waren. Jeder Punkt repräsentiert die Erfolgsquote einer Art von Test bei sämtlichen 50 paarweisen Gruppenvergleichen.

16.7. Die Trennschärfe und Fehler verschiedener Tests

Eine bessere Betrachtung als der einfache Vergleich der empirisch aufgetretenen p-Werte ist die Berechnung der Trennschärfe der Tests für die einzelnen Gruppenvergleiche und deren direkter Vergleich mit den tatsächlich auftretenden Fehlern erster Art (siehe Definition 16.22). Schließlich ist nicht sicher, dass die p-Werte tatsächlich dem Fehler erster Art entsprechen, und dann ist ihr Vergleich irreführend.

Die Trennschärfe von t-Test und Wilcoxon-Test ist für Zeitverteilungen im Einzelfall sehr verschieden, aber im Mittel ähnlich.

Betrachten wir wieder als erstes den direkten Vergleich von t-Test und Wilcoxon-Test. Für die Trennschärfe (Abbildung 16.24) ergibt sich dabei ein sehr ähnliches Bild wie beim Vergleich der p-Werte. Die per Bootstrapping ermittelten empirischen Werte für den tatsächlichen Fehler erster Ordnung (bei einem vorgegebenem Signifikanzniveau von 0,05) sind hingegen überraschend (siehe Abbildung 16.25). Erstens liegt der Fehler meist recht weit entfernt vom verlangten Wert von 0,05 und zweitens unterscheiden sich die Abweichungen für die beiden Tests auch oftmals dramatisch. Die Korrelation beträgt nur 0,42.

Die Fehler erster Art sind oft viel größer als vorgegeben und oft für verschiedene Tests sehr unterschiedlich.

Nun für alle Tests im Überblick: Die Trennschärfeverteilung für Niveau 0,05 (Abbildung 16.26) bestätigt wieder den Eindruck aus der Betrachtung der p-Werte. Die Trennschärfe ist tatsächlich für die Bootstrap-Tests besser als für die übrigen. Der Unterschied im Median der Trennschärfe zum Beispiel zwischen Bootstrap-Test und optimiert benutztem t-Test ist aufgrund der großen Fallanzahl hoch signifikant ($p = 0,001$).

Definition 16.22: „Fehler erster und zweiter Art, Trennschärfe"

Es gibt zwei Arten, wie ein Test ein irreführendes Ergebnis liefern kann:

- Fehler erster Art: Die Nullhypothese wird abgelehnt, obwohl in Wirklichkeit gar kein Unterschied besteht.
- Fehler zweiter Art: Die Nullhypothese wird nicht abgelehnt, obwohl in Wirklichkeit ein Unterschied besteht.

Die Wahrscheinlichkeiten dieser Fehler werden oft mit α bzw. β bezeichnet.

α wird bei einem perfekt funktionierenden Test durch die Signifikanzschwelle festgelegt. In der Praxis ergeben sich aber noch Abweichungen, weil die Voraussetzungen der Tests meist nicht ganz erfüllt sind.

β sinkt mit steigendem α, steigender Stichprobengröße und steigender Leistungsfähigkeit des benutzten Tests für die gegebene Verteilung der Daten. Man nennt deshalb $1 - \beta$ auch die Trennschärfe (*power*) des Tests.

Sowohl α als auch β kann man für gegebene Stichproben mittels Bootstrapping empirisch bestimmen (siehe Notiz 16.23).

Notiz 16.23: Trennschärfe (power) eines Tests berechnen

Um für ein bestimmtes Paar von Stichproben die Trennschärfe zu berechnen, eignet sich Bootstrapping. Der Trick besteht darin, die Stichproben als die Grundgesamtheit zu betrachten, so dass uns bekannt ist, ob die Stichproben einen Unterschied im Mittelwert aufweisen oder nicht. In unserem Fall liegt stets ein Unterschied vor, so dass der perfekte Hypothesentest für Stichproben aus diesen zwei „Grundgesamtheiten" stets einen Unterschied anzeigen würde. Wir ziehen nun viele Male (hier: 100-mal) mittels Resampling aus diesen beiden „Grundgesamtheiten" je eine Stichprobe, wenden den Test darauf an und zählen mit, wie oft der Test die (falsche) Nullhypothese auf dem gewünschten Signifikanzniveau ablehnt. Der Anteil solcher Ablehnungen ist die Trennschärfe des Tests für das gegebene Paar von Stichproben. Beim unmodifizierten t-Test könnte man die Trennschärfe auch analytisch berechnen; für die anderen Tests ist das jedoch nicht möglich.

Im selben Zuge kann man auch den Fehler erster Art bestimmen: Man führt dasselbe Verfahren durch, sorgt aber zuvor dafür, dass die Grundgesamtheiten *keinen* Unterschied aufweisen, indem man die Mittelwertdifferenz von der einen Stichprobe subtrahiert. Nun ist der Anteil abgelehnter Nullhypothesen gerade der Fehler erster Art.

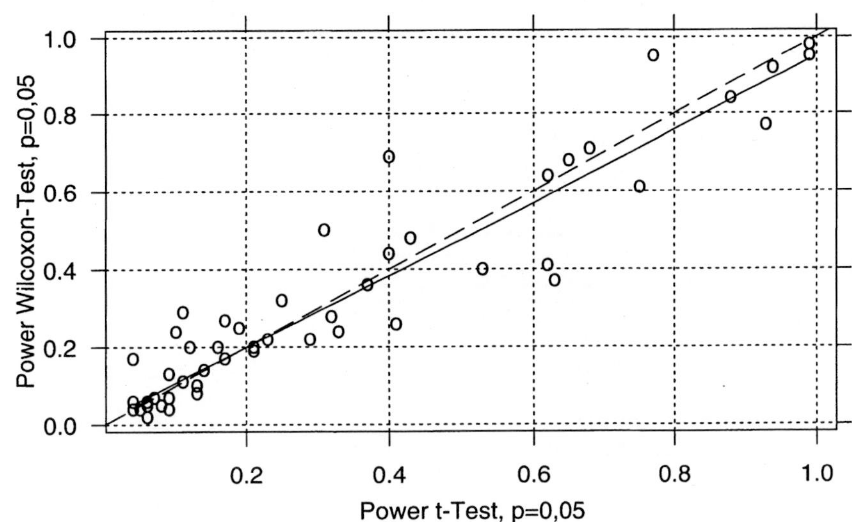

Abbildung 16.24. Vergleich der Trennschärfe von t-Test und Wilcoxon-Test für $p = 0,05$. Jeder Punkt entspricht einem Paar verglichener Gruppen. Die gestrichelte Linie zeigt $x = y$ an, die durchgezogene ist eine Trendlinie.

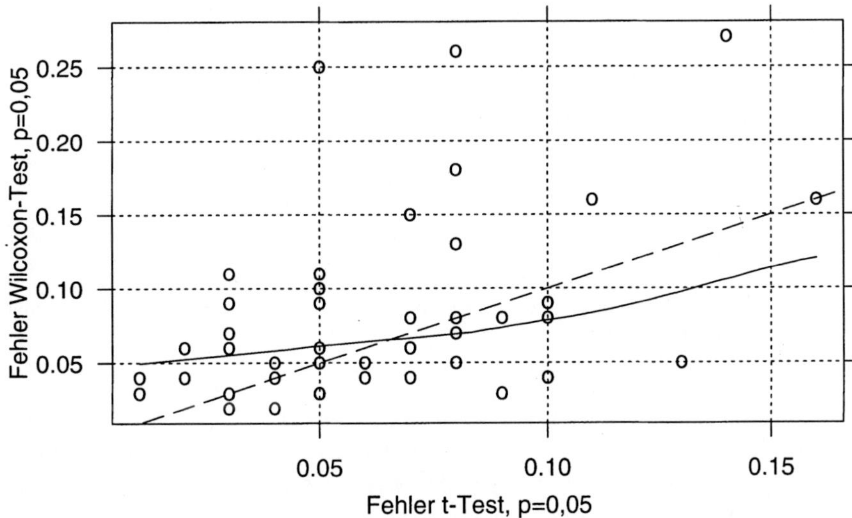

Abbildung 16.25. Vergleich der tatsächlichen Fehler erster Art, die der t-Test und der Wilcoxon-Test bei der Vorgabe $p = 0,05$ verursachen. Jeder Punkt entspricht einem Paar verglichener Gruppen. Die gestrichelte Linie zeigt $x = y$ an, die durchgezogene ist eine Trendlinie.

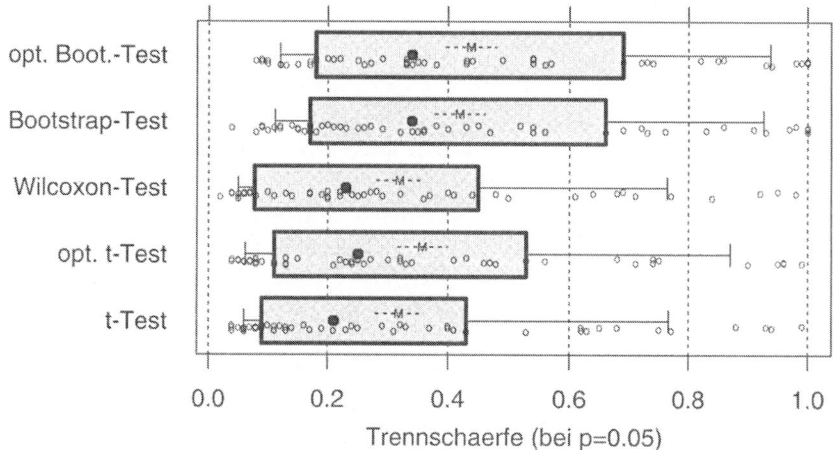

Abbildung 16.26. Verteilung der Trennschärfe (*power*), die die verschiedenen Tests für $p = 0,05$ erreichen; die Berechnung erfolgte durch 100 Iterationen Bootstrapping. Jeder Punkt entspricht einem Paar verglichener Gruppen.

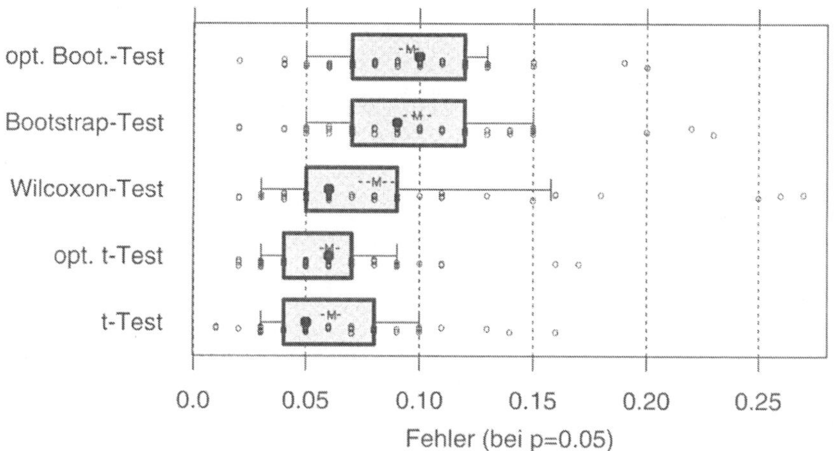

Abbildung 16.27. Verteilung der Fehler erster Art, die die verschiedenen Tests bei der Vorgabe $p = 0,05$ verursachen; die Berechnung erfolgte durch 100 Iterationen Bootstrapping. Jeder Punkt entspricht einem Paar verglichener Gruppen.

Die Betrachtung der Fehler erster Art auf dem gleichen Niveau von 0,05 (Abbildung 16.27) zeigt aber die Kehrseite der Medaille: Der hohen Trennschärfe der Bootstrap-Tests steht auch eine schlechtere Verlässlichkeit gegenüber. Die tatsächlichen p-Werte sind gegenüber den gelieferten im Mittel fast doppelt so groß. Auch die anderen Tests sind im Mittel zu optimistisch, jedoch nicht so sehr.

Augenfällig ist für alle Tests die hohe Variabilität im tatsächlichen Fehler. Diese erklärt sich zum Teil aus der geringen Größe der Gruppen in vielen der unter-

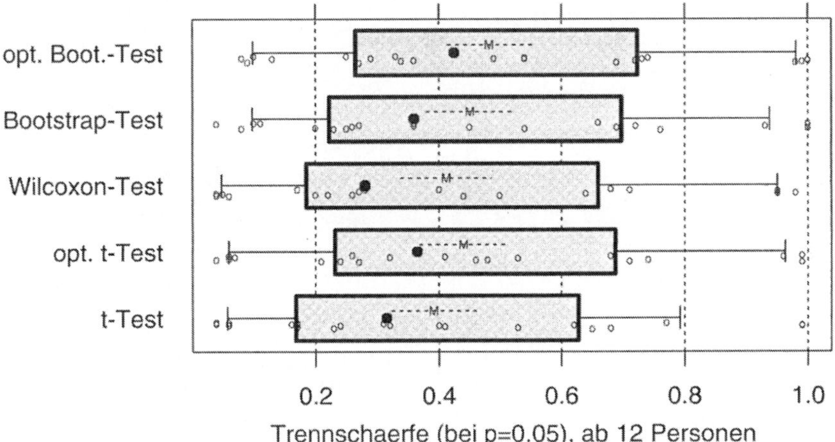

Abbildung 16.28. Entspricht Abbildung 16.26, zeigt jedoch nur die Daten von Gruppen mit mindestens 12 Personen.

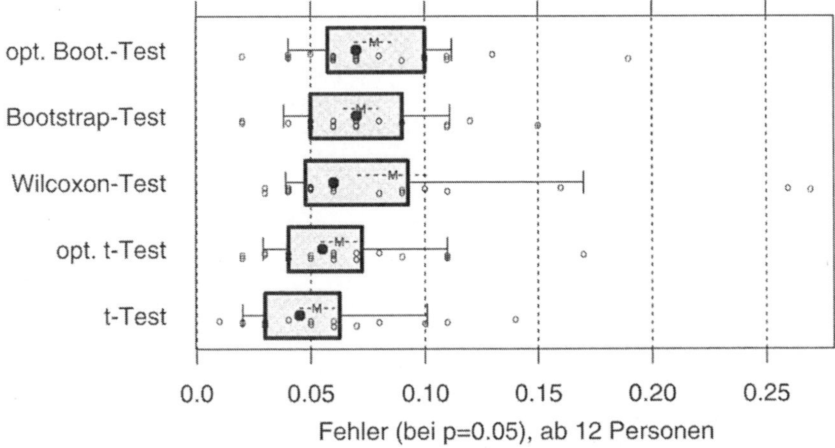

Abbildung 16.29. Entspricht Abbildung 16.27, zeigt jedoch nur die Daten von Gruppen mit mindestens 12 Personen.

suchten Experimente. Bei kleinen Gruppen sinkt zum einen die Verlässlichkeit der Tests, zum anderen steigt die Variabilität des Bootstrappings, mit dem die Fehlerberechnung durchgeführt wurde. Macht man die gleiche Auswertung nur für die etwas größeren Versuchsgruppen (mit mindestens 12 Personen), so erhält man moderatere Verteilungen für Trennschärfe (Abbildung 16.28) und Fehler erster Art (Abbildung 16.29). Die Trennschärfe liegt aber immer noch für die Hälfte aller Experimente unter 0,4 — eine Situation, die korrekte Schlussfolgerungen aus den Experimenten erschwert.

Viele Experimente haben nur wenig Trennschärfe für Zeitunterschiede.

Auch diese Betrachtung kann man für andere Signifikanzniveaus wiederholen. Abbildung 16.30 für die Trennschärfe und Abbildung 16.30 für den Fehler er-

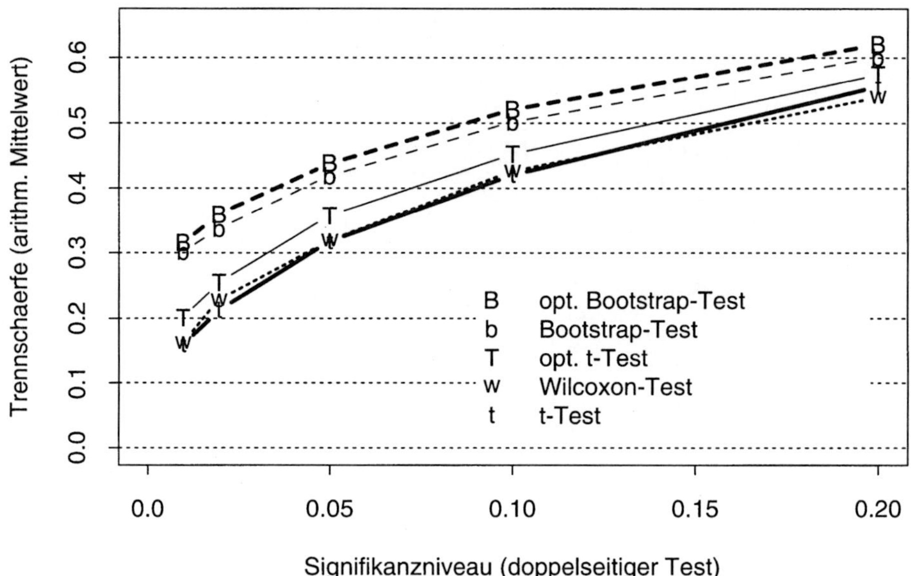

Abbildung 16.30. Mittlere Trennschärfe (*power*) der verschiedenen Tests auf verschiedenen Signifikanzniveaus. Jeder Punkt repräsentiert den Mittelwert aus sämtlichen 53 paarweisen Gruppenvergleichen für eine Art von Test.

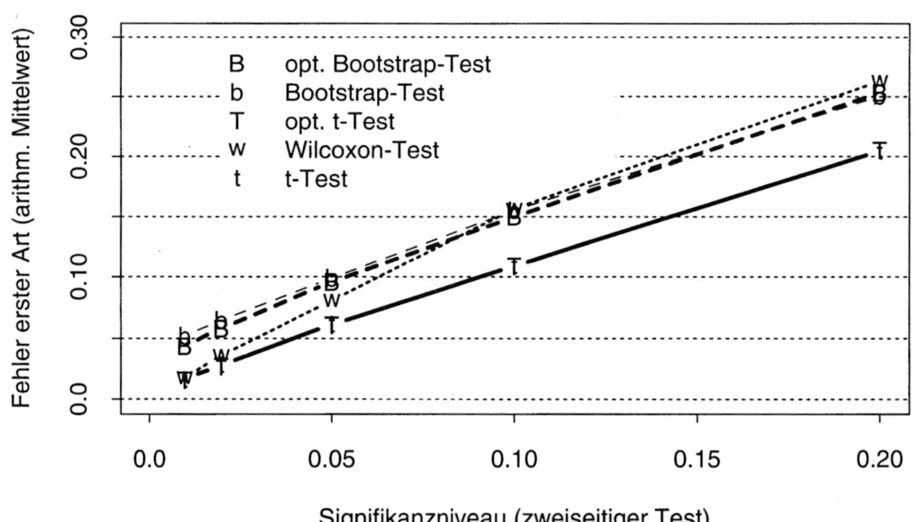

Abbildung 16.31. Mittlere Größe des Fehlers erster Art der verschiedenen Tests für verschiedene vorgegebene Signifikanzniveaus. Jeder Punkt repräsentiert den Mittelwert aus sämtlichen 53 paarweisen Gruppenvergleichen für eine Art von Test.

ster Art zeigen, dass sich die oben geschilderten Verhältnisse auf allen Niveaus wieder ähnlich einstellen — mit einer Ausnahme: Der Wilcoxon-Test schneidet hinsichtlich seines Fehlers bei scharfen Tests besser, bei laxeren Tests hingegen schlechter ab als im obigen Vergleich.

16.8. Zusammenfassung und Konsequenzen

Fassen wir die wichtigsten Erkenntnisse aus der Analyse von `variance.data` noch einmal kurz zusammen:

- Das so oft zitierte Arbeitszeitverhältnis des Langsamsten zum Schnellsten bei [Offline/74] von 28:1 ist schlichtweg falsch. Korrekt wäre 14:1.
- Sinnvoller ist jedoch ein Vergleich z.B. des langsamsten und schnellsten Viertels (genauer: der Mediane dieser Teilgruppen), genannt LS_{25}.
- Die Variabilität im Zeitbedarf unterscheidet sich erheblich für verschiedene Aufgabentypen.
- LS_{25} liegt selbst für die Aufgabentypen mit hoher Variabilität selten über 4. Die Daten von [Offline/74] stellen mit Werten bis zu 8 hier Ausreißer dar.
- Über die Form der Verteilung von Arbeitszeit ist nach wie vor wenig bekannt. Für manche Aufgaben ist zu erwarten, dass sich zwei- oder mehrgipflige Verteilungen ergeben. Außerdem gibt es eine Tendenz, dass der rechte Schwanz der Verteilung länger ist als der linke, vor allem bei den Aufgabentypen mit hoher Variabilität.
- Die Effektgröße (relativer Unterschied der Mittelwerte) variiert enorm zwischen verschiedenen Experimenten; wegen oft kleiner Gruppengrößen vor allem bei Aufgaben mit hoher Variabilität. Der zufallsbereinigte Median liegt bei ca. 14%.
- Der Bootstrap-Mittelwerttest zeigt für die Zeitdaten eine im Mittel höhere Trennschärfe, hat aber auch eine geringere Verlässlichkeit als herkömmliche Tests (t-Test, Wilcoxon-Rangsummentest).
- Die Verlässlichkeit aller Tests schwankt von Einzelfall zu Einzelfall heftig — und zwar bei einem bestimmten Einzelfall oft nicht für alle Tests in gleicher Weise.

Als Konsequenzen aus diesen Beobachtungen ergeben sich die folgenden Vorschläge:

1. Die individuelle Variation ist zwar geringer als bisher gedacht, aber immer noch weitaus größer als die Effekte der Experimentvariablen. Folglich wäre die Entwicklung verlässlicher und billiger Tests lohnend, die die Leistung einer Person für eine gewisse Aufgabe gut vorhersagen. Experimentatoren können solche Tests zur Homogenisierung (oder zumindest Balancierung) der Versuchsgruppen verwenden, Praktiker zur Personalauswahl und Aufgabenzuweisung.

2. Robuste Maße der Zeitvariabilität wie LS_{25} und LS_{50} sollten bei softwaretechnischen Versuchen mit Replikation (ob kontrolliertes Experiment, Feldstudie oder Fallstudie) mehr Aufmerksamkeit erhalten, denn es kann ein positiver Beitrag einer Methode oder eines Werkzeugs sein, die Variabilität zu reduzieren.
3. Angesichts der schwankenden Verlässlichkeit einzelner Tests und der Unabhängigkeit dieser Schwankungen voneinander empfiehlt es sich, bei der Auswertung von Experimenten die Resultate verschiedener Tests Seite an Seite wiederzugeben.
4. Aus demselben Grund ist die starre Konzentration auf eine bestimmte Signifikanzschwelle schädlich. Es ist sinnvoller, die p-Werte nur als Anhaltspunkte zu betrachten und durch eine gemeinsame Betrachtung zahlreicher Merkmale (ob qualitativ oder quantitativ) Belege zu einem Resultat zusammenzutragen.

Bibliographie

[1] F. Abbattista, F. Lanubile, G. Mastelloni, and G. Visaggio. An experiment on the effect of design recording on impact analysis. In *Proc. Intl. Conf. on Software Maintenance*, pages 253–259, Victoria, Canada, September 1994. IEEE CS Press.

[2] Rita L. Atkinson, Richard C. Atkinson, Edward F. Smith, and Daryl J. Bem. *Introduction to Psychology*. Harcourt Brace College Publishers, San Diego, CA, 11th edition, 1993.

[3] Ronald Baecker. Enhancing program readability and comprehensibility with tools for program visualization. In *Proc. 10th Intl. Conf. on Software Engineering*, pages 356–366. IEEE CS Press, 1988.

[4] Helmut Balzert. *Lehrbuch der Softwaretechnik: Software Management, Software Qualitätssicherung, Unternehmensmodellierung*. Lehrbücher der Informatik. Spektrum Akademischer Verlag, Heidelberg, 1998.

[5] Victor R. Basili. The role of experimentation in software engineering: Past, current, and future. In *Proc. 18th Intl. Conf. on Software Engineering*, pages 442–449, Berlin, Germany, March 1996. IEEE CS Press.

[6] Victor R. Basili, Scott Green, Oliver Laitenberger, Filippo Lanubile, Forrest Shull, Sivert Sørumgård, and M. Zelkowitz. The empirical investigation of perspective-based reading. *Empirical Software Engineering*, 1(2):133–164, 1996.

[7] Victor R. Basili and Richard W. Selby. Comparing the effectiveness of software testing strategies. *IEEE Trans. on Software Engineering*, 13(12):1278–1296, December 1987.

[8] Victor R. Basili, Richard W. Selby, and D.H. Hutchens. Experimentation in software engineering. *IEEE Trans. on Software Engineering*, 12(7):733–743, July 1986.

[9] Kent Beck. *Extreme Programming Explained: Embrace Change*. Addison-Wesley, Reading, MA, 1999.

[10] Boris Beizer. *Software Testing Techniques*. Van Nostrand Reinhold, New York, 1990.

[11] William Berg, Marshall Cline, and Mike Girou. Lessons learned from the OS/400 OO project. *Communications of the ACM*, 38(10):54–64, October 1995.

[12] Ted J. Biggerstaff, Bharat G. Mitbander, and Dallas E. Webster. Program understanding and the concept assignment problem. *Communications of the ACM*, 37(5):72–83, May 1994.

[13] David B. Bisant and James R. Lyle. A two-person inspection method to improve programming productivity. *IEEE Trans. on Software Engineering*, 25(10):1294–1304, October 1989.

[14] Benjamin S. Bloom, Max D. Engelhart, Edward J. Furst, Walker H. Hill, and David R. Krathwohl, editors. *Taxonomy of Educational Objectives. Handbook 1: Cognitive Domain*. David McKay Company, Inc., New York, 1956.

[15] Barry Boehm. A spiral model of software development and enhancement. *IEEE Computer*, 21(5):61–72, May 1988.

[16] Barry Boehm, Alexander Egyed, Julie Kwan, Dan Port, Archita Shah, and Ray Madachy. Using the WinWin spiral model: A case study. *IEEE Software*, 31(7):33–44, July 1998.

[17] Barry W. Boehm. *Software Engineering Economics*. Prentice Hall, Englewood Cliffs, NJ, 1981.

[18] Deborah Boehm-Davis, R. Holt, and A. Schultz. The role of program structure in software maintenance. *Intl. J. of Man-Machine Studies*, 36(1):21–63, 1992.

[19] Grady Booch. *Object-Oriented Analysis and Design*. Benjamin-Cummings, Redwood City, CA, 1994.

[20] Jürgen Bortz and Nicola Döring. *Forschungsmethoden und Evaluation*. Springer-Verlag, 1995.

[21] George E.P. Box, William G. Hunter, and J. Stuart Hunter. *Statistics for Experimenters*. John Wiley and Sons, 1978.

[22] L. Briand, E. Arisholm, S. Counsell, F. Houdek, and P. Thévenod-Fosse. Empirical studies of object-oriented artifacts, methods, and processes: State of the art and future directions. Technical Report ISERN-99-12, International Software Engineering Research Network, 1999.

[23] Lionel Briand, Victor Basili, and William Thomas. A pattern recognition approach for software engineering data analysis. *IEEE Trans. on Software Engineering*, 18(11):931–942, November 1992.

[24] Lionel Briand, Christian Bunse, and John Daly. An experimental evaluation of quality guidelines on the maintainability of object-oriented design documents. In *Empirical Studies of Programmers: Seventh Workshop*, Norwood, NJ, 1997. Ablex Publishing Corp.

[25] Lionel Briand, Christian Bunse, and John Daly. A controlled experiment for evaluating quality guidelines on the maintainability of object-oriented designs. Technical Report ISERN-99-07, International Software Engineering Research Network, 1999.

[26] Lionel Briand, Christian Bunse, John Daly, and Christiane Differding. An experimental comparison of the maintainability of object-oriented and structured design documents. Technical Report ISERN-96-13, International Software Engineering Research Network, 1996.

[27] Lionel Briand, Christian Bunse, John Daly, and Christiane Differding. An experimental comparison of the maintainability of object-oriented and structured design documents. *Empirical Software Engineering*, 2(3):291–312, 1997.

[28] Andy Brooks. Meta-analysis: A silver bullet — for meta-analysts. *Empirical Software Engineering*, 2(4):333–338, 1997.

[29] Andy Brooks, John Daly, James Miller, Marc Roper, and Murray Wood. Replication's role in experimental computer science. Technical Report EFoCS-5-94, RR/94/172, Dept. of Computer Science, University of Strathclyde, Glasgow, UK, 1994.

[30] Fred P. Brooks. The computer scientist as toolsmith II. *Communications of the ACM*, 39(3):61–68, March 1996.

[31] Ruven Brooks. Using a behavioral theory of program comprehension in software engineering. In *Proc. 3rd Intl. Conf. on Software Engineering*, pages 196–201. IEEE CS Press, 1978.

[32] Ruven E. Brooks. Studying programmer behavior: The problem of proper methodology. *Communications of the ACM*, 23(4):207–213, April 1980.

[33] Michelle Cartwright. An empirical view of inheritance. *Information & Software Technology*, 40(4):795–799, 1998. http://dec.bournemouth.ac.uk/ESERG.

[34] Larry B. Christensen. *Experimental Methodology*. Allyn and Bacon, Needham Heights, MA, 6th edition, 1994.

[35] Peter Coad and Edward Yourdon. *Object-Oriented Design*. Prentice Hall, Upper Saddle River, NJ, 1991.

[36] William G. Cochran and Gertrude M. Cox. *Experimental Designs*. Wiley Classics Library. John Wiley and Sons, 1992.

[37] Alistair Cockburn. *Surviving Object-Oriented Projects*. Addison-Wesley Longman, Reading, MA, 1998.

[38] Paul R. Cohen. *Empirical Methods for Artificial Intelligence*. MIT Press, 1995.

[39] Hugh W. Coleman and Jr. W. Glenn Steele. *Experimentation and Uncertainty Analysis for Engineers*. John Wiley and Sons, 1989.

[40] S.D. Conte, H.E. Dunsmore, and V.Y. Shen. *Software Engineering Metrics and Models*. Benjamin/Cummings, Menlo Park, CA, 1985.

[41] Curtis R. Cook, Jean C. Scholtz, and James C. Spohrer, editors. *Empirical Studies of Programmers: Fifth Workshop*, Palo Alto, CA, December 1993. Ablex Publishing Corp.

[42] T.D. Cook and D.T. Campbell. *Quasi-Experimentation: Design and Analysis Issues for Field Settings*. Rand-McNally, Chicago, IL, 1979.

[43] Standard Performance Evaluation Corporation. Spec benchmarks. http://www.spec.org, http://www.specbench.org, 1999.

[44] Bill Curtis. Measurement and experimentation in software engineering. *Proceedings of the IEEE*, 68(9):1144–1157, September 1980.

[45] Bill Curtis. Substantiating programmer variability. *Proceedings of the IEEE*, 69(7):846, July 1981.

[46] Bill Curtis. Objects of our desire: Empirical research on object-oriented development. *Human-Computer Interaction*, 10:337–344, 1995.

[47] Bill Curtis, S.B. Sheppard, J.B. Kruesi-Bailey, and D. Boehm-Davis. Experimental evaluation of software documentation formats. *J. of Systems and Software*, 9(2):167–207, 1989.

[48] Ole-Johan Dahl, Björn Myhrhaug, and Kristen Nygaard. Simula-67: Common base language. Technical report, Norwegian Computing Center, Oslo, Norway, 1968.

[49] John Daly. *Replication and a Multi-Method Approach to Empirical Software Engineering Research*. PhD thesis, Dept. of Computer Science, University of Strathclyde, Glasgow, Scotland, 1996.

[50] John Daly, Andrew Brooks, James Miller, Marc Roper, and Murray Wood. Evaluating inheritance depth on the maintainability of object-oriented software. *Empirical Software Engineering*, 1(2):109–132, 1996.

[51] John Daly, Andy Brooks, James Miller, Marc Roper, and Murray Wood. An external replication of Korson's experiment. Technical Report EFoCS-4-94, RR/94/162, Dept. of Computer Science, University of Strathclyde, Glasgow, UK, 1994.

[52] S.P. Davies, D.J. Gilmore, and T.R.G. Green. Are objects that important? Effects of expertise and familiarity on classification of object-oriented code. *Human-Computer Interaction*, 10:227–248, 1995.

[53] Ignatios S. Deligiannis and Martin Shepperd. A review of experimental investigations into object-oriented technology. In *Workshop on Empirical Studies of Software Maintenance*, Oxford, UK, September 1999.

[54] Tom DeMarco and Timothy Lister. Programmer performance and the effects of the workplace. In *Proc. 8th Intl. Conf. on Software Engineering*, pages 268–272, London, UK, August 1985. IEEE CS Press.

[55] Francoise Détienne. Design strategies and knowledge in object-oriented programming: Effects of experience. *Human-Computer Interaction*, 10:129–169, 1995.

[56] Centro di Ricerca, Sviluppo e Studi Superiori in Sardegna, Macchiareddu, Italy. The art of renaissance science: Galileo and perspective. http://www.crs4.it/Ars/arshtml/arstoc.html, 1999.

[57] Thomas F. Dickey. Programmer variability. *Proceedings of the IEEE*, 69(7):844–845, July 1981.

[58] Edsger W. Dijkstra. Go To statement considered harmful. *Communications of the ACM*, 11(3):147–148, March 1968.

[59] Alan Dix, Janet Finley, Gregory Abowd, and Russell Beale. *Human-Computer Interaction*. Prentice Hall, Hertfordshire, GB, 1993.

[60] Joseph Dvorak. Conceptual entropy and its effect on class hierarchies. *IEEE Computer*, 27(6):59–63, June 1994.

[61] Robert G. Ebenau and Susan H. Strauss. *Software Inspection Process*. McGraw-Hill, New York, 1994.

[62] EIR. Web pages of the Karlsruhe Empirical Informatics Research group. http://wwwipd.ira.uka.de/EIR/.

[63] Karl Anders Ericsson and Herbert A. Simon. *Protocol Analysis: Verbal Reports as Data*. MIT Press, Cambridge, MA, 1993.

[64] D. Ernst, F. Houdek, and T. Schwinn. An experimental comparison of static and dynamic defect detection techniques. In *Proc. 11th Intl. Software Quality Week (QW 98)*, San Francisco, CA, May 1998.

[65] Michael E. Fagan. Design and code inspections reduce errors in program development. *IBM Systems Journal*, 15(3):182–211, March 1976.

[66] J.C. Farman, B.G. Gardiner, and J.D. Shanklin. Large losses of total ozone in antarctica reveal seasonal ClO_x/NO_x interaction. *Nature*, 315:207–210, May 1985.

[67] Norman Fenton and Shari Lawrence Pfleeger. *Software Metrics: A Rigorous and Practical Approach*. International Thomson Computer Press, London, UK, 1997.

[68] Norman Fenton, Shari Lawrence Pfleeger, and Robert L. Glass. Science and substance: A challenge to the software engineering community. *IEEE Software*, 11(4):86–95, July 1994.

[69] Norman E. Fenton. *Software Metrics: A Rigorous Approach*. Chapman and Hall, London, UK, 1991.

[70] Pat Ferguson, Watts S. Humphrey, Soheil Khajenoori, Susan Macke, and Annette Matvya. Introducing the Personal Software Process: Three industry case studies. *IEEE Computer*, 30(5):24–31, May 1997.

[71] Daniel P. Freedman and Gerald M. Weinberg. *Handbook of Walkthroughs, Inspections, and Technical Reviews*. Little Brown, Boston, MA, 1982.

[72] Pierfrancesco Fusaro, Filippo Lanubile, and Guiseppe Visaggio. A replicated experiment to assess requirements inspections techniques. *Empirical Software Engineering*, 2(1):39–57, 1997.

[73] Erich Gamma, Richard Helm, Ralph Johnson, and John Vlissides. *Design Patterns: Elements of Reusable Object-Oriented Software*. Addison-Wesley, Reading, MA, 1995.

[74] John Gannon. An experiment for the evaluation of language features. *Intl. J. of Man-Machine Studies*, 8(1):61–73, 1976.

[75] John Gannon and J.J. Horning. The impact of language design on the production of reliable software. *IEEE Trans. on Software Engineering*, 1:179–191, 1975.

[76] Virginia R. Gibson and James A. Senn. System structure and software maintenance performance. *Communications of the ACM*, 32(3):347–358, March 1989.

[77] Tom Gilb and Dorothy Graham. *Software Inspection*. Addison-Wesley, Reading, MA, 1993.

[78] G.V. Glass, B. McGaw, and M.I. Smith. *Meta-Analysis in Social Research*. Sage, Beverly Hills, CA, 1981.

[79] Al Globus and Eric Raible. Fourteen ways to say nothing with scientific visualization. *IEEE Computer*, 27(7):86–88, July 1994.

[80] Peter A. Gloor and Peter Gloor. *Elements of Hypermedia Design: Techniques for Navigation and Visualization in Cyberspace*. Birkhäuser, 1996.

[81] Adele Goldberg and David Robson. *Smalltalk-80: The Language and its Implementation*. Addison-Wesley, Reading, MA, 1983.

[82] E. Eugene Grant and Harold Sackman. An exploratory investigation of programmer performance under on-line and off-line conditions. *IEEE Trans. on Human Factors in Electronics*, 8(1):33–48, March 1967.

[83] Todd L. Graves and Audris Mockus. Inferring change effort from configuration management data. In *Proc. 5th Intl. Symposium on Software Metrics (METRICS'98)*, Bethesda, MD, November 1998. IEEE CS Press.

[84] Wayne D. Gray and Deborah A. Boehm-Davis, editors. *Empirical Studies of Programmers: Sixth Workshop*, Norwood, NJ, 1996. Ablex Publishing Corp.

[85] T.R.G. Green. Conditional program statements and their comprehensibility to professional programmers. *J. of Occupational Psychology*, 50:93–109, 1977.

[86] Georg Grütter. Validation einer Methode zur Defektdatensammlung und Defektdatenanalyse. Master's thesis, Fakultät für Informatik, Universität Karlsruhe, Germany, March 1998. http://wwwipd.ira.uka.de/EIR/.

[87] Volkmar Haase, Richard Messnarz, Günther Koch, Hans J. Kugler, and Paul Decrinis. Bootstrap: Fine-tuning process assessment. *IEEE Software*, 11(4):25–35, July 1994.

[88] Rachel Harrison, Steve Counsell, and Reuben Nithi. Experimental assessment of the effect of inheritance on the maintainability of object-oriented systems. In *Proc. 3rd Intl. Conf. on Empirical Assessment and Evaluation in Software Engineering*, University of Keele, England, 1999.

[89] W. Harrison and C. Cook. Are deeply nested conditionals less readable? *J. of Systems and Software*, 6(4):335–341, November 1986.

[90] Warren Harrison. Sharing the wealth: Acccumulating and sharing lessons learned in empirical software engineering. *Empirical Software Engineering*, 3(1):7–8, 1998.

[91] Will Hayes. Meta-analysis, one answer to the need for replication of research findings. In *Proc. 6th Intl. Symposium on Software Metrics (METRICS '99)*, Boca Raton, FL, November 1999. IEEE CS Press.

[92] James D. Herbsleb and Dennis R. Goldenson. A systematic survey of CMM experience and results. In *Proc. 18th Intl. Conf. on Software Engineering*, pages 323–330, Berlin, Germany, March 1996. IEEE CS Press.

[93] Klaus Hinkelmann and Oscar Kempthorne. *Design and Analysis of Experiments : Introduction to Experimental Design*. Wiley Series in Probability and Mathematical Statistics: Applied Probability. John Wiley and Sons, 1994.

[94] Frank Houdek, Dietmar Ernst, and Thilo Schwinn. Comparing structured and object-oriented methods for embedded systems: A controlled experiment. In *ICSE '99 Workshop on Empirical Studies of Software Development and Evolution (ESSDE)*, pages 75–79, Los Angeles, CA, May 1999.

[95] Paul Hudak and Mark P. Jones. Haskell vs. Ada vs. C++ vs. awk vs. ... . an experiment in software prototyping productivity. Technical report, Yale University, Dept. of CS, New Haven, CT, July 1994.

[96] Darrell Huff. *How to Lie With Statistics*. Reprinted in Penguin Books, 1991. Norton, New York, 1954.

[97] Watts S. Humphrey. *Managing the Software Process*. SEI Series in Software Engineering. Addison-Wesley, Reading, MA, 1989.

[98] Watts S. Humphrey. *A Discipline for Software Engineering*. SEI series in Software Engineering. Addison-Wesley, Reading, MA, 1995.

[99] Watts S. Humphrey. Using a defined and measured personal software process. *IEEE Software*, 13(3):77–88, May 1996.

[100] Watts S. Humphrey. *Introduction to the Personal Software Process*. SEI series in Software Engineering. Addison-Wesley, Reading, MA, 1997.

[101] IEEE Computer Society. Ieee standard glossary of software engineering terminology. Technical Report ANSI/IEEE Std. 729-1983, 1983.

[102] Pankaj Jalote and M. Haragopal. Overcoming the NAH syndrome for inspection deployment. In *Proc. 20th Intl. Conf. on Software Engineering*, pages 371–378, Kyoto, Japan, April 1998. IEEE CS Press.

[103] Philip M. Johnson and Dano Tjahjono. Does every inspection really need a meeting? *Empirical Software Engineering*, 3(1):9–35, 1998.

[104] Philip M. Johnson and Dany Tjahjono. Assessing software review meetings: A controlled experimental study using CSRS. In *Proc. 19th Intl. Conf. on Software Engineering*, pages 118–127, Boston, MA, May 1997. IEEE CS Press.

[105] Capers Jones. Gaps in the object-oriented paradigm. *IEEE Computer*, 27(6):90–91, June 1994.

[106] Erik Kamsties and Christopher M. Lott. An empirical evaluation of three defect-detection techniques. In *Proc. 5th European Software Engineering Conf.*, volume 989 of *LNCS*, pages 362–383, Sitges, Spain, September 1995. Springer-Verlag.

[107] Erik Kamsties and Christopher M. Lott. An empirical evaluation of three defect-detection techniques. Technical Report ISERN-95-02, University of Kaiserslautern, Germany, 1995.

[108] Shekhar H. Kirani, Imran A. Zualkerman, and Wei-Tek Tsai. Evaluation of expert system testing methods. *Communications of the ACM*, 37(11):71–81, November 1994.

[109] Robert Klepper and Douglas Bock. Third and fourth generation language productivity differences. *Communications of the ACM*, 38(9):69–79, September 1995.

[110] John C. Knight and Nancy G. Leveson. An experimental evaluation of the assumption of independence in multiversion programming. *IEEE Transactions on Software Engineering*, 12(1):96–109, January 1986.

[111] John C. Knight and Nancy G. Leveson. A reply to the criticisms of the Knight and Leveson experiment. *Software Engineering Notes*, 15(1):24–35, January 1990.

[112] Jürgen Koenemann-Belliveau, Thomas G. Mohrer, and Scott P. Robertson, editors. *Empirical Studies of Programmers: Fourth Workshop*, New Brunswick, NJ, December 1991. Ablex Publishing Corp.

[113] T.D. Korson and V.K. Vaishnavi. An empirical study of the effects of modularity on program modifiability. In *[191]*, 1986.

[114] Christian Krämer. Ein Assistent zum Verstehen von Softwarestrukturen für Java. Master's thesis, Fakultät Informatik, Universität Karlsruhe, Germany, June 1999.

[115] Oliver Laitenberger. Studying the effects of code inspection and structural testing on software quality. Technical report, International Software Engineering Research Network, 1998.

[116] Oliver Laitenberger, Khaled El Emam, and Thomas Harbich. An internally replicated quasi-experimental comparison of checklist and perspective-based reading of code documents. *IEEE Trans. on Software Engineering*, 2000. to appear.

[117] Burton Leather. Position statement (panel discussion): Experiences with object-oriented programming. In *Proc. Object-oriented Programming: Systems, Languages, and Applications (OOPSLA '90)*, page 301, Ottawa, October 1990. ACM SIGPLAN Notices 25(10).

[118] J.A. Lehman. An empirical comparison of textual and graphical data structure documentation for COBOL programs. *IEEE Trans. on Software Engineering*, 11(2):12–26, . 1989.

[119] J.B. Lohse and S.H. Zweben. Experimental evaluation of software design principles: An investigation into the effect of module coupling on system modifiability. *J. of Systems and Software*, 4(4):301–308, 1984.

[120] Christopher Lott. A controlled experiment to evaluate on-line process guidance. *Empirical Software Engineering*, 2(3):269–289, 1997.

[121] Christopher M. Lott and Hans-Dieter Rombach. Repeatable software engineering experiments for comparing defect-detection techniques. *Empirical Software Engineering*, 1(3):241–277, 1996.

[122] H.C. Lucas and R.B. Kaplan. A structured programming experiment. *The Computer Journal*, 19:136–138, 1976.

[123] F. Macdonald and J. Miller. A comparison of tool-based and paper-based software inspection. Technical Report ISERN-98-17, International Software Engineering Research Network, 1998.

[124] F. Macdonald and J. Miller. A comparison of tool-based and paper-based software inspection. *Empirical Software Engineering*, 3(3):233–253, 1998.

[125] Fraser Macdonald, James Miller, A. Brooks, Marc Roper, and Murray Wood. Automating the software inspection process. *Automated Software Engineering*, 3(3/4):193–218, 1996.

[126] Blayne Maring. Object-oriented development of large applications. *IEEE Software*, 13(3):33–40, May 1996.

[127] MathSoft, Cambridge,MA. S-Plus. http://www.mathsoft.com/splus, 2000.

[128] Roy A. Maxion and Robert T. Olszewski. Improving software robustness with dependability cases. In *28th Intl. Symposium on Fault-Tolerant Computing*, pages 346–355, Munich, Germany, June 1998. IEEE CS Press.

[129] *Proc. 6th Intl. Symposium on Software Metrics (METRICS'99)*, Boca Raton, FL, November 1999. IEEE CS press.

[130] Bertrand Meyer. *Object-Oriented Software Construction*. Prentice Hall, Upper Saddle River, NJ, 2nd edition, 1997.

[131] Richard J. Miara, Joyce A. Musselman, Juan A. Navarro, and Ben Shneiderman. Program indentation and comprehensibility. *Communications of the ACM*, 26(11):861–867, November 1983.

[132] D. Michie, D.J. Spiegelhalter, and C.C. Taylor, editors. *Machine Learning, Neural and Statistical Classification*. Ellis Horwood, 1994.

[133] George A. Miller. The magic number seven, plus or minus two. *The Psychological Review*, 63(2):81–97, March 1956.

[134] James Miller. Can results from software engineering experiments be safely combined? In *Proc. 6th Intl. Symposium on Software Metrics (METRICS '99)*, Boca Raton, FL, November 1999. IEEE CS Press.

[135] James Miller, John Daly, Murray Wood, Marc Roper, and Andrew Brooks. Statistical power and its subcomponents: Missing and misunderstood concepts in empirical software engineering research. Technical Report EFoCS-15-95, RR/95/192, Dept. of Computer Science, University of Strathclyde, Glasgow, UK, 1995.

[136] James Miller, Murray Wood, and Marc Roper. Further experiences with scenarios and checklists. *Empirical Software Engineering*, 3(1):37–64, 1998.

[137] T. Moher and G.M. Schneider. Methodology and experimental research in software engineering. *Intl. J. of Man-Machine Studies*, 16(1):65–87, 1982.

[138] Thomas Moher and G. Michael Schneider. Methods for improving controlled experimentation in software engineering. In *Proc. 5th Intl. Conf. on Software Engineering*, pages 224–233, San Diego, CA, March 1981. IEEE CS Press.

[139] David S. Moore and George P. McCabe. *Introduction to the Practice of Statistics*. W.H. Freeman and Company, New York, 1993.

[140] Glenford J. Myers. A controlled experiment in program testing and code walkthroughs/inspections. *Communications of the ACM*, 21(9):760–768, September 1978.

[141] Ralf Nikolai and Barbara Unger. Experimentelle Analyse bimodaler Interaktionsformen. Master's thesis, Universität Karlsruhe, Fakultät für Informatik, Germany, 1995.

[142] Psychology of Programming Interest Group. PPIG workshop. http://www.ppig.org/workshop.

[143] National Institute of Standards and Technology. Text retrieval conference (TREC) homepage. http://trec.nist.gov, 1999.

[144] National Institute of Standards and Spoken Natural Language Processing Group Technology. Spoken language technology evaluations homepage. http://www.nist.gov/speech/test.htm, 1999.

[145] Gary M. Olson, Sylvia Sheppard, and Elliot Soloway, editors. *Empirical Studies of Programmers: Second Workshop*, Washington, D.C., December 1987. Ablex Publishing Corp.

[146] P.W. Oman, C.R. Cook, and M. Nanja. Effects of programming experience in debugging semantic errors. *J. of Systems and Software*, 9:192–207, 1989.

[147] Frank Pagan. Letter to the editor. *SIGPLAN Notices*, 12(4):3–4, April 1977.

[148] David Parnas and Dave Weiss. Active design reviews: Principles and practices. In *Proc. 8th Intl. Conf. on Software Engineering*, pages 215–222, London, England, August 1985. IEEE CS Press.

[149] N. Pennington, A.Y. Lee, and B. Rehder. Cognitive activities and levels of abstraction in procedural and object-oriented design. *Human-Computer Interaction*, 10:171–226, 1995.

[150] J.M. Perpich, D.E. Perry, A.A. Porter, L.G. Votta, and M.W. Wade. Anywhere, anytime code inspections: Using the web to remove inspection bottlenecks in large-scale software development. In *Proc. 19th Intl. Conf. on Software Engineering*, pages 14–21, Boston, MA, May 1997. IEEE CS Press.

[151] Shari Lawrence Pfleeger. Design and analysis in software engineering (part 1–5). *ACM SIGSOFT Software Engineering Notes*, 19(4)/20(1,2,3,5), 1994/1995.

[152] David Polson. Internal validity tutorial. University of Victoria and Athabasca University, http://server.bmod.athabascau.ca/html/Validity/index.shtml, April 1998.

[153] Adam Porter and Philip Johnson. Assessing software review meetings: Results of a comparative study of two experimental studies. *IEEE Trans. on Software Engineering*, 23(3):129–145, March 1997.

[154] Adam Porter, Harvey Siy, Audris Mockus, and Lawrence Votta. Sources of variation in software inspections. *ACM Trans. on Software Engineering and Methodology*, 7(1):41–79, January 1998.

[155] Adam Porter, Harvey Siy, and Lawrence Votta. A review of software inspections. *Advances in Computers*, November 1995.

[156] Adam Porter, Lawrence Votta, and Victor Basili. Comparing detection methods for software requirements inspections: A replicated experiment. *IEEE Trans. on Software Engineering*, 21(6):563–575, June 1995.

[157] Adam Porter and Lawrence G. Votta. Comparing detection methods for software requirements inspections: A replication using professional subjects. *Empirical Software Engineering*, 3(4):355–379, December 1998.

[158] Adam A. Porter, Harvey Siy, Carol A. Toman, and Lawrence G. Votta. An experiment to assess the cost-benefits of code inspections in large scale software development. In *Proc. Third ACM SIGSOFT Symposium on the Foundations of Software Engineering*, pages 100–111, Washington, D.C., October 1995. ACM Press.

[159] Adam A. Porter, Harvey Siy, Carol A. Toman, and Lawrence G. Votta. An experiment to assess the cost-benefits of code inspections in large scale software development. *IEEE Trans. on Software Engineering*, 23(6):329–346, June 1997.

[160] Lutz Prechelt. An experiment on the usefulness of design patterns: Detailed description and evaluation. Technical Report 9/1997, Fakultät für Informatik, Universität Karlsruhe, Germany, June 1997. ftp.ira.uka.de.

[161] Lutz Prechelt and Georg Grütter. Accelerating learning from experience: Avoiding defects faster. *IEEE Software*. Accepted December 2000.

[162] Lutz Prechelt and Walter F. Tichy. A controlled experiment measuring the impact of procedure argument type checking on programmer productivity. Technical Report CMU/SEI-96-TR-014, Software Engineering Institute, Carnegie Mellon University, Pittsburgh, PA, June 1996.

[163] Lutz Prechelt and Walter F. Tichy. An experiment to assess the benefits of inter-module type checking. In *Proc. Third Intl. Software Metrics Symposium*, pages 112–119, Berlin, March 1996. IEEE Computer Society Press.

[164] Lutz Prechelt and Walter F. Tichy. A controlled experiment to assess the benefits of procedure argument type checking. *IEEE Trans. on Software Engineering*, 24(4):302–312, April 1998.

[165] Lutz Prechelt and Barbara Unger. A controlled experiment measuring the effects of Personal Software Process (PSP) training. *IEEE Trans. on Software Engineering*. Accepted April 2000, to appear.

[166] Lutz Prechelt and Barbara Unger. A controlled experiment on the effects of PSP training: Detailed description and evaluation. Technical Report 1/1999, Fakultät für Informatik, Universität Karlsruhe, Germany, March 1999. ftp.ira.uka.de.

[167] Lutz Prechelt and Barbara Unger. Methodik und Ergebnisse einer Experimentreihe über Entwurfsmuster. *Informatik – Forschung und Entwicklung*, 14(2):74–82, June 1999.

[168] Lutz Prechelt, Barbara Unger, Michael Philippsen, and Walter F. Tichy. A controlled experiment on inheritance depth as a cost factor for maintenance. *IEEE Trans. on Software Engineering*. Resubmitted March 2000.

[169] Lutz Prechelt, Barbara Unger, Michael Philippsen, and Walter F. Tichy. Two controlled experiments assessing the usefulness of design pattern information during program maintenance. *IEEE Trans. on Software Engineering*. Resubmitted April 2000. http://wwwipd.ira.uka.de/~prechelt/Biblio/.

[170] Lutz Prechelt, Barbara Unger, and Douglas Schmidt. Replication of the first controlled experiment on the usefulness of design patterns: Detailed description and evaluation. Technical Report wucs-97-34, Washington University, Dept. of CS, St. Louis, December 1997. http://www.cs.wustl.edu/cs/cs/publications.html.

[171] Lutz Prechelt, Barbara Unger, Walter F. Tichy, Peter Brössler, and Lawrence G. Votta. A controlled experiment in maintenance comparing design patterns to simpler solutions. *IEEE Trans. on Software Engineering*. Accepted December 2000, to appear. http://wwwipd.ira.uka.de/~prechelt/Biblio/.

[172] Kluwer Academic Publishers. Empirical software engineering — an international journal, ftp archive of experiment data and materials. ftp://ftp.wkap.com/pub/EMSE, 1999.

[173] H. Rudy Ramsey, Michael E. Atwood, and James R. van Doren. Flowcharts versus program design languages: An experimental comparison. *Communications of the ACM*, 26(6):445–449, June 1983.

[174] Klaus-Eckhart Rogge, editor. *Methodenatlas für Sozialwissenschaftler*. Springer-Verlag, Berlin, 1995.

[175] H. Dieter Rombach, Victor R. Basili, and Richard W. Selby, editors. *Experimental Software Engineering Issues: Critical Assessment and Future Directions, International Workshop, Dagstuhl Castle, Germany, September 1992*. LNCS 706. Springer-Verlag, 1993.

[176] Hans-Dieter Rombach. A controlled experiment on the impact of software structure on maintainability. *IEEE Trans. on Software Engineering*, 13(3):344–354, March 1987.

[177] Kenneth Rothman and Sander Greenland. *Modern Epidemiology*. Lippincott-Raven, Philadelphia, PA, 2nd edition, 1998.

[178] James Rumbaugh. *Object-Oriented Modeling and Design*. Prentice-Hall, Englewood Cliffs, NJ, 1991.

[179] Lothar Sachs. *Angewandte Statistik*. Springer-Verlag, Berlin Heidelberg New York, 9 edition, 1999. (7. Auflage, 1992).

[180] H. Sackman, W.J. Erikson, and E.E. Grant. Exploratory experimental studies comparing online and offline programming performance. *Communications of the ACM*, 11(1):3–11, January 1968.

[181] SAS Institute Inc. SAS/STAT. http://www.sas.com/products/stat/index.html, 2000.

[182] D.A. Scanlan. Structured flowcharts outperform pseudocode: An experimental comparison. *IEEE Software*, 6:28–36, September 1989.

[183] G. Michael Schneider, Johnny Martin, and W.T. Tsai. An experimental study of fault detection in user requirements documents. *ACM Trans. on Software Engineering and Methodology*, 1(2):188–204, April 1992.

[184] Richard W. Selby, Victor R. Basili, and F. Terry Baker. Cleanroom software development: An empirical evaluation. *IEEE Trans. on Software Engineering*, 13(9):1027–1037, September 1987.

[185] Richard W. Selby and Adam A. Porter. Learning from examples: Generation and evaluation of decision trees for software resource analysis. *IEEE Trans. on Software Engineering*, 14(12):1743–1757, December 1988.

[186] B.A. Sheil. The psychological study of programming. *ACM Computing Surveys*, 13(1):101–120, March 1981.

[187] S. Sheppard, B. Curtis, P. Milliman, and T. Love. Modern coding practices and programmer performance. *IEEE Computer*, 12:41–49, 1979.

[188] Ben Shneiderman. *Software Psychology*. Winthrop Publishers, Cambridge, MA, 1980.

[189] Ben Shneiderman, Richard Mayer, Don McKay, and Peter Heller. Experimental investigations of the utility of detailed flowcharts in programming. *Communications of the ACM*, 20(6):373–381, June 1977.

[190] Gregor Snelting. Paul Feyerabend und die Softwaretechnologie. *Informatik Spektrum*, 21:273–276, 1998.

[191] Elliot Soloway and Sitharama Iyengar, editors. *Empirical Studies of Programmers: First Workshop on Empirical Studies of Programmers (Washington, D.C.)*. Ablex Publishing Corp., Norwood, NJ, June 1986.

[192] Ian Sommerville. *Software Engineering*. Addison-Wesley, Wokingham, England, 4th edition, 1992.

[193] Sabine Sonnentag. Excellent software professionals: Experience, work activities, and perception by peers. *Behavior and Information Technology*, 14(5):289–299, 1995.

[194] Sabine Sonnentag. Knowledge about working strategies and errors in software professionals: Effects of expertise and experience. In *Proc. 8th Workshop of the Psychology of Programming Interest Group*, pages 164–166, Gent, Belgium, April 1996.

[195] R.S. Stolarski, A.J. Krueger, M.R. Schoeberl, R.D. McPeters, P.A. Newman, and J.C. Alpert. Nimbus-7 satellite measurements of the springtime antarctic ozone decrease. *Nature*, 322:808–811, 1986.

[196] Bjarne Stroustrup. *The C++ programming language*. Addison-Wesley, 1985.

[197] Bjarne Stroustrup. *Die C++ Programmiersprache*. Addison-Wesley, 1987.

[198] Barbee Teasley, Laura Marie Leventhal, and Diane S. Rohlman. Positive test bias in software testing by professionals: what's right and what's wrong. In *Empirical Studies of Programmers: Fifth Workshop*, pages 206–221, Palo Alto, CA, December 1993. Ablex Publishing Corp.

[199] T. Tenny. Readability: Procedures versus comments. *IEEE Trans. on Software Engineering*, 14(9):1271–1279, September 1988.

[200] Mark Thomas and Stuart Zweben. The effects of program-dependent and program-independent deletions on software cloze tests. In *[191]*, pages 138–152, 1986.

[201] Walter F. Tichy, Paul Lukowicz, Lutz Prechelt, and Ernst A. Heinz. Experimental evaluation in computer science: A quantitative study. *Journal of Systems and Software*, 28(1):9–18, January 1995. Also as TR 17/94 (August 1994), Fakultät für Informatik, Universität Karlsruhe, Germany, ftp.ira.uka.de.

[202] Danu Tjahjono. *Exploring the Effectiveness of Formal Technical Review Factors with CSRS*. PhD thesis, Dept. of Information and Computer Sciences, University of Hawaii, August 1996. ftp://ftp.ics.hawaii.edu/pub/tr/ics-tr-95-08.ps.Z.

[203] Carmen J. Trammell, Leon H. Binder, and Cathrine E. Snyder. The automated production control documentation system: A case study in Cleanroom software engineering. *ACM Trans. on Software Engineering and Methodology*, 1(1):81–94, January 1992.

[204] Rainer Typke. Die Nützlichkeit von Zusicherungen als Hilfsmittel beim Programmieren: Ein kontrolliertes Experiment. Master's thesis, Fakultät für Informatik, Universität Karlsruhe, Germany, April 1999. http://wwwipd.ira.uka.de/EIR/.

[205] Fritz Fraunberger und Jürgen Teichmann. *Das Experiment in der Physik*. Vieweg, Braunschweig, 1984.

[206] Barbara Unger and Lutz Prechelt. The impact of inheritance depth on maintenance tasks: Detailed description and evaluation of two experiment replications. Technical Report 18/1998, Fakultät für Informatik, Universität Karlsruhe, Germany, July 1998.

[207] William N. Venables and Brian D. Ripley. *Modern Applied Statistics with S-PLUS*. Springer-Verlag, 2nd edition, 1997.

[208] J. Voas. Object-oriented software testability. In *Proc. 3rd Intl. Conf. on Achieving Quality in Software*, pages 279–290. Chapman and Hall, 1996.

[209] Lawrence G. Votta. Experimental software engineering: A report on the state of the art. In *Proc. 17th Intl. Conf. on Software Engineering*, pages 277–279, Seattle, WA, April 1995. IEEE CS Press.

[210] Robert J. Walker, Elisa L.A. Baniassad, and Gail C. Murphy. An initial assessment of aspect-oriented programming. In *Proc. 21st Intl. Conf. on Software Engineering*, pages 120–130, Los Angeles, CA, May 1999. IEEE CS Press.

[211] Gerald M. Weinberg. *The Psychology of Computer Programming*. Van Nostrand Reinhold, New York, 1971.

[212] Gerald M. Weinberg. *Quality Software Management: First Order Measurement*. Dorset House, New York, 1993.

[213] Gerald M. Weinberg. *The Psychology of Computer Programming, Silver Anniversary Edition*. Dorset House, New York, 1998.

[214] L. Weissman. *A Methodology for Studying the Psychological Complexity of Computer Programs*. PhD thesis, University of Toronto, Canada, 1974.

[215] Elaine J. Weyuker. Evaluating software complexity measures. *IEEE Trans. on Software Engineering*, 14(9):1357–1365, September 1988.

[216] David A. Wheeler, Bill Brykczynski, and Reginald N. Meeson. *Software Inspection: An Industry Best Practice*. IEEE CS Press, 1996.

[217] Norman Wilde, Paul Matthews, and Ross Huitt. Maintaining object-oriented software. *IEEE Software*, 10(1):75–80, January 1993.

[218] Claes Wohlin, Per Runeson, Martin Höst, M.C. Ohlsson, B. Regnell, and A. Wesslén. *Experimentation in Software Engineering*. Kluwer Academic Publishers, Boston, MA, 1999.

[219] S.N. Woodfield, H.E. Dunsmore, and V.Y. Shen. The effect of modularization and comments on program comprehension. In *Proc. 5th Intl. Conf. on Software Engineering*, pages 215–223, San Diego, CA, March 1981. IEEE CS Press.

[220] Edward Yourdon and Larry L. Constantine. *Structured Design*. Prentice-Hall, Englewood Cliffs, NJ, 1979.

[221] Marvin Zelkowitz and Dolores Wallace. Experimental models for validating technology. *IEEE Computer*, 31(5):23–31, May 1998.

[222] Zhijun Zhang, Victor Basili, and Ben Shneiderman. Perspective-based usability inspection: An empirical validation of efficacy. *Empirical Software Engineering*, 4(1):43–69, March 1999.

Index

Der Index enthält auch jede Erwähnung eines nummerierten Buchbestandteils (siehe unter Abbildung, Abschnitt, Experiment, Kapitel, Literaturstelle, Notiz und Tabelle), allerdings in alphabetischer (nicht in numerischer) Sortierung.

— A —

— F —

— G —

— H —

— I —

— K —

— M —

— N —

— W —

— Z —